普通高等教育规划教材

现代科学技术概论

宋 琳 主编

全书数字资源

北 京
冶 金 工 业 出 版 社
2024

内容提要

本书共分五章，包括科学技术概述、现代科学技术的由来与演化、现代科学发展、现代技术革命以及科学技术与社会。本书深入浅出地介绍了科学技术的基础知识，分析了知识的来龙去脉，剖析了科学创造的方法，从而使读者更好地领悟科学精神，了解科学技术与社会之间的关系，达到提升科学素养的目的。

本书既可作为普通高等院校面向文科类大学生开设科学技术素质课程的教学用书，也可供热爱科学技术、有志提高自身科学素养的读者参考。

图书在版编目(CIP)数据

现代科学技术概论 / 宋琳主编. —北京：冶金工业出版社，2021.2 (2024.8 重印)
普通高等教育规划教材
ISBN 978-7-5024-8742-3

Ⅰ.①现… Ⅱ.①宋… Ⅲ.①科学技术—高等学校—教材 Ⅳ.①N43

中国版本图书馆 CIP 数据核字(2021)第 029410 号

现代科学技术概论

出版发行	冶金工业出版社	**电　话**	(010)64027926
地　址	北京市东城区嵩祝院北巷 39 号	**邮　编**	100009
网　址	www.mip1953.com	**电子信箱**	service@mip1953.com

责任编辑　王　颖　美术编辑　郑小利　彭子赫　版式设计　禹　蕊
责任校对　郑　娟　责任印制　窦　唯
三河市双峰印刷装订有限公司印刷
2021 年 2 月第 1 版，2024 年 8 月第 3 次印刷
787mm×1092mm　1/16；12 印张；288 千字；181 页
定价 49.90 元

投稿电话　(010)64027932　投稿信箱　tougao@cnmip.com.cn
营销中心电话　(010)64044283
冶金工业出版社天猫旗舰店　yjgycbs.tmall.com
(本书如有印装质量问题，本社营销中心负责退换)

前　　言

早在16世纪文艺复兴之时，英国思想家培根就提出“知识就是力量”。经过四百多年的发展，特别是进入21世纪，科学技术不断发展壮大并全方位地改变着人类社会的面貌，它不仅深刻地改变着人们的认知和思维方式，也改变着人们的生活和生产方式，以及人们的价值判断和文化观念。因此，提升公众的科学素养，做到真正理解科学变得越发重要。

“提高公民科学素养”是我国一直以来的政策导向，那么什么是科学素养呢？国际科学素养促进中心前主任乔恩·米勒（Jon Miller）教授提出科学素养“三个维度”，即对科学规范或过程的理解、对主要科学概念知识的理解和对科学技术对社会影响以及我们面临的政策选择的理解。因此，对于科学的理解就不应仅仅停留在科学知识层面的认知，而应进一步领会科学过程的历史性、科学方法的丰富性、科学创造的社会性、科学应用的价值性，从而做到全面地把握和理解科学。

“现代科学技术概论”是一门文理交叉的学科，其教学目标旨在提高学生整体科学素养。为了配合文科类大学生科学素质教育，我们编写了本书，希望能培养出更多高素质、综合型人才。本书分为五章，即科学技术概述、现代科学技术的由来与演化、现代科学发展、现代技术革命以及科学技术与社会。本书深入浅出地介绍了科学技术的基础知识，分析了知识的来龙去脉，剖析了科学创造的方法，从而使读者更好地领悟科学精神，了解科学技术与社会之间的互动关系，达到提升科学素养的目的。

本书由北京科技大学马克思主义学院长期担任“现代科学技术概论”教学工作的教师联合编写，其中第一章、第二章、第三章、第五章由宋琳编写，第四章由刘文霞编写，全书由宋琳统稿。

本书被列为“北京科技大学‘十三五’规划教材”，获得北京科技大学教材出版基金资助，在此表示衷心的感谢。

任何一本教材都需要在教学实践中经受检验，也都需要在教学实践的过程中不断地修改和完善。真诚地希望本书的使用者能对书中的疏漏和不妥之处提出宝贵的意见和建议。

编 者

2020 年 10 月

目　录

第一章　科学技术概述 ·· 1
第一节　科学与技术的概念界定 ·· 1
一、什么是科学 ·· 1
二、什么是技术 ·· 3
第二节　科学与技术的区别与联系 ·· 5
一、科学与技术的区别 ·· 5
二、科学与技术的联系 ·· 6
第三节　科学技术宏观发展特点 ·· 7
一、科学技术发展的经验规律 ·· 7
二、现代科学技术发展的特点 ·· 8
三、科学技术发展的趋势 ·· 10
第四节　科学共同体及行为规范 ·· 12
一、科学共同体 ·· 12
二、科学共同体的表现形式 ·· 13
三、科学共同体的行为规范 ·· 14
第二章　现代科学技术的由来与演化 ·· 18
第一节　古代科学技术的萌芽与发展 ·· 18
一、科学与技术的萌芽 ·· 18
二、古代世界各国科学技术的发展 ·· 20
三、古代科学技术的主要特征 ·· 28
第二节　近代前期科学的发端与第一次技术革命 ·· 28
一、近代科学产生的历史背景 ·· 28
二、近代科学在各个领域的进展及机械自然观的建立 ·· 30
三、第一次技术革命与英国的崛起 ·· 33
第三节　近代后期科学的发展和第二次技术革命 ·· 34
一、近代后期的科学成就 ·· 34
二、第二次技术革命与世界格局的变化 ·· 37
三、两次技术革命的比较 ·· 40

第三章 现代科学发展 …… 41
第一节 现代物理学革命 …… 41
一、爱因斯坦和相对论 …… 41
二、量子力学 …… 45
第二节 粒子物理学的诞生 …… 48
一、粒子物理学的早期进展 …… 48
二、基本粒子的分类 …… 49
三、基本粒子的性质 …… 50
四、基本粒子遵循的基本规律 …… 50
五、基本粒子的结构 …… 51
六、力的统一理论 …… 51
第三节 现代宇宙学的发展 …… 52
一、大爆炸宇宙学说 …… 53
二、支持大爆炸宇宙学说的证据 …… 55
第四节 现代地球科学的突破 …… 56
一、地球演化史 …… 56
二、地球演化理论发展三部曲 …… 56
第五节 现代生物学的发展 …… 60
一、现代生物学对生命本质的探索 …… 60
二、现代生物学对生命起源的探索 …… 61
三、现代生物学对生命过程的探索 …… 62
四、人类基因组计划 …… 65
第六节 系统科学的建立 …… 65
一、一般系统论 …… 65
二、控制论与信息论 …… 69
三、自组织理论 …… 74

第四章 现代技术革命 …… 79

第一节 前景广阔的新能源技术 …… 79
一、能源的分类 …… 79
二、令人欣喜的新能源 …… 79
第二节 巧夺天工的新材料技术 …… 88
一、材料的分类 …… 88
二、种类繁多的新材料 …… 89

第三节　引领新文明的信息技术……101
一、微电子技术……101
二、计算机技术……104
三、通信技术……107
四、自动化技术……110
五、互联网技术……111
六、人工智能技术……114
第四节　魅力无穷的生物技术……115
一、基因工程……115
二、细胞工程……118
三、酶工程……121
四、发酵工程……122
五、蛋白质工程……124
第五节　奔向宇宙的空间技术……124
一、空间——人类的第四环境……125
二、空间技术的发展……126
三、我国空间技术的发展……132
四、发展空间技术的意义……136
第六节　方兴未艾的海洋技术……137
一、海洋——人类文明的摇篮……137
二、海洋技术的发展……137
三、我国海洋技术的发展……144
四、海洋的未来与保护……147

第五章　科学技术与社会……148

第一节　科学技术发展的社会条件……148
一、科学技术发展的经济条件……148
二、科学技术发展的政治条件……152
三、科学技术发展的教育条件……155
四、科学技术发展的文化条件……158
第二节　科学技术与创新型国家建设……160
一、科技创新是创新型国家建设的基础……160
二、世界主要创新型国家的建设与科技发展……161
三、中国科技发展与创新型国家建设……162
第三节　科学技术与全球化……165

一、科学技术发展与全球化的历史形成 …… 165
二、科学技术发展与经济的全球化 …… 166
三、全球化趋势下科学技术全球化发展 …… 168
第四节 科学技术与人类未来 …… 169
一、科学技术进步对人类社会的推动 …… 169
二、物联网技术与人类社会的变革 …… 171
三、科学技术与人的可持续化发展 …… 172
第五节 科技风险与科学家的社会责任 …… 173
一、科技发展带来的风险问题 …… 174
二、科技风险带来的伦理问题 …… 176
三、科学家的社会责任 …… 178

参考文献 …… 181

第一章　科学技术概述

第一节　科学与技术的概念界定

一、什么是科学

1. 科学的含义

“科学”一词来源于拉丁文的“scientia”，表示“知识”“学问”的意思。其后，“scientia”一词经发展进入到其他的语系中，如英文的“science”、法文的“science”、德文的“wissenschaft”。虽然这些词都来自拉丁文的“scientia”，但意思或多或少有所变化，含义并不完全一样。德文的“wissenschaft”更侧重指“知识”“学问”，英文的“science”更侧重指“自然科学”。

在中国古代，《礼记·大学》中有“格物致知”的说法，意谓穷究事物的原理而获得知识。清代末年，人们把声、光、电、化等自然科学统称之为“格致学”。日本明治时代的启蒙思想家福泽谕吉首次把science译为“科学”（意思是分门别类加以研究的学问）。1893年，康有为最早将“科学”一词引进中国。随后，梁启超在《变法通议》中、严复在其译著《天演论》中，都使用了“科学”一词。从此，“科学”一词便在我国广泛使用。

19世纪下半叶，随着科学知识体系的初步形成，人们对科学的含义有了更进一步的认识，一些科学实践工作者和理论研究者把科学作为一种独特的知识体系加以研究，从它所运用的研究方法及其知识结构所具有的特点出发，更详尽地阐述和界定了科学概念。如著名生物学家、进化论的奠基人达尔文曾指出，科学在于综合事实，并从中得出一般的法则或结论。马克思和恩格斯在《神圣家族》一书中也曾经论证了科学的含义，指出，科学是实验的科学，科学就在于用理性方法去整理感性材料。归纳、比较、观察和实验，就是理性方法的主要形式。[1]

当前，关于科学的定义说法很多，主要有以下几种：

- 科学是按在自然界的次序对事物进行分类和对它们意义的认识。
- 科学是作为一种整体的知识的总和……，或者在它总体上的描述、有计划的发展以及研究。
- 科学是认识的一种形态。……是指人们在漫长的人类社会生活中所获得和积累起来的、现在还在继续积累的认识成果——知识的总体和持续不断的认识活动本身。
- 科学是在社会实践基础上历史地形成的和不断发展的关于自然、社会和思维及其规律的知识体系。科学是对现实世界规律的不断深入认识的过程。

---

[1] 中央编译局，编译．马克思恩格斯全集［M］．2卷．北京：人民出版社，2006.

- 科学是关于自然、社会和思维的知识体系。❶ 或者说，科学是以范畴、定理、定律形式反映现实世界多种现象的本质和运动规律的知识体系。❷
- 科学学创始人J. D. 贝尔纳认为，现代科学是一种建制、一种方法、一种积累的知识传统、一种维持或发展生产的主要因素，以及构成我们诸信仰和对宇宙与人类的诸态度的最强大的势力之一。❸

上述情况表明，虽然许多哲学家、科技史家、科学社会学家从各个方面对科学进行过探讨，但至今对科学的定义尚存争议。有的学者，如科学史家S.F. 梅森认为："很难找到一种能简明表示适用于一切时间和地点的科学定义"。❹ 但是，概括起来，科学概念主要包括以下三个方面的内涵。

首先，科学是一种知识体系。人们是通过生产实践、社会其他实践和科学实验而得到知识的。然而，零散的经验知识还不是科学。科学是网罗事实、发现新事实并从中得出关于事物的本质和普遍规律的理论知识。科学也不仅仅是某种事实和规律的知识单元，而是由这些知识单元组成的体系。

其次，科学是产生知识体系的认识活动。人们对客观世界的认识是一个由不知到知、由知之甚少到知之较多的动态过程。所以，知识体系也不是一成不变的。科学是一个不断发现未知事实和未知规律，并使知识体系演化的过程。在这个过程中，科学思想、科学方法、科学态度和科学实践是密切联系的。

最后，科学是一种"社会建制"。随着科学的发展，一方面科学在社会物质文明和精神文明建设中的功能日益显著、地位日益重要，另一方面，科学也由单个人的工作发展到集体研究再发展成为一项社会化事业。不仅科学家，而且政府、企业都直接参与科学事业。在某些学科领域，科学甚至成为一项国际性的事业，需要进行跨国合作。

2. 科学的特征

(1) 实证性

科学以自然为研究对象，通过科学观察、科学实验等方法获得科学事实，并进一步经过科学抽象、思维加工等方法获得科学假说和科学理论。如何确定科学理论是对客观事物和过程的真实反映，必须经过科学实验的检验。一切科学的、认识上的有意义的关于客观世界的论说必须是经验上可证实的，实证性是科学基本的和显著的特征。是否具有实证性（可检验性）也是科学与非科学的划界标准。如果某种观点或学说在原则上既不可能由实践来证实（确认或肯定），又不能由实践证伪（否定、驳倒或推翻），就不属于科学的范畴。一切科学的东西都必须来之于实践，都必须接受理性的无情审查，都必须接受实践的严格检验。

(2) 探索性

科学不是停留在已知领域里，而是不断地开拓未知领域，这是由科学的本质所决定的。科学是一种动态的探索过程，一方面是因为科学研究的对象异常复杂，往往是真相与

---

❶ 本书编辑委员会. 辞海［M］. 上海：上海辞书出版社，1980.
❷ 本书编委会. 中国大百科全书（哲学卷）［M］. 北京：中国大百科全书出版社，1987.
❸ 贝尔纳. 历史上的科学［M］. 北京：科学出版社，1981.
❹ 斯蒂芬·F·梅森，自然科学史［M］. 上海：上海人民出版社，1977.

假相并存，需要研究者具备辨别真伪的判断能力，以及透过现象认识事物本质的抽象思维能力；另一方面是因为科学活动，特别是现代科学活动，虽然具有一定的目的性和计划性，但与按既定规则运作的物质生产过程不同，科学活动面对的是未知的或知之较少的世界，它难以完全按预定的目的和计划进行。这决定科学是一个动态的知识体系，它不间断地寻找着关于其研究对象的辩证性质和规律的新的解释和答案。

（3）共享性

由于科学本身的客观性，决定科学没有阶级性，不存在与特定国家、特定民族或特定集团的特殊利益相关的科学。科学发现的成果应该公开，成为全人类共同的财富，体现了科学的共享性。由于科学具有共享性，所以科学无国界；然而研究、掌握、利用科学的人是社会的人，在阶级社会里是从属于一定阶级、一定社会集团和一定国家的，科学家有祖国。

（4）物化性

科学知识与其他知识不同，它可以用于社会物质生产中去并不断提高物质生产力水平。科学在未与物质生产结合之前，表现为物质生产的精神潜力，即以知识形态存在的一般生产力，或者说是一种潜在的生产力。科学一旦应用于物质生产，便物化为直接生产力，成为一种显在的生产力。当然，由一般生产力到直接生产力要经过转化过程，技术就是这个过程中的中介环节。技术所起的作用就是将科学知识引入生产力诸要素中去，促使这些要素发生变化，从而提高社会生产力的水平。

二、什么是技术

1. 技术的含义

“技术”一词来自希腊文“techne”，意为“技巧”“本领”“艺术”。在中国古代，技术泛指“百工”。成书于战国时期的《考工记》指出，“天有时，地有气，材有美，工有巧，合此四者然后可以为良”，“天、地、材”可以看作是自然界和物质的特性，“工有巧”则是工匠的技术。在很长时期里，人们把技术看作是世代相传的制作方法、手艺和配方。17 世纪初，人们把“techne”同“logos”结合起来，形成了“technology”一词。18 世纪末，法国哲学家狄德罗在他主编的《百科全书》中把技术定义成，“为了完成特定目标而协调动作的方法、手段和规则相结合的体系”。我国 1994 年编纂的《自然辩证法百科全书》将其定义为：“人类为了满足社会需要而依靠自然规律和自然界的物质、能量和信息，来创造、控制、应用和改进人工自然系统的活动的手段和方法。”

目前，关于技术的定义有很多说法，代表性的定义有以下几种：

- 技术是“满足整个公共需要的物质工具、知识和技能的集合。”❶
- 技术是“人工制造的人们活动的手段的总和。”❷
- 技术“泛指根据生产实践经验和自然科学原理而发展成的各种工艺操作方法和技能，如电工技术、焊接技术、木工技术、激光技术、作物栽培、育种技术等。除

❶ 赫里拉．技术的新作用［J］．科学与哲学研究资料，1980，5.

❷ 舒哈里京．技术与技术史［J］．科学与哲学研究资料，1980，5.

操作技能外，广义地讲，还包括相应的生产工具和其他物资设备，以及生产的工艺过程或作业程序、方法。"❶

- "技术一般指人类为满足自己的物质生产、精神生产以及其他非生产活动的需要，运用自然和社会规律所创造的一切物质手段及方法的总和。"❷

概括起来，技术一般是指人们为了特定目的所应用的一种手段和方法。这种手段和方法包括物质手段（工具和设备等）、知识、经验和技能以及组织形式等。

2. 技术的特征

（1）技术是人类社会需要与自然物质运动规律相结合的产物

技术是人们利用和改造自然的一种实践活动。就具体的工程技术发展过程来看，一般的程序是：先根据社会的需要，应用科学知识和生产经验形成技术原理；再经过工程规划、工程设计使其转化为产品研制；最后制造出合乎要求的产品。概括起来，这是人们把技术原理知识同具体的物质手段相结合转化为直接生产力的过程，这一过程表明技术是人们利用自然物、自然力为自身服务的一种实践活动。随着技术原理的不断深化，人们所利用的物质手段不断改进，技术也随之发展和提高。

技术具有自然与社会双重属性，属于人类社会利用和改造自然的范畴，本质上反映着人对自然的能动作用。技术的自然属性体现在人类对自然界的利用和改造是一个物质、能量和信息的转换过程。作为手段和方法的技术必须依靠自然事物和自然过程，符合自然规律；现代技术更是人们自觉利用自然科学知识创造出来的。但是，人们在技术活动中并不是消极地、被动地顺应自然过程，并不是听任自然规律自发地起作用。技术目的打破了自然界的"常规"。人们使用技术作用于自然界，可以有选择地强化某些自然规律的作用，而抑制另一些自然规律的作用，从而实现自己的意图。技术目的性是技术的起点和归宿。技术的社会属性体现在人们利用技术创造了一个社会化的自然或"第二自然"，即一种介于自然与社会之间的人工自然。技术是创造人工自然的手段，也是人工自然的主要内容。技术和技术目的还受到社会经济、政治和文化的强烈制约。在现代的市场经济体制下，技术本身就是商品，是企业谋取最大利益的手段，是国际竞争的筹码，是军事实力的支柱。技术活动乃至技术的性质与人们的社会需要密切相关，不能把技术的性质与技术的应用截然分割开来。同时，技术活动（如发明）也只有在社会的共同协作下才能产生和实现。

（2）技术是客观物质因素和主观精神因素相作用的产物

在技术中客观的物质因素（工具、设备等硬件）和主观的精神因素（人的知识、经验和技能等软件）是统一的。既不能把技术仅仅理解为一种物质手段而忽视技术中人的知识、经验和技能，也不能把技术看作纯粹的精神因素而忽视物质因素。它是人们所具有的知识、经验和技能在同一定的物质手段相结合的过程中形成和发展的。技术既包含方法、程序、规则等软件，也包括物质手段等硬件，缺少其中的任一方面都不可能有活生生的、现实的技术。软件与硬件相互作用并不断更新，使技术不断发展。

（3）技术是生产力性质和发展水平的标志

技术渗透于生产力的诸实体要素（劳动工具、劳动对象和劳动者），制约着它们相互

---

❶ 本书编辑委员会. 辞海 [M]. 上海：上海辞书出版社，1980.

❷ 本书编辑委员会. 哲学大辞典 [M]. 上海：上海辞书出版社，1992.

结合的广度和深度；技术作为渗透性要素决定着生产力的性质、类型和水平。人们往往把某种主导技术作为特定历史时代的主要标志，如石器时代、铁器时代、蒸汽时代、电气时代、原子能时代、计算机时代、空间时代等。但是，技术与生产力毕竟不是完全等同的，这不仅是因为存在着非生产性的技术如军事技术，即使是生产技术与生产力之间也有一定的区别：现实生产力还依赖于资源和气象等自然条件、就业人口数量、原材料供应和市场状况等社会因素。对某一时期、某一国家或某一企业来说，生产技术水平的提高未必都能同时收到提高生产力水平的效果，生产水平的下降也未必就导致技术水平的下降。从技术发展到生产力发展也有一个转化和实现的过程，并主要取决于社会经济条件和经济规律。

第二节 科学与技术的区别与联系

一、科学与技术的区别

在日常生活中，人们通常把科学与技术作为同一序列的范畴来应用，这反映了两个概念之间固有的内在联系。但是，我们也必须看到两者之间的差异。科学与技术的区别主要表现在以下几个方面。

1. 科学与技术的目的不同

科学研究的目的是为了认识自然，包括认识自然界发生的各种现象，剖析自然界存在的所有物质，揭示主宰自然现象的内在规律和相互联系。不仅要认识其宏观和外观，还要认识其内部各个层次上的精细结构、运动特点及运动规律。科学的根本职能（目的）是对自然界可能性的理解，在于认识客观世界，回答“是什么”“为什么”“能不能”的问题。技术则侧重运用我们对自然界的认识去利用自然、向自然索取，改造自然以适应人类越来越复杂、越来越高标准的生活和社会需要。技术的根本职能（目的）在于对自然界的控制和利用，着重于解决“做什么”“怎么做”的任务。

2. 科学与技术的价值标准不同

科学作为对客观自然规律的探索和概括，具有长远的、根本性的社会价值和经济价值。这是因为大多数理论上的重大发明和创新，终究会带来技术上的重大突破。此外，科学理论的发展还具有认识上、文化上、教育上和哲学上的价值，起到振奋民族精神、增强进取精神，以及培养实事求是作风的作用，成为衡量一个民族盛衰的重要标志。而技术作为改造客观物质世界、创造人工自然的手段和方法，其价值主要在于提高生产效率和经济效益，体现它的经济价值。

3. 科学与技术的创新路线不同

科学发现和技术发明在过程、途径和方法上具有明显的区别。自然科学研究，特别是基础理论的研究，要以社会实践（特别是科学实验）为基础，从经验上升到理论，同时要考虑到科学相对独立的发展和逻辑证明的力量。技术上的创造发明在历史上曾经主要是经验的产物，现代技术在很大程度上是科学的运用，是科学理论向实践的转化。但是，现代技术发明与创新表现出复杂性，技术发明既可能是科学原理的具体化和综合运用，也可能并非来自科学上的新的理论，而是把一个领域的技术移植于另一个领域，把若干领域的技术成果加以综合、集成，从而促进技术发明与创新。

4. 科学与技术的发展动力和机制不同

科学和技术的差别还表现在，科学发展的动力主要是科学家的好奇心、兴趣和社会责任感；遵循的机制则是政府出资支持，科学家自主研究，科学共同体评价认可。这里谈的科学，从科研的角度看，是指基础研究。而技术发展的动力则是社会的需求，特别是市场的需求，技术运行遵循市场机制。

二、科学与技术的联系

科学与技术尽管是两个不同的概念，而且存在着不少差异。但是，二者之间又存在着不可分割的紧密联系。它们相互依存、相互渗透、相互转化。

1. 科学理论创新成为技术上重大进步的前提条件

技术的发明和使用比科学的历史久远得多，某些技术即使在今天也完全可以脱离科学自主发展。但是时至今日，技术上的进步，总体来说基于科学的发展，许多新兴技术尤其是高新技术的产生和发展，直接来自现代科学的成就。例如，没有核物理学的重大突破，就不会有20世纪40年代出现的原子能技术；没有分子生物学、分子遗传学的理论成果，就不会有现代生物技术。现代技术上的重大进步，必须建立在基础科学的研究成果上。

2. 技术进步日益为科学发展提供强大的物质手段

20世纪以来，科学研究向微观、宇观领域，以及生命运动等复杂系统拓展。揭示这些领域物质运动的规律，不仅靠丰富的想象力、严密的逻辑思维，而且还要依赖精密的、具有特殊功能的科学仪器和实验装备才能得以进行。恩格斯在论及近代工业技术与科学发展的关系时曾指出："从十字军东征以来，工业有了巨大的发展，并产生了许多力学上的（纺织、钟表制造、磨坊）、化学上的（染色、冶金、酿酒）以及物理学上的（眼镜）新事实，这些不但提供了大量可供观察的材料，而且使新的工具成为可能。可以说，真正有系统的实验科学，这时候才第一次成为可能。"❶ 正是技术的发展才使我们认识自然的实验手段不断增加、不断提高，从而推动科学的进一步发展。在今天，技术为科学所提供的作为强大物质基础的支撑作用日益突出。

3. 技术成为科学知识转化为物质生产力的中介和桥梁

科学是知识形态的生产力，具有抽象的理论形式和创造性质。科学研究的直接目的是揭示自然界的客观规律，它并不能自觉地、直接地转化为现实的生产力，只有通过技术这个中间环节才能应用于生产，促进社会生产力的提高。过去，许多重大科学研究成果迟迟不能应用于生产，并不是科学认识本身不正确，而是没有转化为技术，没有找到把理论转化为生产力的环节、途径和桥梁，从而使科学转化为生产力的周期变得很长。现在，由于社会生产对科学技术的依赖，尤其是技术革命的发展，使上述转化周期大大缩短，从而出现了"科学－技术－生产"一体化的趋势，这就使科学与技术的关系更加密切，从而形成了一个相互依赖、相互渗透、互为因果、辩证发展的统一整体。正因为如此，当人们从社会生产的角度看待科学和技术的定义时，往往把两者统一起来，作为一个整体来研究论述。

---

❶ 本书编写组．马克思恩格斯选集［M］．3卷．北京：人民出版社，1972.

第三节　科学技术宏观发展特点

科学技术作为一种社会历史现象，有着自己的发展规律。从宏观角度进行考察，呈现出以下特点。

一、科学技术发展的经验规律

面对着自近代科学产生以来快速发展的特点，学者们总结出不同的科学发展模式以阐明科学发展概貌。下面简单介绍几种代表性的理论。

1. 带头学科更替

带头学科理论是苏联著名学者凯德洛夫于20世纪70年代初提出的。所谓的带头学科是指，在科学发展史上的不同时期，总有某一门或一组学科率先、较好地对自然做出解释，走在其他学科的前面，这样的学科就是带头学科。带头学科的理论和方法成为那个时期其他学科的解释性基础和方法论范例，并对其他学科起到推动作用。

凯德洛夫的带头学科理论要点如下：①从近代自然科学产生以来，带头学科发生多次更迭，依次为：机械力学—化学、物理学、生物学—微观物理学—控制论、原子能科学、宇宙航行学—分子生物学—心理学……；②科学的发展过程不断加速，与之相应的是科学发展中带头学科的更替也在加速，表现为带头周期的递减。从17世纪开始算起，到20世纪80年代，各带头学科带头周期依次为200年、100年、50年、25年、12~13年；③带头学科的出现是由两个彼此关联和相互影响的因素，即技术需要和科学认识本身发展的内在逻辑所决定的。二者的吻合，确定了某一学科在某一历史时期成为决定整个自然科学及其所有学科在这一时期中运动的关键和先导。

凯德洛夫的带头学科理论揭示了科学发展的不平衡性和科学进步的动力机制，虽然只是一种经验性说明，但对于我们认识科学发展的规律、预测科学发展的趋势颇有启发意义。

2. 科学中心转移模式

日本学者汤浅光朝基于《科学技术编年表》和《韦伯斯特人物传记》，运用统计方法，发现了世界科学中心转移的量化规律，提出了科学中心转移模式。

汤浅光朝认为，在世界范围内各个国家由于政治、经济情况不同，致使科学发展是不平衡的。在一定的历史时期，某个国家的科学发展较快、成果较多，因而会成为世界的科学中心。按照他的定义，一个国家的科学成果数占全世界总数的百分比超过25%时，就可以称该国处在科学的兴隆期，而处在科学兴隆期的国家就是科学活动的中心。从文艺复兴到现在，科学活动中心曾经发生过多次转移，转移的顺序依次是：意大利（1540~1610年）—英国（1660~1730年）—法国（1770~1830年）—德国（1810~1920年）—美国（1920年至今）。汤浅光朝还指出，科学活动中心转移的平均周期为80年。

3. 科学增长指数规律

美国科学史家普赖斯于20世纪40年代提出科学增长的指数规律。普赖斯在新加坡执教时，将一整套《皇家学会哲学学报》每十年一叠放在书架上，发现杂志的厚度呈现出一条完美的指数曲线，这驱使他开始研究科学增长的指数规律。普赖斯从研究科学期刊论文的增长速度扩展到科学人力、科学经费等方面的增长速度，发现这个经验规律在很长时限内精确度极高，并用公式 $S=S_0e^{kt}$ 表示。其中，S 为现有的科学知识量；S_0 为初始的科学知识量；k 为常数，其值是由不同国家或不同时代的生产水平以及其他因素决定的；t 为时间，一般以年为单位。

普赖斯的理论较好地说明了近现代科学发展的事实，因而受到了许多学者的重视，并开启了对科学的定量研究，因而被称为“科学计量学之父”。

二、现代科学技术发展的特点

1. “大科学”的出现及其特点

“大科学”是相对于“小科学”而言的。“小科学”是指近代科学史上传统的以自然为研究对象，以认识自然、增长人类的知识为主要目的，以个人自由研究为主要方式的科学。而“大科学”是指由国家资助的规模巨大、拥有先进的实验技术装备，并对社会、生产、经济、生活、政治等起着前所未有作用的现代科学。“大科学”最早是美国物理学家 A. M. 温伯格提出的，1961 年温伯格在《科学》杂志上发表文章说，当代科学已经发生了极大的变化，这些变化使科学从“小科学”变成了“大科学”。之后美国科学史家普赖斯又做了明确的论述，1963 年普赖斯在名著《小科学，大科学》一书中指出：由于当今科学大大超过了以往的水平，我们显然已经进入了一个新的时代，那是清除了一切陈腐却保留着基本传统的时代。不仅现代科学硬件如此光辉不朽，堪与埃及金字塔和欧洲中世纪大教堂相媲美，且用于科学事业人力物力的国家支出也骤然使科学成为国民经济的主要环节。现代科学的大规模性、面貌一新且强有力使人们以“大科学”一词来美誉之。的确，20 世纪以来，现代科学以全新面目呈现在人们面前，其研究规模、发展速度、社会效应、管理规划系统等都是前所未有的。“大科学”的出现反映了科学发展的规模化和整体化趋势，是科学、技术与军事紧密结合的趋势，以及科学、技术与经济、社会协同发展的趋势。

“大科学”的产生与发展表现出以下的特点。

（1）“大科学”是科学社会化和社会科学化的产物，“大科学”时代的科学研究已经成为一种高度社会化的活动。它研究的课题大而复杂，常常涉及一个或几个地区、国家，甚至全球，致使其规模已发展到国家规模、国际规模。这样大规模的研究，所需经费上亿甚至几十亿，参加人员上万甚至几十万。1961 年，美国组织实施了大规模的“阿波罗登月计划”，历时 11 年，耗资 300 亿美元，参加研制的前后有 200 多家公司和 120 所大学，共约 400 万人。这次登月工程显示了现代科学技术工程的浩大规模和社会化协作的特点，宣告了大科学时代的来临。

（2）“大科学”是系统化、整体化的科学，是科学整体化和技术群体化发展的必然结果。科学整体化是指门类繁多的各门科学相互影响、相互渗透，日益紧密地联系在一起，其中每门科学的发展越来越依赖于其他学科乃至整个科学的发展。其具体表现为：一是边缘学科在原有学科之间不断涌现，填补学科之间的空白，加强学科之间的联系；二是横断学科和综合学科的出现，在原有的纵向学科之间建立了横向的联系，结束了自然科学过去零散分割的状态，形成一个门类繁多、层次分明、结构复杂、有机综合的大系统；三是自然科学、技术科学、社会科学、人文科学、交叉科学、横断科学、综合科学等各种科学汇流和综合，以统一的方式把相关科学组织起来加以科学管理。技术群体化是指现代各种技术间出现了极强的群体性，各种技术相互促进、协调发展，具有较高的协调综合性，技术发展常有技术突破，而技术突破都是相关的一群技术的突破。

(3) “大科学”突破了传统思想的局限，体现出科学技术管理现代化。在“大科学”时代，科学技术的进步越来越依赖于科学的管理，而“小科学”时代的管理思想、方法和手段等将不能适应“大科学”时代科学技术飞速发展的需求。因此，必须改变传统管理的思想观念，使之向现代化的管理观念转变，实现管理的现代化。20 世纪以来，世界上许多国家科技、经济飞速发展的事实已经表明：现代化的管理对于一个国家科技、经济的进步至关重要，如美国在 20 世纪成为世界头号科技、经济大国，日本在 20 世纪 70 年代后跃升为世界经济发达国家前列，都应归功于现代化的科学管理，可以说现代化的科学管理是大科学时代的客观要求。

2. “高技术”的产生及其特点

“高技术”的英文缩写是 high-tech。20 世纪 60 年代两位美国女建筑学家在《高格调技术》一书中首先使用“高技术”这一词汇，目的是唤起人们对新技术在建筑业异军突起及当代世界变化的关注。1971 年美国国家科学院出版的《技术和国际贸易》一书中再次使用了“高技术”这一词汇。此后，“高技术”一词开始逐渐地被接受，并赋予了较多元化的含义。1981 年美国出版了以高技术为主题的专业刊物——《高技术》月刊；1985 年，美国商务部出版了《美国高技术贸易与竞争能力》，开始对高技术产业进行分类、统计与分析。美国一些经济界的人士认为，凡是知识和技术在某类产品、产业中所占的比重大大高于材料和劳动成本的产品，都可以被称为高技术产品或高技术产业。近年来，随着人们对高技术概念讨论和理解的加深，一般认为高技术的含义是：在当代科学技术革命中涌现出的以基础科学的突破性进展、最新科学技术为基础，科学技术知识高度密集、对一个国家经济、军事和社会发展具有重大影响的科学技术群，发展高技术是现代技术革命发展的明显趋势。现代高技术主要包括电子信息技术、新材料技术、新能源技术、生物技术、海洋技术、空间技术六大领域。其中，作为高技术核心的是以微电子技术为主导的电子信息技术、新材料技术和生物工程技术，这三项技术被称为“高技术三家”。而由高技术所形成的产业，则被称为高技术产业，是一种技术密集度高、技术创新速度快、具有高附加值、节约资源并能对相关产业产生较大波及效果的新型产业。

现代高技术具有一系列普通技术所没有的新特点。

(1) 高投入性。高技术是集知识、人才、资金为一体的新兴技术群，在这三方面的投入都明显地高于普通技术。高技术的研究与开发不仅需要大量高、精、尖设备的投入，而且更需要高级人才的加盟。设备的引进、人才的留养都需要较高的资金投入。此外，高技术产品更新勤、换代快，为了抢占市场，也需要一次性的快速、大量的投入。

(2) 高创新性。高创新性是高技术的灵魂。高技术是在广泛利用现代科学技术成果的基础上产生的，它标志着技术本身的水平是高的、新的、先进的、前沿的、尖端的，所以高技术研究与开发的难度较普通技术大得多。它需要不断进行创新，没有创造性，高技术就不可能存在。而创造性来自科学工作者的智力，智力因素是高技术得以存在的根本，可以说高技术的发展首先依赖于智力，其次是资金。

（3）高战略性。当今世界，高技术的发展对一个国家经济、军事、政治力量的增强有着十分重要的影响，它已经成为衡量一个国家综合国力的重要标志之一。在激烈的国际竞争中，谁能掌握高技术发展的趋势，谁就会掌握竞争的主动权，也就可能在世界的竞争中获胜。

（4）高增值性。高增值性就是指高技术能产生普通技术不可比拟的高附加值，成为产生高社会效益与经济效益的倍增器。高技术的应用对产品结构的改善、产品性能的提高、传统产业的改造以及新产业部门的开辟都有十分重要的作用，这些作用能显著地提高社会生产力和劳动生产率，从而给社会带来很高的社会效益和经济效益。

（5）高渗透性。高技术除了能实现自身产业化以外，还能向传统产业渗透，促进传统产品不断更新换代，向高性能、高质量、高竞争方向发展，使传统产业获得新生。高技术的渗透性是广泛而又全面的，它能触及商业、交通、国防、医疗卫生、文化教育、组织管理、社会服务以及家庭生活等各个方面，对产业结构、就业结构、社会结构、生活方式、思维方式、思想观念等产生深远的影响。

（6）高风险性。创新是高技术的灵魂，而创新的总体特征就是不确定性，所以高技术的研究与开发具有高风险性。普通技术一般都比较成熟，由创新而增加的不确定性不会太强，风险性不会太大。相对而言，高技术一般都比较新，而且不十分成熟，因而具有很多难以预料的不确定因素。由于高技术的市场竞争也十分激烈，时间效益特性突出，只有适时地向市场投放最新产品才能获得最大效益，否则便意味着失败。

（7）高加速性。信息革命促进了科技产品的交汇，也空前激化了商品市场的竞争，使技术更新的速度大大加快。近些年来，科技成果从创造到应用的周期已大大缩短，据统计，18 世纪这一周期平均为 80 年以上，19 世纪缩短为 50 年，20 世纪中叶则进一步缩短为 10 年，而现在则为 1～3 年。

（8）高竞争性。高技术市场竞争十分激烈，而且主要是国际竞争，其原料供应和市场竞争是国际性的，只有经受严酷的国际竞争的考验、挑选，才能产生真正的高技术。而且，高技术的产品目标、技术指标及性能价格比，也必须到国际市场上去较量。

三、科学技术发展的趋势

1. 综合化

科学技术发展的综合化表现在两个方面。一方面，它表现为不同的学科领域、技术部门之间横向交汇贯通，相互交叉渗透，产生新学科、新技术。另一方面，它表现为各种已知的科学原理、各种成熟的技术按照各种方式重新组合。但是，现代科学技术发展的综合化趋势绝不是学科的简单拼凑，而是符合逻辑的综合。恩格斯指出：“第一，思维既把相互联系的要素联合为一个统一体，同样也把意识的对象分解为它们的要素。没有分析就没有综合。第二，思维，如果它不做蠢事的话，只能把这样一种意识的要素综合为一个统一体，在这种意识的要素或它们的现实原型中，这个统一体以前就已经存在了。”[1]

2. 加速化

科学发展的加速化主要是指科学发展的速度和科学理论物化的速度呈现出不断加快的

---

[1] 本书编写组．马克思恩格斯选集［M］．3 卷．北京：人民出版社，1972.

趋势。恩格斯在1844年的《政治经济学批判大纲》一书中曾经对此做出过很好的说明："科学的发展同前一代人遗留下来的知识成比例。"20世纪40年代，人们对科学的加速发展有了进一步的认识。普赖斯在他的著作《巴比伦以来的科学》一书中，以科学杂志和学术论文的数量增长作为衡量知识增长的重要指标，揭示出科学按指数增长的规律。据他统计，世界藏书量约15年增加一倍，学术论文10～15年增加一倍，科学家的人数自牛顿以来约12年增加一倍。现代美国学者詹姆斯·马丁推测：人类科学知识在19世纪如果每50年增加一倍的话，则20世纪中叶为每10年增加一倍，20世纪70年代后则为每5年增加一倍，90年代后则是每3年增加一倍。此外，科学技术发展的加速化还表现在科学技术成果从发现、发明到推广应用的周期在以近似于指数的形式在缩短。19世纪末到20世纪初这一周期平均为20年，"二战"前则平均为16年，"二战"后为平均9年，近些年这一周期更是大大缩短。以上这些数字鲜明地表示出当代科学技术正以惊人的速度加速发展。

3. 数学化

数学是一切科学的工具和得力助手。任何一门科学的发展，都必须运用数学这项重要工具，才有可能精确、深入地描绘客观事物的状态和变化规律。可以说数学化程度不断增长是自然科学水平不断提高、理论日臻完善的重要标志。当代科学技术之所以能够全面数学化，主要依赖于电子计算机技术和系统科学的迅速发展。许多过去不便于数学化的自然科学和技术，现在已经能够通过系统科学的模型方法形成各种数学模型，并依靠计算机顺利地走上了数学化的道路。如今，不仅科学技术的各个部门日益与数学相结合，而且社会科学和思维科学等各个领域也越来越普遍地进入到计量化的研究阶段。

4. 社会化

科学技术发展的社会化主要表现为以下三个方面。

（1）科研活动的社会化

当代的科学技术研究已经从较分散的个人活动转向为社会化的集体活动，20世纪以来，由于研究工作的不断复杂化、研究课题的日趋综合化，科技研究的规模、组织形式在日益壮大，致使任何一项重要的科研工作都不可能依靠个人的力量独立完成，都必须依靠具有一定规模、多专业的社会群体、组织的共同协作来实现。当代科学技术研究的组织规模已经从企业规模发展到国家规模，甚至国际规模。

（2）科研条件的社会化

当代科学研究的实验装备日益庞大和昂贵，科学研究需要社会投入大量的人力、物力和财力，并且要求建立起与当代科学技术发展相配套的完善的教育体系，为科学研究培养大量的人才。20世纪以来，一系列的科研活动都表现出社会化的发展趋势，如50年代建立欧洲核研究中心，1957～1958年由66个国家组织的"国际地球物理年"考察活动，1979～1981年由1500多名学者、分布于全世界40家天文台对太阳活动的观测和预报等，都成为国际规模科学研究活动的典型。

（3）科学、技术、生产日趋一体化

在整个近代，虽然物质生产力的发展日益迅速以及与其相联系的科学技术在物质生产过程中的应用日益广泛，但科学和技术、科学和生产在很大程度上仍然是脱节的。但是

20世纪以来，科学与技术已经成为社会生产力发展的决定性因素，成为第一生产力。随着系统科学的发展和电子计算机的广泛应用，科学、技术与生产的关系越来越紧密，以致形成一体化的发展趋势。科学与技术相互依赖、相互促进、紧密结合，导致了科学技术化、技术科学化。这种结果，使科学与技术之间逐渐失去了明显的界限，它们的关系逐渐消融，这种一体化的表现形式不是过去那种“生产→技术→科学”或“科学→技术→生产”的单向链条，而是“生产→←科学→←技术”的双向、可逆的链式结构。例如，在物理学史上，先有量子理论，而后运用量子力学研究固体中电子运动过程，建立了半导体能带模型理论，使半导体技术和电子技术蓬勃发展起来，并促进了电子计算机的发展；运用光量子理论研制出激光技术，建立了激光产业。这些都突出体现了生产、技术、科学三者的真正的辩证结合和有机联系。

第四节 科学共同体及行为规范

科学本质上是一项社会性的事业，它的特征是通过科学家群体而不是科学家个人表现和阐发出来的。科学家个人的活动只有融入整个科学群体中，才能成为科学事业的一部分，才能对科学的历史产生影响。

一、科学共同体

在当代社会中，科学这种社会体制渗透于其他各种社会组织与机构之中，并以具体的社会组织形式而存在，这许许多多具有不同职业岗位、分散于各处的科学家，又因他们在同一领域的研究活动，并遵守相同的行为规范而形成各个层次的科学共同体。

科学共同体的概念是20世纪40年代提出的。科学共同体的形成是科学作为社会组织的基础和核心，它是由学有专长的实际工作者所组成，是指科学工作者在科学活动中通过相对稳定的联系而形成科学劳动的一种组织形式，它能独立自主地承担与其相适应的学术活动，有自己的章程、宗旨、规章制度。所以，科学共同体并非是以科学为职业的科学工作者简单的、形式上的总和，而有着深刻内容，即有其特殊的行为规范、精神气质和体制目标的组织，有共同的信念、共同的价值。

从科学史所提供的资料来看，科学共同体的探索目标和方向是共同的，即以增进知识为已任，用知识造福于人类。正是在这样一种精神动力的支配下，科学共同体才成为有着强大生命力的社会集团。科学共同体的一个主要特点就是，原则上它是没有国家界限的，但是科学界里存在着分层现象。科学界里的分层现象是指由于科学家的传统惯例和评价标准不同，在科学共同体里形成了权威大小的差距。科学共同体是一种特殊的分层结构，它在本质上是一种权威结构。不过，权威的行使以及对权威的信仰、服从完全是建立在科学共同体成员自愿的基础之上的。科学权威结构是科学共同体的行为规范和精神气质得以保持和发扬的重要保证。

科学共同体内存在着种种激励机制，美国的科学社会学家斯托勒曾认为：“科学的规范结构与奖励结构之间互动的基本思想，为把科学理解为一种社会建制提供了坚实的基础”。所以科学共同体为了促进合乎其目标、规范的科学家行为的健康发展，精心设计了科学奖励系统作为共同体内部社会运行的基本机制。对科学论著的奖励，对科学发现以及种种科学研究成果奖励的诸多形式都可以说是对科学共同体成员本人研究工作的承认和肯定。这种承认是对角色履行任务的认可，同时也是有创造力的科学家将继续担任科学家角色的新的条件和保证。科学社会学创始人、美国社会学家默顿曾称“承认是科学王国的通货”，可以说，在科学界里谋求“成果－承认”，争取科学发现的优先权，不仅是科学家行为的内在激励因素，也是庞大的科学共同体能够得以灵活运转的不竭的“能源”和动力。

二、科学共同体的表现形式

科学共同体作为科学家联系的非实体方式，可分为社会内在形式和社会外在形式。社会内在形式就是科学学派、无形学院等形态；社会外在形式就是学会和国家的、社会的科学研究组织机构等形态。内在形式与外在形式并不是毫无关系的，二者实际上可以重合，比如学派以科学研究机构为基地，特定的学派构成学会的灵魂和核心等。

1. 科学组织的社会外在形式

（1）学会

学会是科学共同体形式中人员最为广泛的社会外在组织形式，也是近代科学史上第一种正式的科学研究的组织形式。它是受国家法律保护的职业科学家的团体，也是科学劳动者的集团利益的代表，其主要任务是进行学术交流。在现代的国家里，各种各样的学会也是政府领导科学技术的智囊团和思想库，是促进社会科学事业发展的有组织的力量。在学会中，科学家的劳动方式是个体的，他们通过学会内部的刊物、会议等进行思想交流，共同提高。

（2）国家和社会领导下的科研组织

在现代社会中，存在着许多不同级别的科学院、研究院、研究所、研究室等，这是科学最强的社会组织形式。其中，国家级的科研机构比较侧重于基础研究和综合性的应用研究，而地方、企业的科研机构则侧重于应用与开发研究，高等院校则侧重基础研究和应用研究。

（3）科研中心

科研中心是由国际组织、国家机构或者社会组织兴办的一种新的、强有力的科学社会组织形式。它有一定的、专门的科研队伍和配套的实验设备，以及资料情报与行政管理系统，能灵活有力地组织科研活动，实现重大的、综合性的科学研究任务。从理论上讲，它是现代科学既分化又综合的发展趋势在科研组织上的体现。

此外，当代社会还发展出大型的科学技术服务机构，如实验中心、测试中心、数据中心等；便于科学技术知识共享、交流的机构，如科学杂志、科学期刊的编辑委员会；支持各类科学研究的机构，如各种基金会；对各类科学成果进行评审、奖励的机构，如各种评审委员会等。这些是科学活动的具体的、外在的社会组织形式成为现代科学技术得以有序、高效完成科学工作的重要组织保障。

2. 科学组织的社会内在形式

（1）科学学派

科学学派是指由一些具有共同学术思想的人所组成的一种科学家集团，这些人之间保持着十分密切的学术思想交流或者长期的科学研究合作，他们有公认的学术权威作为其带头人或领袖，有的学派还会产生世代相继的师承关系。科学史上曾经出现过许多具有影响力和创造力的科学学派，像卢瑟福学派、哥本哈根学派、布鲁塞尔学派、布尔巴基学派等。

一般说来，一个发展成熟的科学学派具有以下特点：一是具有以权威者作为组织核心的内聚性。苏联学者阿尔沙夫斯基认为："科学学派的主要的和基本的特征，首先是由站在他所聚合的集体前列的领导者所创立的某些独特的思想和理论，根据这些思想或理论可以确立科学中以前从未提出过的完全新的研究方向。"❶ 领导者所确立的具有号召力的科学研究纲领，引起学者们的广泛共鸣，从而使科学学派呈现出"形散而神不散"的特征。二是具有维护科学纲领的自主性。科学学派的研究纲领、思想规范不服从于任何团体与个人的功利目的，也不屈从于任何权威与信仰。其存在与发展的唯一依据是科学理论的内在逻辑和实验事实。在绝大多数情况下，人们对一种科学思想的信奉，对某位大师的追随是因为其持久的有效性与一贯的正确性，是不断的成功铸就了权威。三是具有延续科学发展的传承性。学派的传承性是科学的自主性以及科学理论内在逻辑共同发生作用的体现。著名科学史家 G. 萨顿曾说，死亡并不中断科学家的工作，理论一旦展开就永远生气勃勃。所以，从认识论的角度看，科学学派的历史就是一个科学家团队沿着一个富于前途的研究方向持续不断地开拓前进的过程，是一项前后相继、承接不断的科学探索事业。

（2）无形学院

"无形学院"一词最早由 17 世纪英国化学家波义耳提出，用来指英国皇家学会诞生前，一个活跃于剑桥和牛津的非正式组织形式。"无形学院"虽然名为"学院"，但并无固定的教学楼、教学人员，它在地域上存在空间跨度，社会结构是松散和非正式的。默顿认为，从社会学意义上，可以把"无形学院"解释为地理上分散的科学家集簇，是介于学派与一般科学共同体之间的一种科学组织形式。它同科学学派的共同之处在于均是以优秀的科学家为中心，自由联合、自由讨论，可以及时、灵活的、没有世俗约束的进行学术思想的交流。但是，它的排他性不像科学学派那么强，也不像科学学派那么坚持某种特定的学术主张，它只是为了彼此间充分交流借鉴学术思想而形成一定的组织形式。

无形学院是科学共同体富有强大生命力、永久创造力的社会内在组织形式之一，无形学院具有沟通信息、情报的功能；无形学院具有学者互访的创新效应；无形学院具有促使学者隐性知识向显性知识转化的功能；无形学院具有协作研究的互补功能。

三、科学共同体的行为规范

在现代，科学不仅作为一种知识形态而存在，而且形成了一套科学体制，成为社会的有机组成部分。在科学建制化的过程中，逐渐形成了科学的规范结构。1937 年，默顿在《科学和社会秩序》一文中提出"科学的精神特质"概念，并指出科学因具有本身的精神

---

❶ A. 赫拉莫夫．科学中的学派［J］．科学学译丛，1983，1.

特质而与社会其他部分区别开来。1942 年，默顿在《科学的规范结构》[1] 一文中集中关注作为一种社会建制的科学，即科学共同体的内部规范结构，特别是从事科学活动的人即科学家的行为规范结构。在这篇论文中，默顿把科学的精神特质定义为："约束科学家的有情感色彩的价值观和规范的综合体。这些规范以命令、禁止、偏好和许可的形式来表达。它们借助于制度性价值而合法化。这些通过戒律和榜样传达，通过赞许而加强的命令性规范，在不同程度上被科学家内化了，因而形成了他的科学良知……"，并在文中明确提出"普遍主义、公有主义、不牟利性和有条理的怀疑主义可作为科学的社会规范"。

1. 普遍主义

所谓的普遍主义是指，评价科学知识的唯一标准是其与经验事实相一致、和已被证实了的知识从根本上相一致，而与发现者的个人主观因素和社会属性无关。科学家在从事科学研究时应当遵循这样的准则，"即关于真相的断言，无论其来源如何，都必须服从先定的非个人的标准：要与观察和以前被证实的知识相一致"，是说科学是客观的、非个人的。科学知识是外部世界客观过程和关系的如实反映，与人的意志和人的社会属性无关，科学知识具有客观性和逻辑融惯性。相应地，人们评价科学知识的真理性时，也应该拒斥特殊主义，不应考虑科学发现者的性别、种族、年龄、国籍、宗教、阶级、政治立场和个人品质等任何社会属性，而应以非个人的和客观的标准来衡量，不应该受到任何科学知识发现者个人特征的影响。

普遍主义还有另一层含义：科学职业对所有的人一视同仁，科学的大门应该向任何有能力从事科学研究的"天才人物"开放，不应该以研究者的个人或社会属性为理由将其排斥在科学殿堂之外。抑或说，科学职业的开放性是普遍主义的另一种表现方式。不论财产多寡、地位高低，任何人只要有适当的才能，都可以自由地从事科学职业。这样有利于延揽人才、自由竞争，更好地促进科学的发展。因此，普遍主义的这一含义也是科学自身的内在要求。在这种含义上，普遍主义也常常与某种社会文化观念发生冲突。例如，有些国家的意识形态认为，某些类型的人天生不能从事科学，甚至某些类型的人在科学上的贡献总是被有意贬低，而这样做的理由通常是为了"维护"科学的客观性、纯洁性和尊严。

2. 公有主义

所谓公有性是指，科学知识共产、共有、共享。科学发现以知识的长期积累为基础，是社会协作的产物。它们是经过专家评审后汇聚而成的公共知识，是科学共同体、全社会、全人类的公有财产，不属于任何个人。发现者对知识"财产"的要求仅限于获得"承认"和"尊重"，而没有任何特权，不能据为己有，随意隐匿、使用和处置它们。默顿指出，"真实的科学发现都是社会协作的产物，并且被分配给全体社会成员。它们构成了一种共同的遗产，其中单个生产者的法律上的权利受到严格的控制。"每一项科学成果的取得，既是科学严谨中的突破，又是对前人成果的继承，牛顿说得好，"如果我看得更远一些的话，那是因为我站在巨人的肩膀上。"它充分说明，"真实的科学发现都是社会协作的产物"，科学研究的目的是为社会服务。

---

[1] 注：默顿应《法律社会学与政治社会学》杂志创办人乔治·古尔维奇之邀，撰写了《关于科学和民主的一个评论》一文，发表于 1942 年该杂志的创刊号上。后美国科学社会学家斯托勒在编辑默顿的《科学社会学》一书时，征得默顿的同意，易名为《科学的规范结构》。

科学家使用和处置他的劳动成果——科学知识的权利应该受到严格科学规范的制度性限制，不应当享受任何特权。具体地讲，科学家对于“他自己的”知识“产权”的要求，仅限于对这种产权的承认和尊重，他的任何研究成果一旦取得就应当向科学共同体或社会公众公布或交流，而不应当保守秘密。此外，由于任何科学成果的获得都是发现者与以往人或现代人社会合作的成果，因此每一个取得科学成就的科学家都应当对前人和他人保持谦逊的态度，承认自己的成果依赖于某种文化遗产。

公有性的衍生含义是：限制甚至取消专利。默顿认为，相当多的科学家，如爱因斯坦、密里根、康普顿和巴斯德等，都曾主动放弃专利要求，或者通过倡导社会主义寻求公众可自由利用专利的制度保障。这些也都是公有性的体现。他坚持认为，要彻底贯彻公有性规范，就应当全面废止专利制度。

3. 无私利性

所谓的无私利性指，科学家从事科学活动的最高目的是发展科学知识而不是追求个人利益、商业利益和集团利益在内的任何私人利益或局部利益。

默顿把无私利性原则概括为：“是刻画科学家的行为特征的，是在一个宽广的范围内对动机实行制度控制的独特方式。”默顿的“无私利性”规范所探讨的内容，并不是科学家从事科学研究时是否应当具有利益驱动的动机问题，而是对于动机的制度控制的问题。“无私利性”规范的作用在于尽可能从“公共科学知识”中“清洗”或“过滤”包括“利益冲突”在内的个人或群体的偏见、错误和谎言等主观因素，以确保科学内容的客观性，维护科学的自主性或信誉和权威。而“无私利性”规范的这种作用是通过科学共同体中的同行评议来获得支持的。对此默顿指出：“总的来说，科学也像许多职业一样，把无私利性作为一个制度性要素。无私利既不等同于利他主义，也不是对利己主义感兴趣的行动。这样等同就把分析的制度标准与动机标准混淆了。求知的热情、莫名其妙的好奇心、对人类利益的无私关怀和其他许多特殊的动机都为科学家所具有。但是，对不同动机的探讨似乎被误导了。其实，能够说明科学家行为特征的，是对大量动机的制度性控制的不同模式。”对于科学的无私利性规范的最有利的证据就是，在科学的编年史上，与其他活动领域相比，欺骗行为是十分罕见的。这种情况经常被人们解释为科学家具有不同寻常的完美的个人品质。可是默顿认为，这些解释是没有充分的根据的。他认为，科学的诚实性是基于科学的可证实性本质特征，并以同行专家的严格审查的科学制度来得以实现的。因此科学家并不能像医生和律师那样可以利用门外汉的轻信、无知和依赖性来获得利益。换句话说，“无私利性”科学规范是科学家约束自身的科研行为，确保科学内容的真理性和客观性的制度保障。

4. 有条理的怀疑主义

所谓的有条理的怀疑主义是指，科学家对于自己和别人的工作都不轻信，均持一种毫无保留的怀疑和批判态度。对此规范具有代表性的解释是：“科学家决不应不经任何分析批判而盲目接受任何东西。当然，其怀疑应按照一定的规范，而不是怀疑一切。科学家有责任评价其他科学家的研究成果，也要允许别人对自己的成果的怀疑。”然而，对有组织的怀疑规范内容的这种解释，是存在严重缺失的。因为这种解释只是表达了有组织的怀疑规范的科学方法论层面的含义，而未对其中更为重要的科学制度层面的意蕴给出应有的说明。默顿明确指出：有组织的怀疑“既是方法论的要求，也是制度性的要求。默顿认为：

“科学向包括潜在可能性在内的涉及自然和社会方方面面的事实问题进行发问，因此，当同样的事实被其他制度具体化并且常常是仪式化了时，它便会与其他有关这些事实的态度发生冲突。当科学把它的研究扩展到已存在某些制度化观点的新领域，或者当其他的制度把其控制扩展到科学领域时，冲突就变得严重了。”在这种情况下，科学家只有按照经验和逻辑的标准把判断暂时悬置和对信念进行公正的审视，才能够维护科学自身的自主性，从而避免宗教团体、经济团体和政治团体等其他社会制度对科学活动的限制，实现科学的稳定和发展。

科学家的行为规范是一种外在的制度性要求，但当这种外在的训令内化为科学家的自觉的行为准则时，科学家的行为规范就演变为科学的精神气质。在默顿看来，科学的社会规范是一种来自经验又高于经验的理想类型，其合理性在于推动科学活动所设定的求知目标的实现。因此，虽然科学的社会规范是一种理想类型，但由于它能有效地服务于科学活动的目标——扩展确证无误的知识，因而成为科学建制内合法的自律规范，同时也是科学建制对外捍卫其自主权的出发点。科学的社会规范是一种“应然”对“实然”的统摄，但是在现实的科学活动的实践中，科学的社会规范不可避免地遭遇到科学建制内外两个方面的冲击和挑战。

第二章　现代科学技术的由来与演化

第一节　古代科学技术的萌芽与发展

一、科学与技术的萌芽

1. 科学的萌芽

原始社会，由于人们认识的局限性，科学以萌芽的状态蕴藏于具体的生产技术之中。加工石器、发明弓箭、捕鱼、打猎、驯养家畜、栽培植物、建造房屋桥梁、制陶、纺织印染、冶炼金属等，无一不是科学萌芽的土壤。为了获得生存所需要的物质资料，农牧民族需要与自然界的循环节律相协调，日出而作，日落而息，这样渐渐地发现了月亮之盈亏、气候之冷暖变迁的规律。在日经月累地对天象变换、物候变化的观测中逐步积累了一些有关天文学的知识，这就是科学最早的萌芽。

中国是开展天文研究最早的国家之一。我们的祖先在以采集和渔猎为主的旧石器时代，已经对寒来暑往的变化、动物活动的规律、植物生长和成熟的季节逐渐有了一定的认识。在新石器时代，社会经济逐渐进入以农牧生产为主的阶段，人们更加需要掌握季节，以便不误农时。我国古代的天文历法知识就是在生产实践的迫切需要中产生的。在新石器时代中期，我们的祖先已开始注意观测天象，并用以定方位、定时间、定季节。方位的确定对于人类的生产、生活都具有重要意义。半坡及其他许多文化遗址中，房屋都有一定的朝向，或向南，或向西北。确定方位大概以日出处为东，日落处为西，日正午时所指为南。传说在颛顼时代就有“火正”的官员，专门负责观测“大火”（红色亮星“心宿二”），并根据其出没来指导农业生产。后来，由于氏族混战，观测一度中断，结果造成了很大的混乱。到尧帝时设立羲和之官，恢复了火正的职责，因而风调雨顺、国泰民安。

数学知识的萌芽是与人们认识“数”和“形”分不开的。人们认识“数”是从“有”开始的，起初略知一二，以后在社会生活和社会实践中不断积累经验，知道的数目才逐渐增多。在“数”的概念产生之前，计算是与具体实物相联系的。英文“计算”一词来自拉丁文“calculus”，意思就是“小石子”，说明远古人类用一堆小石子来计算。中国也有“结绳记事”和“契木为文”的传说。人们对“形”的认识也很早，并依照这种认识制造出多种形状的工具，如石斧、骨针、石球、弓箭等。几何学来源于丈量土地，英文“几何”一词原意就是测地术。

2. 技术的产生

人类和其他动物的区别在于“动物仅仅利用外部自然界，单纯地以自己的存在来使自然界改变；而人则通过他所作出的改变来使自然界为自己的目的服务，来支配自然界。”❶

---

❶ 恩格斯. 自然辩证法 [M]. 北京：人民出版社，1971.

原始人类为了满足自身最基本的生活需要，开展了多种技术活动。

（1）石器的发明

技术与生产劳动同样悠久，人类的劳动是从石器的制造和应用起步的。在旧石器时代，原始人使用打制的石刀、砍砸器，到新石器时代（距今约1万年前）有了磨制的细石工具。原始人还学会了制造复合工具，使用有骨制或石制矛头的投枪、长矛和弓箭。弓箭大约是人类发明的第一种机械工具。有了这些工具，人类就可以进一步改造自然，并为人类由长期的采集、狩猎生活过渡到原始农业生产创造了条件。

（2）火的利用

人类认识和利用火的历史十分悠久，最早对火的利用可能是来自雷电、火山爆发等引起的自然火。在发现早期直立人云南元谋猿人牙齿化石的地层中，人们发现了许多炭屑，说明元谋人可能已使用火。晚期直立人北京猿人使用火的遗迹，是现有人类明确用火最早的遗迹之一。在北京人居住的洞穴里发现了厚达6m的灰烬层，其中还有许多被烧过的兽骨和石块，这说明他们已开始吃熟食。人工取火的技术可能是在旧石器时代末期随着钻孔技术的出现而发明的，并在新石器时代随着磨制工具的使用而逐渐得到普及。《庄子·外物篇》中有“燧人氏钻木取火，造火者燧人也，因以为名”的记载。

石器的发展和火的利用，导致了与“刀耕火种”技术相适应的原始农业、原始畜牧业的出现，由此出现了人类社会的第一次大分工。这使人类获得了更丰富的食物来源，并开始有了定居和村落生活。恩格斯指出：“尽管蒸汽机在社会领域中实现了巨大的解放性的变革……但是，毫无疑问，就世界性的解放作用而言，摩擦生火还是超过了蒸汽机，因为摩擦生火第一次使人支配了一种自然力，从而最终把人同动物分开。”[1]

（3）手工技术的发展

新石器时代，由于劳动工具的不断改善，人们的生产经验不断丰富，出现了分别以植物种植和动物驯养为主的原始农业和畜牧业，其进一步发展，又促使了制陶和纺织等原始手工业的发展。制陶技术大约产生于公元前八九千年，它的出现第一次使人类对材料的加工超出了仅仅是改变材料几何形状的范围，开始改变材料的物理、化学属性。这不仅利用了人的体力，而且利用了火这种自然能源。陶器的出现提供了贮藏容器，扩大了加工食品的方法。陶制纺轮推动了原始纺织，促进手工业与农业的分化，推动社会发展进入了第二次大分工。

利用植物纤维制成纺织品，大约发明于新石器时代的早期。原始人最初利用野生葛、苎麻等作纺织原料，其纺纱方法有捻搓和续接两种。捻搓是用双手把准备纺织的纤维搓和连接在一起，续接是使用纺轮，已具有了能够完成加捻和合股的能力。在利用植物纤维进行纺织的同时，畜牧地区也开始利用羊毛进行纺织。用丝纺织最早起源于我国，1962年在山西下县西阴村新石器时代的遗址发现了距今五六千年的蚕茧，浙江钱山漾新石器时代遗址里出土了几块4700年前的苎麻布，同时出土的还有一些纺织品。这些文物的发现表明早在石器时代原始手工业已经有了一定程度的发展。

（4）青铜冶炼技术的发展

冶炼工艺也产生于新石器时代末期，它与制陶有密切的关系。人类最早使用的金属大

[1] 恩格斯．反杜林论［M］．北京：人民出版社，1970.

概是天然铜。人类在烧制陶器的长期实践中发现，用木炭代替木材作燃料，可以获得950～1050℃的高温，这已接近铜的熔点，因此为铜的熔铸和冶炼准备了条件。由于青铜（铜、锡、铅合金）比纯铜熔点更低，硬度更大，也更容易加工成锋利的刃器，就使青铜比纯铜获得了更为广泛的应用。不过，此时青铜主要被用于制造武器、祭器和装饰品，还不能取代石器作为生产工具被普遍使用。与青铜相关的冶金术的出现，为人类转入金属工具的制造和使用开辟了道路，考古学上称这个时期为“金石并用时代”。大约在5500年前，埃及尼罗河流域和美索不达米亚的底格里斯河、幼发拉底河流域率先进入金石并用时期。这一时期，由于生产工具的进步带来了生产力水平的提高，农业耕作进入到锄耕和犁耕时代，耕地面积在各大流域的冲积平原上得到了空前的扩展，人口数量迅速增加。公元前4000年至公元前2000年，尼罗河流域的埃及人、两河流域的苏美尔人和阿卡德人，印度河流域的印度人以及黄河流域的中国人，相继进入奴隶社会，从此人类文明迈入了更高的阶段。

二、古代世界各国科学技术的发展

1. 古埃及的科学技术

古埃及位于非洲东北部的尼罗河流域，是世界上最古老的文明发源地之一。早在公元前4000年，那里就集居了几百万人，建立了以农业为主的文明古国——古埃及王国。它先后经历了31个王朝，直至公元前332年被亚历山大大帝征服，成为世界上奴隶制历史最悠久的国家。

在科学技术方面，古埃及曾在很长时期内影响了周围的民族和地区，为人类文明留下了宝贵的遗产。

（1）天文学和数学

古埃及农业生产需要掌握尼罗河水泛滥的确切日期，因而根据天象来确定季节就成了十分重要的工作，天文学知识因此而不断积累和丰富。古埃及人在公元前2787年创立了人类历史上最早的太阳历。制定方法是把天狼星和太阳同时在地平线升起的那天（此时尼罗河开始泛滥）定为一年之始，一年三季共12个月，每月30天，再加上年终5天节日，全年共365天。这个历法每年只有1/4天的差数，是今天世界通用公历的原始基础。

由于尼罗河水每年泛滥之后须重新丈量和划定土地，年复一年的工作使古埃及人在几何学方面比当时的其他民族都做了更多的实践练习，积累了很多的数学知识。修建水利设施以及建筑神庙和金字塔，使这些数学知识得到应用，并得到进一步丰富和发展。古埃及人用的是十进制记数法，能计算矩形、三角形、梯形和圆形的面积，以及正圆柱体、正方锥体的体积。在代数方面古埃及人能解一元一次方程和一些较简单的一元二次方程。这些知识后来成为古希腊人发展数学的基础。

（2）解剖和医药学

古埃及人相信人死后能在另一世界继续生活，因而将死者解剖制成木乃伊（干尸）。由此积累了很多人体生理和解剖知识，这些知识无疑有利于他们的医学的发展。古埃及医生能做外科手术，能治眼疾、牙痛、腹泻、肺病以及妇科病等许多疾病。他们用各种植物、动物和矿物配制药物。古埃及的医药学是当时世界上最先进的，这些知识后来通过古希腊人对西方的医药学产生了很大影响。

(3) 农业和手工技术

尼罗河谷地的土地肥沃，古埃及的农业和畜牧业都很发达。公元前3000年古埃及人就修建了大堤坝和水库，发明了畜耕。培育的作物有大麦、小麦、亚麻、豆类、葡萄等，养育的牲畜有牛、羊、猪、鸭、鹅。在农业繁荣的基础上各种手工业也得到相当程度的发展。早在公元前2700年，古埃及人就造出了长达47m的船。公元前1600年发明了制造玻璃的技术，陶器、亚麻织物、皮革、纸草（用于书写）以及珠宝等制造工艺技术也都达到了很高水平。公元前1500年前后古埃及人学会了青铜冶炼技术。铁器的使用较晚，到公元前7世纪才普遍代替铜器。

(4) 建筑技术

建筑技术是一项综合性技术，它能在很大程度上反映出一个社会的总的技术水平，在古代尤其如此。古代埃及在人类历史上最为显著的技术成就就是用石头建造至今犹存的巨大金字塔和神庙。金字塔是古埃及法老（国王）的陵墓。现存的70多座金字塔中最大的一座为修建于公元前2600年的胡夫金字塔，塔底为边长约232m的正方形，共砌石210层，高约146.5m，料石总计230万块，每块平均重量为2.5t。这些石块都经过认真打制，角度精确，石块间未施灰泥粘接，砌缝严密。古埃及人的神庙建筑也非常惊人，如现存尼罗河畔卡尔纳克的一座建于公元前14世纪的神庙，它的主殿占地约5000m^2，矗立着134根巨大的圆形石柱，其中最大的12根直径为3.6m，高约21m，可见其何等壮观。在三四千年前使用石器和青铜器的条件下，古埃及人竟然修建起了金字塔和神庙这样宏伟的建筑，实在是人类建筑史上的奇迹。

2. 美索不达米亚的科学技术

世界上最古老的另一文明发源于西亚的幼发拉底河和底格里斯河流域，在今天的伊拉克境内，被称之为美索不达米亚，意思是两河之间的地方。早在公元前5000～4000年，在两河下游地区就有苏美尔人定居，建立了苏美尔文化，此后又先后有巴比伦人、亚述人、迦勒底人在这里建立王国，奴隶制王国相继更迭。公元前330年，亚历山大大帝征服了美索不达米亚，结束了它的政治史，但是科学文化史却一直延续到了公元3世纪。

美索不达米亚文明与古埃及文明几乎同时存在，其科学技术成就也堪与之媲美。

(1) 天文学和数学

在天文学方面，美索不达米亚比古埃及更早制订历法，他们的历法是阴历，即以月亮盈亏的周期29.5天为一个月，把一个月定为29天和30天相间排列，一年12个月即354天，不足的天数用置闰（过几年加一闰月）的办法来解决。美索不达米亚人学会了区别行星和恒星，绘制了世界上最早的星图，并把黄道（太阳运行的轨迹）附近的恒星划分为12宫，每一宫的星座都以神话中的神或动物命名。

美索不达米亚在代数学方面很有成就。十进制与六十进制记数法并用，人们编制了许多数表以方便计算，有乘法表、倒数表、平方表、平方根表、立方表、立方根表等。他们能解一元一次方程、多元一次方程，也能解一些一元二次方程，甚至若干较为特殊的三次方程、四次方程和指数方程。在几何学方面，美索不达米亚人突出的贡献是按六十进制把周角分为360°，1°分为60′，1′分为60″，这种方法一直沿用至今。他们和古埃及人一样，也能正确计算出许多平面图形的面积和立体图形的体积。

(2) 医学和生物学

美索不达米亚留存下来的关于医学的泥板书（在制好的湿泥板面刻上文字）有800多块，反映出当时的医生是如何用药物和按摩等方法治病的，其中用到的植物药有150多种，还把一些动物的油脂制成的药膏用于治疗。记录表明，医生所治的疾病有咳嗽、胃病、黄疸、中风、眼疾等。此外，一些泥板书上还记录了100多种动物和250种植物的名称，并且对动物作了世界上最早的分类。美索不达米亚人还会在椰枣树开花时进行人工授粉，以增加椰枣的产量。

(3) 手工和建筑技术

公元前3000年前后的苏美尔人造出了世界上最早的轮车，以后又发明了用陶轮制陶器，还能造出一种用畜力牵引的播种机具。距今3600多年前的古巴比伦王国时期，玻璃制造业已有相当大的规模，从一些留存至今的色彩绚烂的玻璃器件可看出当时的工艺水平之高。

美索不达米亚的建筑材料主要是木材和未曾烧制的泥砖，有时也用石块，因此能保存下的建筑极少。公元前7世纪新巴比伦王国时期的城市建设表现出了相当高的技术水平。巴比伦城有内外三道城墙，其上共有塔楼300多座，用石板铺砌的笔直大道贯通全城。王宫旁的空中花园被后人称为世界七大奇迹之一。

(4) 冶金技术

大约在公元前4000年，苏美尔人就开始制造青铜器，公元前1800年前后的古巴比伦时期，青铜器的使用已相当普遍，比古埃及人更先进。在公元前1900年前后，美索不达米亚西北部小亚细亚半岛上的赫梯人发明了冶铁技术，并且向两河流域推广了铁器的使用。公元前8世纪美索不达米亚的亚述王国大量用铁制造武器，形成了十分强大的军事力量，同时表明此时美索不达米亚已进入铁器时代。

3. 古希腊的科学与技术

公元前6世纪，当古代埃及和美索不达米亚相继为外族所侵占，文化也随之衰落时，在欧洲的希腊地区崛起了新的科技文明。古代希腊包括以爱琴海为中心的周围地区，其中有今天的希腊本土和爱琴海东岸（今土耳其西海岸）的爱奥尼亚地区，以及意大利南部（包括西西里岛）的一些地区。早在公元前2000年前后，希腊克里特岛就出现了奴隶城邦制国家。以后历经变迁，公元前6世纪，以雅典城邦为代表的古希腊社会经济和文化均进入繁荣时期，史称“雅典时期”。此时出现了大批专门从事学术研究的学者，他们之中的很多人都曾到埃及、美索不达米亚游学。公元前4世纪，北方马其顿人战败希腊后又与希腊人一道发起东侵，建立了地跨欧、亚、非三大洲的大帝国。此时，文化中心由雅典转移到地属埃及的亚历山大城，希腊文化再度繁荣，科学又有了新的发展，史称“亚历山大时期”（或“希腊化时期”）。公元前1世纪罗马人征服希腊本土和希腊人活动地区，古希腊历史至此结束。

(1) 天文学

古希腊天文学始于学者们对天文现象的观察和对星体运动变化的思考，构建宇宙模型成为古希腊天文学的重要内容。毕达哥拉斯学派最早提出“中心火”宇宙模型，即宇宙是以一个被称之为“中心火”的天体为中心，由一系列半径越来越小的同心球所组成的球体。当时已发现地球、月亮、太阳、金星、水星、火星、木星、土星和恒星天九个天体，而毕达哥拉斯学派认为10是最完美的，于是又假想了一个天体“对地星”，构建了他们认为最和谐的宇宙模型。欧多克索构建的宇宙模型则是以地球为中心，日、月和五大行星，以及恒星分别附着于27个同心透明球形壳层之上，围绕地球而旋转。为了更好地解释一些复杂的天体运动现象，人们用增加同心球的办法继续改进欧多克索的宇宙模型，最多时同心球达到55个。到了亚历山大时期，喜帕恰斯创建了“本轮－均轮”模型来取代同心球模型。这个模型仍以地球为宇宙中心，各天体沿着自己的“本轮”作匀速圆周运动，本轮的中心又沿着各自的“均轮”绕地球作匀速圆周运动。这个模型比同心球模型更简单，能更好地解释日月距离的变化和行星不规则的视运动现象。地心说流行的古希腊时代，天文学家阿利斯塔克提出了一个另类的学说——日心说，他认为太阳和恒星是不动的，地球和行星都绕太阳旋转，地球又绕自己的轴每日自转一周。这是哥白尼学说的前驱，可惜在当时不为人理解，阿利斯塔克还被控犯渎神罪。

古希腊的天文学还有许多方面的成就，如欧多克索和亚历山大时期的埃拉托色尼都先后用天文学方法测量过地球赤道的周长，后者测出的结果只比今测赤道周长少385. 13km。喜帕恰斯在天文学史上首先发现岁差（即春分点西移现象），他还测算了回归年、朔望月、月地半径之比的数值，都与今天测量的数值非常接近，此外，他在天文仪器上也多有创造。

古希腊的天文学虽不乏缺陷和错误，但与其他文明古国相比，它理论性最强，体系也最完整，测算方法也达到了古代的高峰，对后世的天文学产生了深远的影响。

（2）数学

与其他文明古国注重实用性不同，古希腊非常重视数学的理论研究。在雅典时期对数学作出突出贡献的主要有毕达哥拉斯学派和智者学派。前者最著名的成就是对毕达哥拉斯定理（即勾股定理）的证明和无理数的发现；后者则提出了三个著名的几何作图难题，吸引了当时和后世无数的数学家为之苦心钻研，直到近代才证明出这些作图是不可能的。但数学家们在研究过程中却获得了不少理论成果，如发现了二次曲线和数学证明的穷竭法等。

古希腊数学的最高成就体现在亚历山大时期欧几里得的不朽著作《几何原本》。该书把前人的数学成果用公理化方法加以系统整理和总结，即从5个简单的公理出发，以严密的演绎逻辑推导出多个定理，从而把初等几何学知识构成为一个完整的理论体系。在科学史上，没有哪一本书像欧几里得的《几何原本》那样把卓越的学术水平与广泛的普及性完美结合，它集希腊古典数学之大成，构造了世界数学史上第一个宏伟的演绎系统，对后世数学的发展起到了不可估量的推动作用。欧几里得与阿波罗尼、阿基米德被并列称为希腊三大数学家。阿波罗尼所著的《圆锥曲线》也是一部古希腊杰出的数学著作，他用平面截圆锥体而得到各种二次曲线，椭圆、抛物线、双曲线是由他命名的。阿基米德研究出了求球面积和体积、弓形面积以及抛物线、螺线所围面积的方法，他用穷竭法解决了许多难题，还用圆锥曲线的方法解了一元二次方程。

（3）物理学

古希腊的学者们对许多物理现象也悉心关注，作出了不少重要的发现。如注意到了磁石吸铁现象，知道了“风是空气的一种流动”，解释了虹出现的原因，认识到听觉是声音使空气振动造成的，研究了弦的长度和音律的关系，等等。

雅典时期著名学者亚里士多德写下了世界上最早的力学专著《物理学》。他认为地球上物体的自然运动是重者向下，轻者向上，要改变这种自然状态就要靠外力。关于自由落体，他的结论是较重的物体下落速度更快，理由是它冲开介质的力比较大。亚里士多德的物理学研究是没有实验根据的、纯思辨的，因而结论大多不正确，直到近代力学诞生后才纠正了他的错误。

阿基米德在物理方面也做出了杰出的工作，是古希腊著名的物理学家，被后人誉为“力学之父”。他在静力学方面的一系列研究成果，如用逻辑方法证明杠杆原理并给出数学表达式、发现浮体定律、提出计算物体重心的方法等，达到了当时世界的最高水平。他还发明过很多机械，包括螺旋提水器、抛石机之类比较复杂的生产工具和武器。阿基米德的贡献不仅在于他取得的科技成果，还在于他的科学研究方法。他既注重逻辑论证和数学计算，又注重观察和实验，这为后来的近代科学研究作了良好的示范。

（4）生物学和医学

古希腊学者对生命现象进行了观察和探索，如有人提出“人是从鱼变化而成的”，体现了一种原始的生物进化思想。亚里士多德是对生物学贡献最大的古希腊学者，在生物学史上首创了解剖和观察的方法。他记录了近 500 种动物，亲自解剖了其中的 50 种，并按形态、胚胎和解剖方面的差异创立了 8 种分类方法。

古希腊的医学知识传自埃及和两河流域，公元前 5 世纪出现了职业医生。毕达哥拉斯学派的阿尔克芒被称为“医学之父”，他通过解剖人体发现了视觉神经及连接耳和口腔的欧氏管，认识到大脑是感觉和思维的器官。希波克拉底是古希腊最著名的医生，他创立的医学理论“四体液说”认为人体中含有黄胆液、黑胆液、血液和黏液，四体液之间协调人便健康，失调则产生疾病。这种体液理论一直在西方医学中流传，就像中医的阴阳五行说一样，成了西医学的理论基础。他还描述了许多内外科疾病及其治疗方法，并在医学史最早作了详细的临床记录。希波克拉底十分重视医德，至今尚留存着“希波克拉底誓言”，要求医生处处为病人着想，保持自己行为和这一职业的神圣性。

（5）技术

希腊受地理条件的限制，本土农业不发达，以种植油橄榄和葡萄为主。手工业和商业活动占有重要地位，雅典就是最著名的工商业中心。制陶、制革、榨油、酿酒、造船、制作家具等是古希腊的主要手工业，各行业都有较细的分工，反映出其技术上的进步。其中，造船技术达到了较高的水平，公元前 5 世纪时一般商船达 250 吨位，并能造出桨帆并用的大型战舰。

古希腊建筑以石料为主，具有自己的特色，许多石砌建筑至今尚存残迹，如建于公元前 5 世纪的雅典娜神庙系用白色大理石砌成，阶座上层面积达 2800m^2，四周回廊上立着 46 根高 10.4m 的大圆柱。亚历山大城是当时世界上最宏伟的城市，其南北向和东西向的两条中央大道均宽达 90m，港口处有一座灯塔建于公元前 279 年，塔高超过 120m，塔灯能使 60n mile 外的船只看见光亮。这些都显示出古希腊人高超的建筑技术水平。

古希腊较早地从西亚传入了冶铁技术，公元前 16～12 世纪就有了铁器，公元前 9～6 世纪，铁器工具已普遍使用，人们已掌握了铁件的淬火、焊接和锻铁渗碳法制钢等技术。

4. 中国古代的科学技术

中国古代，人们创造了丰富多彩而又独具特色的科学技术成就，形成了一个独特的科技文明。英国著名的中国古代科学技术史家李约瑟认为，在纪元前3世纪至公元15世纪之间，中国比欧洲的科学技术（除了希腊光辉灿烂的理论建设高潮之外）要进步得多。在近代科技兴起之前，中国的科学技术不但自成体系，而且对其他国家产生巨大影响。

（1）中国古代的科学成就

1）天文学。中国古代天文学的成就主要表现在天文观测和历法。中国古代天文观测的连续性、资料保存的完整性在世界上是绝无仅有的。《汉书·五行志》上的太阳黑子记录早于欧洲800多年，春秋至清初我国日食记录约1000次，月食记录约900次，新星和超新星记录60多颗，极光记录300多次。公元前4世纪中叶，战国时期的甘德和石申制作了世界上最早的星表，他们各自记录了数百颗恒星的方位。现存绘制于1190年的苏州石刻天文图载星1434颗，而西方17世纪望远镜发明之前没有一幅星图载星超过1100颗。公元前3~2世纪的行星观测已能相当精确地得出木星、土星和金星的位置表以及它们的会合周期。

精密的仪器是精确观测天象的基础，我国古代天文仪器也达到了很高水平。如东汉张衡发明的水运浑天仪、唐代僧一行等人研制的黄道游仪和浑天铜仪都是同时期世界上第一流的天文观测仪器。宋代苏颂建造的“水运仪象台”，集观测、计时和表演功能于一身。元代郭守敬创制的简仪，其设计和制造水平在世界上领先了300多年。

中国古代天文观测的主要目的在于制定较好的历法，我国天文历法之多为世界第一。为追求与天象观测更为符合，前后共制有100多种历法。商代时即有置闰的方法，汉代就已形成了包括年月日、节气、日月五星位置、日月食预报等内容的阴阳历体系。南北朝何承天制定的“元嘉历”定一个朔望月为29.530585日，与现代测值29.530588日相比，误差极小。南宋时的“统天历”回归年为365.2425日，比欧洲人达到此精确度早了近400年。

公元1~2世纪，中国先后出现了盖天说、浑天说和宣夜说三种具有代表性的关于宇宙结构的学说。盖天说主张“天圆如张盖，地方如棋局”；浑天说认为“浑天如鸡子，天体如弹丸，地如鸡中黄”；宣夜说则提出“天无形质、高远无极”，日月星辰都是悬浮在空中的观点。这三种学说具有共同的特点，即对宇宙的认识更偏重于经验描述。

2）数学。中国最迟大概在商代就已采用了十进制记数，春秋战国时期有了位值法和分数概念，大约与印度同时或稍晚（8世纪）出现零的符号。战国时的《墨经》中提出了关于点、线、方、圆等几何概念的定义。公元前1世纪的《周髀算经》是我国最早的天文数学著作，其中已有勾股定理和比较复杂的分数运算。成书于公元1世纪东汉初年的《九章算术》是中国古代数学体系形成的标志，书中载有246个应用题及其解法，涉及算术、代数、几何等方面的内容。其中的分数四则运算、比例算法、用勾股定理解决一些测量问题，以及负数概念和正负数加减法则的提出、联立一次方程的解法等，都达到当时世界最高水平。《九章算术》在古代一直作为我国数学的典范，其影响犹如欧几里得《几何原本》之于西方数学。中国古代数学家在圆周率的研究上取得了重大成就，如三国时期刘徽在注释《九章算术》时创造了割圆术，提出初步的极限概念。南北朝的祖冲之求得

π 值在 3. 1415926 至 3. 1415927 之间，或为 355/113，比欧洲人提出相同的精确度的 π 值早近一千年。

宋元时期中国古代数学发展到了顶峰。北宋贾宪约在公元 1050 年提出了求任意高次幂正根的增乘开方法，还列出了指数为正整数的二项式定理系数表，这两项成果均早于欧洲六七百年。南宋秦九韶发展了增乘开方法，他在《数书九章》一书中提出了高次方程的数值解法和一次同余式理论，这些研究都达到了当时的世界先进水平。宋元间的李冶和元代的朱世杰相继在代数学，尤其在解高次方程的研究方面作出了突出的贡献。到了明代，我国古代数学发展的势头消失，宋元时期重要的数学典籍几乎全部散失，实为科学史上的憾事。

3）医药学。中国古代医药学著作居各门科技著作之首，现存约 8000 多种，不仅文献丰富、分科齐全，而且医理独特，形成了完整的理论体系。春秋战国时成书的《黄帝内经》是我国第一部最重要的医学著作。该书总结了先秦医学实践和理论知识，强调人体的整体观念，运用阴阳五行的自然哲学思想，形成了一套脏腑和经络学说，成为我国古代医学的传统特色。东汉张仲景的《伤寒杂病论》把《内经》的理论与临床实践更具体、紧密地结合起来，确立了"辨证论治"的临床医学理论基础。汉代时出现的《神农本草经》是现存最早的药学专著，载有 365 种药物。以后历代医药学家继续进行药物学研究，形成"本草学"。明代李时珍的《本草纲目》载药 1892 种、方剂 11000 个，内容涉及生物、化学矿物、天文等多种学科，是世界科技史上的名著之一。

针灸是中医独特的治疗方法。战国时的名医扁鹊就以精通针灸而著称于世。晋代皇甫谧所著的《甲乙经》是最早的针灸著作。中国针灸 17 世纪时传到欧洲，在世界上有很大影响，至今不衰。中国古代在外科学方面也有不少独创，如汉末华佗曾以"麻沸散"作全身麻醉进行外科手术，这在当时是很杰出的成就。

4）农学。中国古代农业发达，农业技术发展全面，无论是耕作技艺、品种改良、水肥管理，还是各种农具的发明和改进，都达到古代世界的先进水平。在不同的历史时期，都有一些学者和官员重视对农业生产技术的概括和总结，撰写了大量的农学著作。我国古代农学著作之多，为世界各国之冠，共有 370 多种。现存最早的农学著作是公元前 3 世纪后期的《吕氏春秋》一书的《上农》《任地》《辨土》和《审时》四篇，主要论述了农业生产要因时因地制宜，以及如何充分发挥人的主观能动性等问题，在理论上有重要价值。公元 6 世纪北魏贾思勰所著《齐民要术》是世界现存的最早、最完整系统的农学著作。全书共 92 篇，包括农作物栽培育种、果树林木育苗嫁接、家畜饲养和农产品加工等内容。书中所载一些农学和生物学知识在世界上保持领先地位达 1000 多年。此外，汉代的《记胜之书》、南宋陈旉的《陈旉农书》、元代王祯的《王祯农书》和明代徐光启的《农政全书》等都是我国古代著名的农学著作。

(2）中国古代的技术发展

1）陶瓷技术。据考古发现，早在 1 万年前中国人就已制造陶器。4 千多年前的商代出现了以高岭土制成的白陶，以后逐渐发展成为瓷。瓷器的发明也是我国对世界科技的独特贡献。东汉时期制瓷技术已渐趋成熟。唐宋时期的青瓷称盛一时，有"青如天、明如镜、薄如纸、声如磬"的美誉。宋元时期制瓷工艺技术达到了新的更高水平，无论在瓷器的胎质、釉料、纹饰，还是在瓷窑结构和烧制技术等各方面，都有很大提升。明清时期是制瓷业高度发展的阶段，精致白釉烧制“窑变”釉色，以及各种彩瓷的制造是这一时期制瓷技术的重大成就，推出了大量精品和传世之宝。中国的瓷器早在隋唐时期即远销国外，10 世纪以后制瓷技术陆续传到亚洲一些国家，欧洲人则是在 15 世纪下半叶学会制瓷的。

2）丝织技术。中国是最早养蚕和织造丝绸的国家。商代的丝织物已有斜纹、花纹等一些复杂纹样。西汉时丝织技术提高到新的水平，织物品种有绢、罗纱、锦、绣、缔，制作方法有织、绣、绘，颜色和图形也多种多样，极为丰富。此时已发明提花织机，其功能是可以按事先设计好的程序使经纬线交错变化而织出预定的图样。唐宋时期丝绸印染和印花工艺进一步发展，并织造出“织锦”和“缂丝”等新的高级丝织品。元代发展出了“织金锦”，明清两代又发展出了“妆花”。我国的丝织物在公元前 4 世纪就远销国外，公元 5 ~6 世纪间波斯曾派专人来我国学习，其后丝织技术才又传到欧洲。

3）建筑技术。中国古代建筑技术在奴隶制时代与一些文明古国相比较为落后。战国以后的建筑逐渐形成了自己的独特风格，留下了许多不朽的杰作。我国古代建筑以木构架结构为主要特点，山西应县宋代木塔，高达 67. 31m，经历近千年的风雨和多次地震仍完好屹立，是世界现存最高的木构架结构建筑。我国古代许多桥梁和水利设施的建设也表现出了形式多样、构思精巧、结构合理的高水平建筑技术。如隋代工匠李春设计的河北赵州桥，采用了“敞肩拱”桥形，比国外要早 1200 多年。北宋时期福建泉州建造的洛阳桥成功地采用了“筏形基础”，即沿着桥梁的中线抛掷大量石块，以形成一条横跨江底的矮石堤，然后在上面造桥墩，桥长 834m，至今仍在使用。战国时李冰父子带领修建的四川都江堰，在总体布局、堤坝修筑、水道疏浚、就地取材、灌溉与防洪兼顾等方面，都相当完善科学。北宋时李诫编著的《营造法式》是一部重要的建筑技术专著，该书全面地总结了古代建筑经验，对设计和规范、技术和生产管理等都有系统论述，是世界建筑史上的珍贵文献。

4）造纸术。“纸”字从系旁，从字源上说，本意与丝有关。中国古代最初的“纸”是以丝为原料的缣帛，即所谓的絮纸。此后还有用植物纤维、动物纤维制成的纸，如于新疆、内蒙古、陕西等地出土的汉纸残片，就是植物纤维纸[1]。东汉宦官蔡伦于 105 年制成了质量较好的纸，人称“蔡侯纸”。造纸术首先传到朝鲜和越南，7 世纪传入日本，8 世纪传入阿拉伯，12 世纪由阿拉伯人又传至欧洲。纸的发明极大地推动了人类的信息传播和文化交流。

5）印刷术。雕版印刷约发明于 6 世纪的隋唐之际，唐宋时期大量应用于印刷佛经、农书、医书和字帖等。北宋庆历年间平民毕昇发明了胶泥活字印刷术，使印刷技术产生了一个飞跃。毕昇之后活字印刷术不断改进。元代王祯发明了木活字，以后还出现过磁活字、锡活字、铜活字。欧洲最早仿照中国活字印刷的是德国人古腾堡，他于 1450 年制成铅合金活字。

6）火药。火药是唐代炼丹术士在炼丹过程中偶然发现的。北宋时火药已开始用于战争，制成了火箭、火球、火蒺藜等武器。南宋时发明的“突火枪”已是以火药爆力射出“子窠”的管形火器了。明代以后更是发展出手榴弹、地雷、水雷、定时炸弹、子母炮等

[1] 潘吉星. 关于造纸术的起源——中国古代造纸技术史专题研究之一［J］。文物，1973，10.

新型火药兵器，火箭已有了多种类型。但这些火器并未用于普遍装备军队。火药和火药兵器是通过战争传到国外去的。欧洲人于13世纪从阿拉伯人那里知道了火药，于14世纪中期制造出了火药兵器。

7）指南针。春秋战国时期中国人已记录了磁石吸铁现象。稍晚些时制成的“司南勺”用磁石琢成的勺子，底部圆滑，放在铜盘上，勺柄即能指出南北方向，这大概是最早的磁性指示方向器。宋代出现的“指南鱼”则以薄铁片剪成鱼形，经人工磁化成永久磁铁，平漂水上以指示方向。稍后又发明了磁石磨针而制成真正意义上的指南针。11～12世纪的南宋时期中国人已将指南针用于航海，不久即传到了阿拉伯，其后又传到欧洲。

中国古代科学技术成就在相当长的历史时期中居于世界领先的地位，但是自16世纪，即明代中期，传统科学技术总体上发展停滞，并逐渐走向衰落，绝大多数领域在西方科技传入以后为其所取代。

三、古代科学技术的主要特征

人类在古代创造了最初的文明，不同民族和国家依托于不同的文明形态创造了各具特色的科学技术体系，虽然在方法和内容上具有差异，但也表现出基于当时人们的知识所体现的共同特点。

首先，科学与技术处于彼此分离的状态。在古代，科学与技术由于产生的源头不同，各自按照自己的逻辑在发展，基本处于分离状态。正如美国科学技术史家麦克莱伦第三所说：“技术与科学领域甚少联系，既没有向科学贡献什么，也没有从科学得到什么。”❶

其次，从事知识创造活动的手段简单直接。由于受当时技术条件限制，知识更多的是在直接观察的基础上，通过想象和思辨而被创造出来的。因此，知识更多是对自然现象的描述和对生产经验的总结，而不是对自然过程和规律的理论概括与解释，即使有些知识已深入到对自然深层规律的探索，但是由于观察数据有限、手段粗糙，而具有很强的可错性。

最后，创造知识的目的更多是解决实际问题。虽然古希腊科学的产生在一定程度上源于人们对自然的好奇与探求，但整体上看，这一时期科学与技术的产生与发展更多的是为了直接解决当时现实生活和生产实践中提出和遇到的实际问题，如天文学出自农业生产中对历法的需要、数学出自丈量土地和食物分配的需要、力学出自建筑的需要、医学出自治病救人的需要，等等。

第二节　近代前期科学的发端与第一次技术革命

一、近代科学产生的历史背景

近代科学诞生的时代也是世界历史上发生巨大变革的时代。恩格斯曾说：“这个时代，我们德国人由于当时我们所遭遇的民族不幸而称之为宗教改革，法国人称之为文艺复

---

❶ 詹姆斯·E·麦克莱伦第三，哈罗德·多恩. 世界科学技术通史［M］. 王鸣阳，译. 上海：上海科技教育出版社，2007.

兴，而意大利人则称之为五百年代（即 16 世纪），但这些名称没有一个能把这个时代充分地表达出来。这是从 15 世纪下半叶开始时代……拜占庭灭亡时抢救出来的手抄本，罗马废墟中发掘出来的古代雕像，在惊讶的西方面前展示了一个新世界——希腊的古代，在它的光辉的形象面前，中世纪的幽灵消逝了；意大利出现了前所未见的艺术繁荣，这种艺术繁荣好像是古典古代的反照，以后就再也不曾达到了。……旧的世界的界限被打破了；只是在这个时候才真正发现了地球，奠定了以后的世界贸易以及从手工业过渡到工场手工业的基础，而工场手工业又是现代大工业的出发点。教会的精神独裁被摧毁了，德意志诸民族大部分都直截了当地接受了新教，……”此时，科学在欧洲所处的社会环境发生了巨大的变化，所谓的新科学正是诞生于这段波澜壮阔的历史中。

1. 欧洲文艺复兴开启的新世界

发端于 14 世纪意大利的文艺复兴运动以复兴古典文化为手段，歌颂人性、反对神性，提倡人权、反对神权，提倡个性自由、反对宗教禁锢。文艺复兴时期的代表人物，如诗人但丁、彼特拉克，绘画家乔托、达·芬奇，文学家塞万提斯、莎士比亚等人，用各种表达形式掀起了研究古典学术的热潮，并确立了人文主义精神，其核心是以人为中心，而不是以神为中心，肯定人的价值和尊严。这是一场新文化运动，它使人们以一种新的视野、新的眼光重新审视这个世界，为科学的兴起和发展扫清了思想障碍。

2. 宗教改革推动了人的思想解放

这一时期另一个重大的思想解放运动是发端于德国的宗教改革运动。漫长的中世纪中，罗马教会不断扩充领地、积累财富、扩大政治影响，但同时也变得越来越腐败，成为社会进步的障碍。16 世纪，德国神父马丁·路德倡导宗教改革，反对天主教会享有特权，主张自己终身寻求宗教信仰，追求自由与平等，动摇了封建天主教会和传统宗教中的神学。宗教改革运动打破了天主教会的精神垄断，使人们的思想得到解放，发展了人文主义。

3. 资本主义生产方式的出现和地理大发现促进了科学的发展

14 世纪，资本主义工业性质的大型工场在意大利沿岸地区迅速发展，随后，德、法、英、荷、西、葡等资本主义国家经济发展进入快通道。15 ~ 16 世纪，纺织、酿酒、玻璃产品制造、金属加工等多个行业部门逐渐发展。资本主义生产的发展，不仅提出了许多问题要求科学作出解释、积累了大量材料要求科学作出概括，而且为科学的研究提供了大量有效的物质手段和工具，诸如显微镜、望远镜、钟表、气压计、温度计、湿度计等大量新的观测和计量仪器的发明，促进了实验科学的兴起，推动了近代科学的发展。与此同时，新兴资本主义国家为了能够加速推进资本积累、开拓市场、获得优质劳动力，持续进行大规模海上探险。1492 年，意大利航海家哥伦布发现了今天称作美洲的新大陆，进入地理大发现的时代。远航探险和地理大发现，对欧洲的社会和科学技术产生了极大的促进作用，而且在这场航海探险中所体现出的自信和冒险精神，也为近代科学革命提供了精神动力。

4. 中国古代技术向欧洲传播推动了近代科学的诞生

中国古代四大发明向欧洲的传播，以及对社会进步所提到的推动作用，也成为欧洲产生近代科学的动力。火药、指南针、印刷术在 12 世纪经阿拉伯人传播到欧洲，同资本主义的生产相结合，得到了广泛的应用和推广，产生了深远的社会影响。马克思曾指出："火药、指南针、印刷术，这是预告资产阶级社会到来的三大发明。火药把骑士阶层炸得粉碎，指南针打开了世界市场并建立了殖民地，而印刷术则变成新教的工具，总的说来变成科学复兴的手段，变成对精神发展创造必要前提的最强大的杠杆。"❶

5. 哥白尼学说向宗教神学提出了挑战

1543年，波兰天文学家哥白尼出版了他经过长达30多年观察研究而写成的《天体运行论》一书，提出了太阳中心说，批判了统治天文学界长达一千多年的错误的地心说。这是人类科学发展史上的一个里程碑，它的重要历史意义在于发起了自然科学向宗教神学的挑战，开始了科学摆脱神学禁锢的思想解放。根据基督教神学的说法，上帝使地球成为宇宙中心，地球上的人类是天之骄子，上帝创造万物皆为满足人类的需要：创造太阳为给人类以光和热；创造月亮为在夜间给人类照明；创造其他天体是为人类预告吉凶……。日心说使基督教神学的这些说法成为没有根据的杜撰，不仅彻底动摇了基督教神学的宇宙学说，也极大地冲击了神学和教会的精神通知。歌德曾说："哥白尼的学说感动人类之深，自古无一种创见、无一种发明可与之相比。……自古以来没有这样天翻地覆地把人类的意识倒转过来。因为若是地球不是宇宙的中心，那么无数古人相信的事物将是一场空了。谁还相信伊甸的乐园、赞美诗的颂歌、宗教的故事呢？"

二、近代科学在各个领域的进展及机械自然观的建立

从文艺复兴后期开始，欧洲的自然科学逐渐摆脱基督教神学的控制而发展起来，形成新的科学传统——近代科学。

1. 近代科学在各个领域的进展

在天文学领域，同时代的科学家伽利略和第谷在天文观测方面做出了杰出的工作。伽利略用自制的望远镜发现了月球上的山谷、太阳黑子、木星的四个卫星、金星的周期（盈亏）和土星环等。第谷在丹麦皇家天文台，利用当时最先进的观测技术，广泛、系统、精确地观测天象，达到了那个时代的最高峰。而天体运行规律的总结则归功于德国天文学家开普勒的杰出工作。开普勒在总结分析了第谷一生积累的详细观察资料后，发现和提出了行星运动的三大定律，即行星运动的椭圆轨道定律、面积定律和周期定律。

在近代科学革命中，经典力学是最早建立起来的体系，伽利略和牛顿做出了开创性的工作。伽利略最重要的贡献是确立了将实验与数学相结合的科学方法，从而为近代物理学乃至近代科学的诞生奠定了方法论基础。伽利略运用"实验＋数学"的方法发现了自由落体和抛射体的运动规律，提出了物体运动的惯性定律、相对性原理以及钟摆的等时性原理。牛顿则综合了伽利略和开普勒的思想，提出了描述物体机械运动的三大基本定律，发现了万有引力定律，从而建立了经典力学的理论体系。牛顿对科学作出的贡献主要集中在他1687年发表的巨著《自然哲学的数学原理》一书中，其重要意义体现在：经典力学体系的建立使"天上的力学"和"地上的力学"得以统一，从而完成了近代科学史上的首次大综合，并完成了古代科学向近代科学的转变，为近代科学研究成果的理论化、系统化

❶ 马克思．机器、自然力和科学的应用［M］．北京：人民出版社，1978.

提供了一个比较成熟的、典范的形式。

在化学领域，英国的波义耳在1661年出版的《怀疑派的化学家》一书中首次明确将化学视为一个独立的学科，在书中他发展了自己关于化学元素的想法，完全驳倒了炼金术关于硫、汞、盐三本原的学说，彻底摧毁了已存在两千年的四元素学说。这部专著对化学从药剂师和炼金术士那里解脱出来成为一门独立的科学有着重要意义。他将微粒说引入化学中，提出化学元素的定义，将化学元素看作是化学反应中的“原始和简单的物质”，开始了分析化学的研究。法国化学家普鲁斯特发现了化学反应过程中化合物元素构成的定比定律；英国化学家普利斯特列和瑞典化学家舍勒分别独立地发现了氧；法国化学家拉瓦锡提出了燃烧的氧化理论，发表了著名的《化学纲要》一书，此书在化学领域中的意义犹如牛顿的《自然哲学的数学原理》在物理学领域中的意义一样，成为自己学科中的奠基性著作。拉瓦锡通过金属煅烧实验，阐明了燃烧作用的氧化学说，其要点为：①燃烧时放出光和热；②只有在氧存在时，物质才会燃烧；③空气是由两种成分组成的，物质在空气中燃烧时吸收了空气中的氧，因此重量增加，而物质所增加的重量恰恰就是它所吸收氧的重量；④一般的可燃物质（非金属）燃烧后通常变为酸，氧是酸的本原，一切酸中都含有氧。金属煅烧后变为煅灰，它们是金属的氧化物。他还通过精确的定量实验，证明物质虽然在一系列化学反应中改变了状态，但参与反应的物质的总量在反应前后都是相同的。于是拉瓦锡用实验证明了化学反应中的质量守恒定律。拉瓦锡的氧化学说彻底地推翻了燃素说，使化学开始蓬勃地发展起来。

在博物学领域，17世纪欧洲的博物学家已经知道了数千种以上的植物，18世纪瑞典博物学家林奈描述了1.8万种植物。面对这么多的植物，16～17世纪逐步形成两种分类方法，一种是人为分类法，认为物种是不连续的界限分明的类群；另一种是自然分类法，认为生物之间存在着连续性。林奈是人为分类法的集大成者，他于1735年出版的《自然系统》中，系统地阐述了植物分类原则和见解，他把植物分为纲、目、属、种，并以双名命名法命名植物。法国植物园园长布封提出了生物演化和突变的思想。

在生理学领域，英国医生哈维提出了血液循环的学说。哈维血液循环论主要的内容是血液在人体中沿着一个闭合的路线作循环运动，人体动脉和静脉的末端必定有一种微小的通道把二者沟通，才使得从右心室输出的静脉血经过肺部变为动脉血到达全身，再沿静脉回到心脏；心脏是血液循环的动力，它收缩时将血液排出，舒张时血液流入，犹如一个水泵不断推动着血液运动。该理论不仅描述了人体循环运动，解释了生命现象的生理基础，而且扫除了传统的盖伦的“肝为血液循环中心说”，使生理学成为一门真正的科学。因此他被后人誉为近代生理学之父。

在数学领域，英国数学家奈皮尔发明了对数，法国数学家笛卡尔创建了平面解析几何。笛卡尔分析了几何学与代数学的优缺点，表示要寻求一种包含这两门科学的优点而没有它们的缺点的方法，这种方法就是用代数方法来研究几何问题——解析几何，《几何学》提出了解析几何学的主要思想和方法，标志着解析几何学的诞生。在笛卡尔之前，虽在方程中用符号表示常量和未知数，但不是变数，有了变数，运动进入了数学；有了变数，代数问题也可转化为几何问题，而且变数为微积分的发明创造了条件。笛卡尔还改进了韦达的符号记法，他用a，b，c等表示已知数，用x，y，z等表示未知数。牛顿、莱布尼茨建立了微积分，数学从此由常量数学进入变量数学，历史和辩证法从此进入了数学。

他们的功绩主要在于：把各种有关问题的解法统一成微分法和积分法，有明确的计算步骤。微分法和积分法互为逆运算，由于运算的完整性和应用的广泛性，微积分成为解决问题的重要工具。现代微积分的符号都来自莱布尼茨的发明。同时，关于微积分基础的问题也越来越重要。无穷小量究竟是不是零？无穷小及其分析是否合理？由此而引起了数学界甚至哲学界长达一个半世纪的争论。无穷小量究竟是不是零？两种答案都会导致矛盾。牛顿对它曾作过三种不同解释：1669 年说它是一种常量；1671 年又说它是一个趋于零的变量；1676 年又说它是“两个正在消逝的量的最终比”，但是他始终无法解决上述矛盾。莱布尼茨试图用和无穷小量成比例的有限量的差分来代替无穷小量，但是他也没有找到从有限量过渡到无穷小量的桥梁。最后解决这个问题的是德国的魏尔斯·特拉斯，他消除了其中不确切的地方，给出现在通用的极限和连续的定义，并把导数、积分严格地建立在极限的基础上。

2. 科学方法论与机械自然观的建立

近代科学诞生的主要标志是建立了一套有别于古代的方法论和自然观，这就是实验－数学方法论和机械自然观，它们为新科学的发展奠定了重要基础。

（1）科学方法论的确立

近代科学方法论的确立来自哲学家与科学家的共同努力。英国哲学家弗兰西斯·培根较早关注到近代自然科学与中世纪知识传统的差异，提倡实验方法。他在著作《新工具》中提出了实验归纳方法，重视观察经验，认为自然知识只有通过对事物有效的观察才能发现。但他反对假设演绎方法，不重视数学在科学实验中的地位和作用。法国哲学家笛卡尔在《方法谈》中提出数学演绎方法，强调数学方法的重要性。

真正代表近代科学方法论精神的并不是哲学家，而是科学的实践者——科学家。伽利略最先倡导并实践“实验＋数学”的方法，他所强调的实验并不是培根意义上的观察经验，而是理想化的实验。伽利略的研究程序可以分为直观分解、数学演绎、实验证明三个阶段。牛顿的方法可以称之为“归纳－演绎”法，他十分重视归纳，认为“尽管从实验和观察出发的归纳论证并不能证明一般性结论，但它依然是事物的本性所容许的论证方法”，同时牛顿也十分重视数学演绎。可以看出，在伽利略和牛顿这样的近代科学大师那里，实验观察与数学演绎是十分紧密地结合在一起的。

（2）机械自然观的建立

近代前期自然科学主要是力学得到充分发展，力学的辉煌成就引导人们用力学的观点来解释客观世界，从而形成了机械自然观。机械自然观的主要特点是：用力学的机械运动模型类比其他复杂的物质运动，把运动原因都归结为某种力，认为一切运动可以归结为机械运动，一切现象都可用力学来加以解释，以致用牛顿力学规律去解释自然、解释社会。

近代机械自然观的建立对科学的发展产生了深刻影响。从积极的方面看，一是在反对宗教神学的斗争中，把自然科学从宗教神学中解放出来，具有重要重要的意义；二是机械自然观中的基本观点，如人与自然的分离、自然界的数学设计、物理世界的还原论解释、自然界与机器的类比，对近代科学某些领域的发展产生了重要作用，如血液循环理论的建立就可以看成机械学在人体结构和功能方面的运用。从消极的方面看，根据力学去解释新的自然现象，引入了多种多样的“力”和适用于经典力学的虚假物质，这不仅没有促进这些学科的进展，反而造成了许多困难。

恩格斯曾对机械自然观在历史上的作用作过中肯的评价：“把自然界分解为各个部分，把自然界的各种过程和事物分成一定的门类，对有机体内部按多种多样的解剖形态进行研究，这是最近四百年来在认识自然界方面获得巨大进展的基础条件”。同时也指出这种认识的局限与危害：然而，“这种做法给我们留下了一种习惯：把自然界的事物和过程孤立起来，撇开广泛的总的联系去进行考察，因此不是把它们看作运动的东西，而是看作静止的东西，不是看作本质上变化着的东西，而是看作永恒不变的东西；不是看作活的东西，而是看作死的东西。”

三、第一次技术革命与英国的崛起

在近代前期，自然科学和技术近乎平行发展，但比以往时代表现出了明显的相互联系、相互影响的特点。当时的自然科学研究旨在回答当时技术上提出的重大理论问题，但是自然科学的理论成果反过来又为技术进步开辟了道路，为工作机和蒸汽机等重大发明提供了条件，从而形成了第一次技术革命。

第一次技术革命发端于英国，而后遍及整个欧洲。它以纺织机械的革新为起点，以蒸汽机的发明为标志，实现了工业生产从手工工具到机械化的转变。1733 年，英国钟表匠凯伊发明了织布用的飞梭，大大提高了织布的效率，于是纺纱成了制约纺织业提高效率的“瓶颈”。1765 年，英国纺织工哈格里夫斯发明了“珍妮”纺纱机，揭开了技术革命的序幕。接着，平民技工阿尔克莱特于 1769 年发明了水力纺纱机。1779 年，童工出身的克隆普顿综合了珍妮纺纱机和水力纺纱机的优点，发明了自动骡机，可以同时转动三四百个纱锭。骡机的出现标志着纺纱机革新的初步完成。

纺纱机的革新使棉纱供过于求，出现了新的不平衡。1785 年，英国牧师卡特莱特发明了自动织布机，效率提高了几十倍。随之而来的是一系列与之配套的机器发明，如净棉机、梳棉机、自动卷纱机、漂白机、整染机等，实现了整个纺织工业的机械化。

工作机的技术革新要求为它们提供强大而方便的动力，从而产生了动力上的革命。蒸汽机早在工业革命之前就发明了，但最初的一批蒸汽机仅用于矿井排水，效率低且没有引起技术革命。由于后来的工作机革新对于动力机的呼唤，高效率的蒸汽机得以问世，才最终迎来了动力上的革命。

最初蒸汽机的工作原理都是利用蒸汽冷凝形成真空，然后靠大气压力来做功，所以其理论来自对真空和大气压力的认识。伽利略、托里拆利、帕斯卡、居里克、波义耳等人在该领域做了许多研究工作。在这些科学认识的基础上，法国物理学家巴本、英国工程师萨弗里、英国铁匠纽科门等人对蒸汽机进行了研究，发明了大气活塞式蒸汽机，被矿山广泛采用。

工匠瓦特发展了前人的工作，对蒸汽机技术进步做出了划时代的贡献。1763 年，他在修理纽科门蒸汽机的过程中，受布莱克教授关于“比热”和“潜热”理论的启发，找到了纽科门蒸汽机效率低的主要原因是有大约五分之四的蒸汽消耗在重新加热汽缸上。针对存在的问题，1765～1784 年瓦特对旧式蒸汽机进行了一系列根本性的改新，采用密封气缸和分离冷凝器新装置，大大提高了蒸汽机效率，最后完成了普遍适用于各行业的旋转式双向蒸汽机。至此，瓦特完成了一个时代的伟大技术创新，把第一次技术革命推向高潮。正如马克思所说，瓦特的伟大天才在于他不把他的蒸汽机看成一种有特殊用处的发明，而把它看作是大工业可以普遍应用的东西。在这之前，生产中使用的各种天然动力，都受到自然条件和其他有关因素的限制。蒸汽动力技术的创新，才为大规模工业生产提供了前所未有的强大而方便的廉价动力。

工作机的革新、蒸汽机的发明，使技术革命的浪潮迅速推向化工、机械加工、冶金和交通运输部门。机器制造业率先发展起来，随着各种机器的发明，如自动刨床、铣床、钻床等，19 世纪 40 年代实现了用机器制造机器的目标。机器制造业的出现促进了钢铁生产的发展，使欧洲的钢铁产量在短短几十年里增加了 70%，而且生产出高碳钢、锰钨钢、钨铬钢等特种钢。产业革命又进一步刺激了交通运输业的发展，1807 年富尔顿造出轮船，1814 年斯蒂芬森造出蒸汽机车，1825 年英国建成第一条铁路。预示着一场工业革命的到来，正如恩格斯说："蒸汽和新的工具机把工场手工业变成了现代的大工业，从而把资产阶级社会的整个基础革命化了。工场手工业时代的迟缓的发展进程变成了生产中的真正的狂飙时期。"[1]

英国作为第一次技术革命肇始的国家，到 1840 年前后，大机器生产已经基本取代了工厂手工业生产，工业革命基本完成，一跃成为世界第一个工业国家。英国社会发生了巨大的变化：一是生产力快速提升，为百万英国人民创造了一个历史性的就业机会，伦敦成为世界金融中心；二是人口结构发生巨大变化，到 19 世纪中期，城市的人口已超过全国总人口的 50%；三是工人阶层队伍不断壮大，在社会政治运动中发挥越来越重要的作用，从而推动了英国政治民主的进程。英国的发展具有划时代的意义，并起到了很好的示范作用，必将对人类文明的历史演变产生深远的影响。

第三节 近代后期科学的发展和第二次技术革命

一、近代后期的科学成就

从根本上说，产业革命开始了科学和大工业紧密结合的新时期，但这个新时期的特点，在产业革命百余年之后，即 19 世纪末期才显示出来。在 19 世纪末，科学和技术直接的关系表现为两种相反的情况。一种情况是生产问题的解决主要是依靠工匠的经验和手艺，生产并没有敏锐地感到只依靠经验知识已经不够，迫切需要利用自然科学的成果。所以往往是在科学理论上还没有搞清楚的情况下，技术上已经初步得到了实现。例如，蒸汽机的发现和制造比热力学理论领先了半个世纪；电磁方程发现之前，第一台电报机就已经造成了。另一种情况是，在科学理论上已经发现了一些带有规律性的东西，却没有在技术上很快实现出来。例如，麦克斯韦 1865 年就从电磁理论中预言电磁波的存在，但直到 20 世纪初才开始用于广播。

从 19 世纪下半叶开始，各主要资本主义国家进入了产业革命时期，生产的发展不仅为自然科学提供了新的事实材料和新的工具，而且使研究领域扩大了，此时除了力学外，物理学、化学、生物学、地质学等研究高级运动的科学相继发展起来。相应地，自然科学

---

[1] 本书编写组．马克思恩格斯选集［M］．3 卷．北京：人民出版社，1972.

的研究方法发生了飞跃，它开始从分门别类的研究过渡到阐明自然界各个过程的联系，从一成不变地分析事实过渡到考察自然过程的变化和发展，从用力学的尺度去衡量一切过渡到阐明各种运动形式的特殊本质。总之，自然科学由运用观察、实验、解剖等经验方法收集积累材料阶段，进入到对所获得的经验进行综合整理并从理论上加以概括说明的阶段。

19 世纪，可以说是一个“科学总动员”的世纪。从研究内容上看，人类研究自然的视野不断拓宽，从太阳系拓展到银河系，从生物的整体深入到组成生物的基本单元细胞，从动植物到人类，从体表到体内，从物体到组成物体的基本单元分子和原子。这是一个创建理论体系的科学时代，涌现出一大批对现代科学都产生影响的科学理论。

在天文学领域，1755 年康德出版了《宇宙发展史概论》一书，提出了太阳系起源的星云假说。星云假说认为，在太阳系形成之前，宇宙空间就存在着一种弥漫的原始物质即星云，在吸引和排斥的相互作用下，星云物质因吸引而不断凝聚，因排斥而发生旋转，通过自身的运动规律从最初的浑浊状态中逐渐发展成有秩序的天体系统。星云假说是人类认识史上第一个科学的天体起源学说，它从物质自身的对立统一规律来分析天体的形成与发展，这不仅在科学上为现代天体学奠定了基础，从而推动了整个自然科学的发展，而且在哲学上为辩证唯物主义的自然观提供了自然科学的依据。星云假说既批判了“宇宙神创说”，又否定了“上帝的第一次推动”。恩格斯高度评价了星云假说，指出：“在康德的发现中包含着一切继续进步的起点。如果地球是某种逐渐生成的东西，那么，它现在的地质的、地理的、气候的状况，它的植物和动物，也一定是某种逐渐生成的东西，如果立即沿着这个方向坚定地继续研究下去，那么自然科学现在就会进步得多。”❶

值得指出的是，由于康德著作的不合时宜，并且匿名出版，所以没有受到当时人们的重视。直到 1796 年法国科学家拉普拉斯在《宇宙系统论》一书中用牛顿力学详细论证了太阳系的演化过程，独立地提出了一个类似的星云假说以后，康德的著作才逐渐受人重视。所以，星云假说也称为“康德 - 拉普拉斯星云假说”。按照康德 - 拉普拉斯星云假说，太阳及其行星都有一个历史的演化过程，它们是由原始弥漫物质星云逐渐凝聚而成的，不断收缩的星云的中心部分凝聚成太阳，大体上在同一平面上的环状弥漫星云物质收缩凝聚成了行星。星云假说尽管在科学上还存在问题，但是其演化发展的科学思想对于 19 世纪的科学产生巨大的影响。

在地质学领域，英国地质学家赖尔 1830 年出版了他的《地质学原理》一书，提出了地质渐变的思想。18 世纪欧洲工业革命以后，采矿业的大发展、运河的开凿，使人们发现逐一形成的地层中有不同的生物化石。大量的新事实使人们不得不承认，地壳结构和地表形态以及地球上的动植物都有时间上的历史。但当时法国的动物学家和古生物学家居维叶却用“灾变论”来解释这一现象，他认为，这是由于上帝的惩罚而引起的巨大灾变造成的。赖尔则以丰富的材料论证了地球地层渐变的理论。他认为，地球表面的变迁是由各种自然力，即内力（地震、火山）和外力（风、雨、温度变化等），在长期缓慢的发展中综合作用的结果，是逐渐形成的，并不是什么超自然的力量，不需要用上帝的惩罚和灾变来解释，从而抨击和否定了以居维叶为代表的、支配和统治生物学界和地质学界多年的“灾变论”。赖尔的功绩在于，他使人们认识到了地球并不是一成不变的，而是在自然力

❶ 恩格斯. 自然辩证法［M］. 北京：人民出版社，1955.

的作用下不断生成和变化的，这就粉碎了“灾变论”，有力地驳斥了上帝创世说。所以，恩格斯指出：“只有赖尔才第一次把理性带进地质学中，因为他以地球的缓慢变化这样一种渐进作用，代替了由于造物主的一时兴发所引起的突然革命。”❶

在物理学领域，发现了能量转化和守恒定律，建立了电磁学理论。19 世纪 40 年代，德国青年医生迈尔、英国业余物理学家焦耳等人，几乎同时从不同的角度、通过不同的途径、用不同的方法发现了能量转化和守恒定律。这一定律的发现表明，自然界中的一切运动都可以归结为一种形式的运动向另一种形式的运动的不断转化。能量转化和守恒定律的发现，不仅在物理学上具有划时代的意义，而且具有很大的哲学价值。它为哲学上论证物质不灭原理和运动不灭原理提供了自然科学依据。它表明，“自然界中整个运动的统一，现在已经不再是哲学的论断，而是自然科学的事实了。”❷ 因此，那种认为互不联系、互不转化、既成不变的谬论被排除了，对世外造物主的最后记忆也随之清除了。

19 世纪，物理学领域的另一个重大成就就是电磁理论的建立，它在更大范围、更深层次上揭示了自然界的统一性。电和磁是两千多年以前就已经被发现的自然现象，早在公元前 7 世纪古希腊人就已经发现用兽皮磨擦过的琥珀能吸引碎屑，磁石的特性也很早就被人们注意到了。到 16 世纪，英国伊丽莎白女王的御医吉尔伯特对电和磁进行了深入系统的研究，并在 1600 年出版了《论磁石》一书。但一直到 19 世纪，电和磁仍然被人们认为是两种完全不同、互不相干的东西。1745 年德国的克莱斯特和荷兰莱顿大学的米森布鲁克分别发明了“莱顿瓶”。1754 年，美国科学家富兰克林作了著名的风筝实验，通过对雷电的研究证明“莱顿瓶”中的电与大气中的电是同一种东西。从 19 世纪 20 年代至 19 世纪 80 年代，由于一大批物理学家，尤其是法拉第和麦克斯韦的杰出工作，完整的电磁学理论得以建立起来，从本质上揭示了光、电、磁现象的统一性。

在生物学领域，19 世纪有两个重大发现，这就是细胞学说的提出和生物进化论的创立，它们证明了生物有机体内部的统一性，沉重地打击了“神创论”和物种不变论。显微镜的发明和使用使生物学的研究大为改观，导致了细胞的发现。德国生物学家施莱登在 1838 年提出了细胞是植物构造的最基本单元的理论，发表了《关于论植物起源的资料》一文。文中指出，低等植物全由一个细胞组成，而高等植物是由许多细胞组成的，细胞是一切植物的最基本的结构单元和构成单位。1839 年，德国动物学家施旺发表了《关于动物与植物结构和生长类似的显微镜研究》一文，进一步指出，整个植物界和动物界都是由细胞组成的，细胞是全部生物的最基本的单位，一切有机体都是由细胞发育而成的。细胞理论的建立使人们第一次从细胞层次上看到了一切生物的统一性，这就在动物和植物两个领域之间驾起了桥梁，从而宣布对峙几千年的两大壁垒——动物界和植物界之间的严格而明显的区分消失了，动物和植物互不相干、完全不同的古老神话破灭了。细胞理论的提出，为生物进化论的形成奠定了科学基础。1859 年，英国生物学家达尔文根据他对自然界长期广泛的考察研究，在总结农业、畜牧业改良品种的实践经验和前人成果的基础上，出版了《物种起源》一书，提出了以自然选择为基础的生物进化的理论。进化论认为，“物竞天择，适者生存”造成了生物的不断进化和发展，这是生物界发展变化的普遍规

---

❶ 恩格斯．自然辩证法［M］．北京：人民出版社，1971.

❷ 本书编写组．马克思恩格斯选集［M］．3 卷．北京：人民出版社，1972.

律，现代的植物、动物和人都是自然界长期进化发展的产物。进化论生动地揭示了生物界由简单到复杂、由低级到高级发展变化的自然图景。列宁指出："达尔文的进化论第一次把生物学放在完全科学的基础上，在生物学上具有划时代的意义，在哲学上具有重大的价值。它推翻了那种把动植物看作是彼此毫无关系的、神创的、不变的形而上学的观点，为辩证唯物主义的宇宙发展理论提供了重要的自然史基础。"❶

在化学领域，19 世纪有三个重大发现，即道尔顿－阿伏伽德罗的原子－分子论、门捷列夫的元素周期律和维勒的尿素的人工合成。

1808 年，英国化学家道尔顿根据他对气体压力、化合物构成元素原子量的研究出版了《化学哲学新系统》一书，提出了原子的科学假说，并运用这一假说圆满地解释了化学反应中的当量定律、定比定律和倍比定律，从而完成了近代化学发展中的一次重要的理论综合，奠定了现代化学的基础。正如恩格斯所说的："在化学中，特别是由于道尔顿发现了原子量，现已达到的各种结果都具有了秩序和相对的可靠性，已经能够有系统地、差不多是有计划地向还没有被征服的领域进攻，就像计划周密地围攻一个堡垒一样。"❷ 此后，意大利化学家阿伏伽德罗继承和发展了道尔顿的原子论思想，于 1811 年发表了《原子相对质量的测定方法及其原子进入化合物时数目比例的确定》一文。在这篇论文中，他提出了分子概念以及分子与原子相区别的重要问题。阿伏伽德罗的分子假说把道尔顿的原子论和盖－吕萨克的气体反应定律统一起来，成为说明物质构成和化学反应机理的原子－分子学说。这一学说的建立，对自然科学的发展起了巨大的推动作用。

俄国化学家门捷列夫对当时已经知道的 63 种化学元素进行分类、排列，研究了它们之间的相互关系和变化规律。1869 年，他排出了第一张化学元素周期表，发现了元素性质按其原子量的变化呈现出周期性变化的规律。1869 年，他在《元素属性和原子量的关系》论文中指出，按照原子量大小排列起来的元素，在性质上呈现出明显的周期性；原子量的大小决定元素的化学性质；可根据原子量和元素性质的依赖关系预言未被发现的元素；可以根据周期律修正已知的但不准确的元素的原子量。根据元素周期律，他成功地预言了未知的元素镓、钪和锗的化学性质，修正了金、铀等元素的原子量。元素周期律在科学上有重要价值，它把几百年来关于各种元素的大量知识综合起来，形成了有内在联系的统一整体，从而实现了无机化学由经验描述到理论综合的一次大飞跃。

1828 年，德国化学家维勒用无机化合物氯化铵溶液和氰酸银反应，制成了有机化合物尿素，并发表了《论尿素的人工合成》一文。这是人类第一次用无机原料合成有机物，它穿透了无机界与有机界之间坚实的壁障，填平了无机界和有机界之间不可逾越的鸿沟，开辟了无机界通向有机界的通衢大道。那种认为自然界是永远不变的，无机物只能产生无机物、有机物只能产生有机物的机械论观点宣告彻底破产了。

二、第二次技术革命与世界格局的变化

1. 电磁学理论的创立与第二次技术革命

第二次技术革命发生在 19 世纪下半叶，其主要标志是电力的运用，以电机和电力传

---

❶ 本书编写组．列宁选集［M］．北京：人民出版社，1972.
❷ 恩格斯．自然辩证法［M］．北京：人民出版社，1971.

输、无线电通信等一系列发明为代表，实现了电能与机械能等各种形式的能量之间的相互转化，给工业生产提供了远比蒸汽动力更为强大和方便的能源，“电气时代”开始取代“蒸汽时代”，为现代自然科学的产生准备了技术条件。这次技术革命同第一次技术革命相比，有一个明显的特点，即自然科学理论的突破已成为生产技术革新的先导，科学理论已经走在生产实践的前面。在第一次技术革命中，自然科学的理论指导还比较零散，对工作机来说，力学起到重要作用，而对蒸汽机变革，热力学只起到配角作用，工匠技艺经验的积累居主导地位。后来在研究提高热机效率的基础上，才建立起系统的热力学理论，但是第二次技术革命是在电磁理论创立之后才发生和发展起来的。

1799 年，伏打电池的发明首次使人们获得了持续的电流，揭开了电力利用的序幕，而电磁理论的创立，则是 19 世纪科学史上的一次革命，它改变了世界文明的面貌，对人类社会生活产生了极为深远的影响。1820 年，丹麦物理学家奥斯特发现了电流使磁针偏转的效应，第一次展示了电和磁之间的联系。这一发现是近代电磁学的突破口，蕴含着电动机的基本原理。1822 年，法国人阿拉戈和盖－吕萨克发明了第一个电磁铁；同年，安培发现两平行电流同方向相斥、反方向相吸，提出了表示电流磁场方向的“游泳者法则”。自学成才的英国科学家法拉第以自己的研究成果，奠定了电磁理论的基础。

法拉第用实验证明了不仅电可以转变为磁，磁也同样可以转变为电；运动中的电产生磁，运动中的磁产生电，揭示了机械能转化为电能的规律性。变化的磁场在导线里产生感生电流，这是发电机的基本原理。在实验的基础上，他大胆地冲破牛顿力学关于“超距作用”的观念，提出了“力线”的概念，并用铁粉做实验，证明了磁力线的存在。他确信这种力线不只是几何的，它同时具有物理性质，是物理存在。电荷或磁极周围的空间不再是一无所有，而是布满了向各个方向散发出去的力线，电荷或磁极就是力线的起点。由此出发，法拉第首次提出了“场”的概念，把布满磁力线的空间称为磁场，而磁力线就是通过连续的场这种物理实在而传递的。当时，对于法拉第的“场”的概念，几乎所有物理学家部认为是离经叛道的臆造，直到二三十年后，才被人们所接受。法拉第长于实验和形象思维，而短于数学和抽象思维，因而未能将自己的研究成果形成系统的、理论化的知识体系。他的继承者麦克斯韦完成了这一历史任务。

1862 年，麦克斯韦初步提出了完整的电磁理论，不仅解释了法拉第的实验结果，而且发展补充了法拉第的思想。他引进了“涡旋电场”和“位移电流”的新概念，指出交变的电场产生交变的磁场，交变的磁场又产生交变的电场，由此预言了电磁波的存在。10 年以后，他完成了电磁理论的经典著作《电磁学通论》，建立了电磁场的基本方程，即著名的麦克斯韦方程组。这是继牛顿万有引力之后近代物理学又一次重大的理论综合，它把电荷、电流、电场和磁场完全统一起来了，同时精确地表明电磁场运动具有波动性质，它在空间以光速传播，而光在本质上就是一种电磁波。这样，完整的电磁理论就建立起来了。1888 年，德国物理学家赫兹从实验上证明了电磁理论的正确，从而导致了无线电的发明，开辟了电磁技术的新纪元。

电磁规律的发现和电磁理论的建立，直接导致了第二次技术革命。人们根据奥斯特和法拉第的发现，发明了发电机和电动机。1845 年，英国物理学家惠特斯通制成了第一台使用电磁铁的发电机。1867 年，德国人西门子发明了自激式直流发电机，后来的发电机都是在西门子发电机的原型上改进的。所以，西门子的发明在技术史上相当于瓦特发明的往复式蒸汽机，有着划时代的重要意义。

早期发电机发出的电力，主要是用于电气照明而不是工业动力。1879 年，英国化学家斯旺和美国发明家爱迪生同时发明了白炽灯，特别是爱迪生用碳化竹丝制成灯丝，大大延长了灯丝寿命，使电灯事业化获得了成功。所以，人们把世界之光——电灯的发明归功于爱迪生。

随着远距离高压输电技术的发明，电力不仅用于照明，而且开始用作工业动力；它不仅使偏僻山区的廉价水力可以得到利用，而且为消除城市和农村的差别提供了物质技术基础。这里面起着重要作用的变压器，其基本原型是由法拉第发明的。他根据电磁感应定律制成了感应圈，这就是最早的原始变压器。

电气工业的另一重大成就——无线电通信，是在 19 世纪的最后十年中，由俄国的波波夫、意大利的马可尼等人实验成功。1894 年，波波夫在彼得堡大学成功地进行了无线电通信的公开实验，次年，马可尼也成功地实现了第一次无线电通信。由于马可尼得到了英国邮电部门的大力支持，工作条件较好，因而进展迅速。1899 年，马可尼成功地实验了英法海峡两岸间的无线电通信。1901 年，他又进一步建立起横越大西洋的无线电联系，从英国把无线电信号发送到 2700km 外的加拿大。从此，无线电就变成了真正实用的通信工具，从而在空间上、时间上缩短了地球上各处人们之间的距离。

在第二次技术革命中，除了电力技术外，内燃机、炼钢技术和化工业也是其重要内容。1876 年，德国人奥托成功制成了第一台四部冲程内燃机（亦称汽油机），1897 年德国工程师狄塞尔又制成了大功率的柴油机。内燃机的发明，不仅为工农业生产提供了新的使用方便和功率更大的动力机，而且促进了交通工具的巨大进步。1885 年德国工程师本茨和戴姆勒制成了内燃机汽车，1903 年美国人莱特兄弟装置有内燃机的飞机试飞成功，此外，内燃机还被应用于轮船和机车。

长期以来，由于炼钢技术落后，钢的产量一直很低、价格也昂贵，阻碍了大工业的发展。1856 年英国冶金学家贝塞麦首先发明了酸性底吹转炉炼钢法，并于 1862 年在伦敦国际展览会上公开展出。不久，法国工程师马丁和英国工程师托马斯又于 1865 年、1875 年先后发明了平炉炼钢法和碱性底吹转炉炼钢法。上述三项发明，终于使以往单纯靠体力和经验进行的炼钢法，转变为可以大量生产的近代科学炼钢法。

19 世纪，随着有机化学结构理论的发展，有机化学在应用方面亦硕果累累。人造染料、塑料、橡胶、纤维等数以百计的新产品陆续问世。瑞典化学家诺贝尔和德国化学家威尔伯兰德先后发明了硝化甘油炸药和 TNT 炸药。这些发明为化学工业的兴起奠定了基础。

2. 世界格局的改变

在第二次技术革命及引发的第二次工业革命的进程中，世界上很多国家和地区都深受其影响，世界格局发生变化。

在第二次工业革命之前，德国还是一个落后的农业国家，依靠出口农产品、进口英国的工业品过日子。但是，这时的德国科学在某些领域已经开始跻身于世界前列，涌现出一批杰出的科学家，其中以有机化学领域的工作最为突出，李比希及其所创建的学派不仅将德国化学带到世界前沿，并且带动了德国化学工业的发展。德国在合成染料、煤化学工业、酸碱工业、造纸工业等领域开始兴旺发展起来，赫希斯特公司、拜耳公司等一批大公司崛起，其产品源源不断地流向世界各地，德国人在 1886 ~ 1900 年几乎垄断了全世界人造染料的生产，德国也成为工业化国家。

美国的工业革命开始于19世纪上半叶，在此之前，不论在英国殖民地期间，或是在独立战争前后，科学核技术的发展水平都是比较低下的。1860～1890年，美国通过工业技术革命、创新，使产值上升9倍。到1880年，它已经是西方第二经济大国。1890年，跃居世界第一，许多工业产品产量都居世界首位，其黄金储量占到70%，成为世界经济的霸主。

三、两次技术革命的比较

第二次技术革命同第一次技术革命相比，具有以下特点。

1. 技术革命的侧重点不同

第一次技术革命的主要任务，是在以纺织业为代表的轻工业部门中，用机器体系的生产代替手工生产，实现由手工工场制度向近代工厂制度的过渡。而到了19世纪末20世纪初，资本主义工业化已经发展到了后期阶段，工业化的重点日益从轻工业转移到重工业，主要任务是改造和创新重工业的各个部门，并利用重工业雄厚的力量，牢固地确立大工业在国民经济中的统治地位。

2. 技术革命的主角不同

第一次技术革命主要是在实践经验基础上发展起来的，反映的是当时工艺上最出色的成就，能工巧匠是这次技术革命的主角。第二次科技革命是在近代科学理论的指导下发展起来的，技术革命的主角是掌握专门知识的科学家、工程师。也是在第二次技术革命中，科学通过技术的进步而直接转化为强大的生产力，从而为工业发展开辟空前广阔的领域和空间。

3. 技术革命的范围与规模不同

第二次技术革命从涉及的领域看，不是局限于少数部门或学科，而是根据生产和社会发展的需要进行全面的探索。理论上建立了许多新学科，如化学、生物学、地质学等。在部门上，除原有的轻纺工业等部门外，还出现了重工业部门和其他一些新兴工业部门。在世界范围内，工业化的狂澜也从西欧、北美个别地区向更大的范围奔泻，工业化真正呈现出一幅世界图景。

4. 技术革命所引起的社会后果不同

如果说第一次技术革命的主要社会后果是确立了工厂制，那么，第二次技术革命的主要社会后果则是确立了垄断制。日益以重工业为重点和采用先进的技术装备的工业发展总趋势之结果，必然是导致企业规模的普遍扩大，尤其是少数大企业的建立、生产和资本的集中促成了垄断组织的形成。

第三章　现代科学发展

第一节　现代物理学革命

19 世纪的力学、光学、热学、电磁学取得了一系列突破性进展，物理学家们怀着无比自豪的心情进入 20 世纪，许多人认为科学大厦即将建成，只剩下一些细节性的事情有待完善。然而，19 世纪末物理学留下的两朵小小的“乌云”（即“以太危机”和“紫外灾难”）和新的实验发现却带来了 20 世纪的物理学革命。

物理学革命是由 19 世纪末物理学实验的三大发现揭开序幕的。1895 年德国科学家伦琴发现了 x 射线，1897 年英国科学家汤姆逊证实了电子的存在，1896 年法国科学家贝克勒尔意外地发现了天然放射性的存在，此后，居里夫妇发现了钋、镭等放射性元素，证实了元素的嬗变。由此，人们认识到原子并不是最小的不可分割的物质单元，而是有结构，可以再分的。面对这些新发现，绝大多数物理学家仍坚信物质世界的客观规律性，并寻求新的物理学解释，但是也有少数人把电子的发现看作是“原子非物质化了”或“物质消灭了”，用“无物质的运动”来说明天然放射性，乃至把物理学革命看作是“物理学危机”，是“原理的普遍毁灭”。正是在这样激烈的思想交锋中孕育了新的科学发现，一场物理学革命到来了。

一、爱因斯坦和相对论

1. “以太”难题

19 世纪中叶，麦克斯韦建立了电磁场理论，并预言了以光速传播的电磁波的存在。到 19 世纪末，实验证实了麦克斯韦理论。电磁波是什么？它的传播速度是相对谁而言的呢？当时流行的看法是整个宇宙空间充满一种被称为“以太”的特殊物质，电磁波是以太振动的传播。然而，与空间完全充满“以太”思想相悖的结果不久就出现了：根据“以太”理论应得出，光线传播速度相对于“以太”应是一个定值，因此，如果沿与光线传播相同的方向行进，所测量到的光速应比在静止时测量到的光速低；反之，如果沿与光线传播相反的方向行进，所测量到的光速应比在静止时测量到的光速高。但是，一系列实验都没有找到造成光速差别的证据。

1887 年，美国俄亥俄州克利夫兰凯斯研究所的迈克尔逊和莫雷用光的干涉现象进行了非常精确测量，仍没有发现地球有相对于以太的任何运动。他们实验的设计思路是：对比两束成直角的光线的传播速度，由于围着自转轴的转动和绕太阳的公转，根据推理，地球应穿行在“以太”中，因此上述成直角的两束光线应因地球的运动而测量到不同的速度，但是预期的结果没有出现。荷兰物理学家洛伦兹提出了一个假设，认为一切在以太中运动的物体都要沿运动方向收缩。由此证明，即使地球相对以太有运动，迈克尔逊也不可能发现它。而法国数学家庞加莱对此持怀疑态度，并预见全新的力学即将出现。

2. 爱因斯坦的回答与狭义相对论的提出

美籍德国物理学家爱因斯坦于1905年，在他26岁时，在科学杂志《物理年鉴》刊登了他的一篇论文《论运动物体的电动力学》。这篇论文是关于相对论的第一篇论文，全面地论述了狭义相对论，解决了从19世纪中期开始，许多物理学家都未能解决的有关电动力学以及力学和电动力学结合的问题。

爱因斯坦从完全不同的思路研究了这一问题。他指出，只要摒弃牛顿所确立的绝对空间和绝对时间的概念，一切困难都可以解决，根本不需要什么以太。实际上，迈克尔逊和莫雷实验关于"以太"概念的说明完全是多余的，光速是不变的。牛顿的绝对时空观念是错误的，不存在绝对静止的参照物，时间测量也是随参照系不同而不同的。他用光速不变和相对性原理提出了洛伦兹变换，创立了狭义相对论。

爱因斯坦提出了两条基本原理作为讨论运动物体光学现象的基础。第一条叫相对性原理。它是说：如果坐标系K'相对于坐标系K作匀速运动而没有转动，则相对于这两个坐标系所做的任何物理实验，都不可能区分哪个是坐标系K，哪个是坐标系K'。第二个原理叫光速不变原理，它是说：光（在真空中）的速度c是恒定的，不依赖于发光物体的运动速度。

从表面上看，光速不变似乎与相对性原理冲突，因为按照经典力学速度的合成法则，对于K'和K这两个作相对匀速运动的坐标系，光速应该不一样。爱因斯坦认为，要承认这两个原理没有抵触，就必须重新分析时间与空间的物理概念。

经典力学中的速度合成法则实际依赖于如下两个假设：

（1）两个事件发生的时间间隔与测量时间所用钟的运动状态没有关系。

（2）两点的空间距离与测量距离所用的尺的运动状态无关。

爱因斯坦发现，如果承认光速不变原理与相对性原理是相容的，那么这两条假设都必须摒弃。这时，对一个钟是同时发生的事件，对另一个钟不一定是同时的，同时性有了相对性。在两个有相对运动的坐标系中，测量两个特定点之间的距离得到的数值不再相等，距离也有了相对性。

如果设K坐标系中一个事件可以用三个空间坐标x、y、z和一个时间坐标t来确定，而K'坐标系中同一个事件由x'、y'、z'和t'来确定，则爱因斯坦发现，x'、y'、z'和t'可以通过一组方程由x、y、z和t求出来。两个坐标系的相对运动速度和光速c是方程的唯一参数。这个方程最早是由洛伦兹得到的，所以称为洛伦兹变换。

利用洛伦兹变换很容易证明，钟会因为运动而变慢，尺在运动时要比静止时短，速度的相加满足一个新的法则。相对性原理也被表达为一个明确的数学条件，即在洛伦兹变换下，带撇的时空变量x'、y'、z'、t'将代替时空变量x、y、z、t，而任何自然定律的表达式仍取与原来完全相同的形式。人们称之为普遍的自然定律对于洛伦兹变换是协变的。这一点在我们探索普遍的自然定律方面具有非常重要的作用。

此外，在经典物理学中，时间是绝对的，它一直充当着不同于三个空间坐标的独立角色。爱因斯坦的相对论把时间与空间联系起来了，认为物理的现实世界是各个事件组成的，每个事件由四个数来描述，这四个数就是它的时空坐标t和x、y、z，它们构成一个四维的连续空间，通常称为闵可夫斯基四维空间，在相对论中，用四维方式来考察物理的现实世界是很自然的。狭义相对论导致的另一个重要的结果是关于质量和能量的关系。在爱因斯坦以前，物理学家一直认为质量和能量是截然不同的，它们是分别守恒的量。爱因斯坦发现，在相对论中质量与能量密不可分，两个守恒定律结合为一个定律。他给出了一个著名的质量－能量公式：$E=mc^2$，其中 c 为光速。于是质量可以看作是它的能量的量度。计算表明，微小的质量蕴涵着巨大的能量。这个奇妙的公式为人类获取巨大的能量，制造原子弹和氢弹以及利用原子能发电等奠定了理论基础。

对爱因斯坦引入的这些全新的概念，大部分物理学家，其中包括相对论变换关系的奠基人洛伦兹，都觉得难以接受。旧的思想方法的障碍使这一新的物理理论直到一代人之后才为广大物理学家所熟悉。但是毫无疑问，它是20世纪物理学史上最重大的成就之一。

3. 广义相对论的诞生

除了前面提到的描述惯性参考系的狭义相对论，爱因斯坦还提出了广义相对论。狭义相对论变革了从牛顿以来形成的时空概念，提出时间与空间的统一性和相对性，建立了新的时空观；广义相对论则把相对原理推广到非惯性参照系和弯曲空间，从而建立了新的引力理论。1915年11月25日，爱因斯坦向柏林普鲁士科学院提交了题为《万有引力方程》的论文，完整地论述了广义相对论。

1912年，爱因斯坦意识到如果真实几何中引入一些调整，重力与加速度的等价关系就可以成立。爱因斯坦想象，如果三维空间加上第四维的时间所形成的空间－时间实体是弯曲的，那结果是怎样的呢？他的思想是，质量和能量将会造成时空的弯曲，这在某些方面或许已经被证明，物体将趋向直线运动，但是，他们的径迹看起来会被重力场弯曲，因为时空被重力场弯曲了。1913年在他的朋友马歇尔·格卢斯曼的帮助下，爱因斯坦学习弯曲空间及表面的理论，即黎曼几何。这些抽象的理论，在玻恩哈德·黎曼（B. Riemann）将它们发展起来时，从未想到与真实世界会有联系。我们所认识的重力，只是时空是弯曲的事实的一种表述。

尽管相对论与电磁理论的有关定律结合得非常完美，但它与牛顿的重力定律不相容。牛顿的重力理论表明，如果你改变空间的物质分布，整个宇宙中重力场的改变是同时发生的，这不但意味着你可以发送比光速传播更快的信号（这是为相对论所不容的），而且需要绝对或普适的时间概念，这又是为相对论所抛弃的。爱因斯坦深入思考了这个问题，意识到加速与重力场的密切关系：在密封厢中的人无法区分他自己对地板的压力是由于他处在地球的重力场中的结果，还是由于在无引力空间中他被火箭加速所造成的。于是他提出了引力与加速度等效原理，并用黎曼几何处理弯曲四维空间，创立了广义相对论。

爱因斯坦仍然提出了两条基本原理作为构建广义相对论的基础。

（1）等效原理，即等效原理和广义协变原理。

所有的实验结果都得出同一结论：惯性质量等于引力质量。牛顿自己意识到这种质量的等同性是由某种他的理论不能够解释的原因引起的，但他认为这一结果是一种简单的巧合。与此相反，引力质量和惯性质量的等同性是爱因斯坦论据中的第三假设。爱因斯坦一直在寻找“引力质量与惯性质量相等”的解释。他认为：如果一个惯性系相对于一个伽利略系被均匀地加速，那么我们就可以通过引入相对于它的一个均匀引力场而认为它（该惯性系）是静止的。日常经验验证了这一等同性：两个物体（一轻一重）会以相同的速度“下落”。然而重的物体受到的地球引力比轻的大，那么为什么它不会“落”得更快呢？因为它对加速度的抵抗更强。结果是，引力场中物体的加速度与其质量无关。伽利略是第一个注意到此现象的人。引力场中所有的物体“以同一速度下落”是（经典力学中）惯性质量和引力质量等同的结果。

（2）广义协变原理，即自然法则（物理学基本规律）在所有的系中都是相同的。

这是爱因斯坦的第四假设，是其第一假设的推广。不可否认，宣称所有系中的自然规律都是相同的要比称只有在伽利略系中自然规律相同听起来更“自然”。

广义相对论提出了三个可检验的预言。第一个预言是水星的近日点的摄动，该现象指出，轨道上运动的行星在绕太阳运行时，每完成一个周期并不是精确返回到空间的原来位置，而是稍稍有些前移。这一事实早在19世纪中叶就已被发现，但经典的牛顿天体力学无法做出满意的解释。第二个预言是光线在引力场中将发生偏转。按照这个说法，星光在经过太阳附近时，将受到太阳引力的影响而偏折。观测这一现象只有发生日全食时才能进行，否则太阳的强烈光线使地面上根本观测不到太阳附近的恒星光线。第三个预言通常被称为谱线“红移”，即恒星辐射总是背离我们而去。

广义相对论自提出以后就引起了科学界的关注，但是由于第一次世界大战的爆发延误了对预言结果的观测。1919年5月25日的日全食给人们提供了大战后的第一次观测机会。英国天文学家爱丁顿组织了两支日食观测队，去检测星光经过太阳时将发生偏转的预言。两支观测队分别出发，一支派往巴西的索布拉尔，另一支由爱丁顿率领来到西班牙所属圭亚那海岸附近的普林西比岛。11月6日，汤姆逊在英国皇家学会和皇家天文学会联席会议上郑重宣布：爱因斯坦所预言的结果得到证实。他称赞道：“这是人类思想史上最伟大的成就之一。爱因斯坦发现的不是一个小岛，而是整整一个科学思想的新大陆”。《泰晤士报》以“科学上的革命”为题对这一重大新闻做了报道。消息传遍全世界，爱因斯坦成了举世瞩目的名人，广义相对论也被提高到神话般受人敬仰的地位。

从那时以来，人们对广义相对论的实验检验表现出越来越浓厚的兴趣。但由于太阳系内部引力场非常弱，引力效应本身就非常小，广义相对论的理论结果与牛顿引力理论的偏离很小，观测非常困难。20世纪70年代以来，由于射电天文学的进展，观测的距离远远突破了太阳系，观测的精度随之大大提高。1974年9月麻省理工学院的泰勒和他的学生赫尔斯用305m口径的大型射电望远镜进行观测时发现了脉冲双星，它是一颗中子星和它的伴星在引力作用下相互绕行，周期只有0.323天，它表面的引力比太阳表面强十万倍，是地球上甚至太阳系内不可能获得的检验引力理论的实验室。经过长达十余年的观测，他们得到了与广义相对论预言符合得非常好的结果。由于这一重大贡献，泰勒和赫尔斯获得了1993年诺贝尔物理奖。

爱因斯坦在广义相对论中预言了引力波的存在，提出聚集成团的物质或能量的形状或速度突然改变时，会改变附近的时空状态，效应就像涟漪以光速在宇宙传播。引力波以光速传递，无法加以阻挡或阻挠。由于引力波产生的时空扭曲非常微小，在此之前科学家从未成功观测到。直到2016年2月11日，美国科研人员宣布，他们利用激光干涉引力波天文台于2015年9月首次探测到引力波。他们指出，当两个黑洞于约13亿年前碰撞时，两个巨大质量结合所传送出的扰动于2015年9月14日抵达地球，这一现象被地球上的精密仪器侦测到，证实了爱因斯坦100年前所做的预测。来自美国的三位科学家雷纳·韦斯、基普·索恩和巴里·巴里什因在激光干涉引力波天文台探测器和引力波观测方面的杰出贡献而获得了2017年诺贝尔物理学奖。

二、量子力学

1. 黑体辐射与紫外灾难

热力学的发展，以及热机和电照明的应用，推动了热辐射的研究。实验物理学家研究了作为温度函数的“黑体”辐射的光谱分布，理论物理学家则寻求给观察到的分布定律以一个理论公式。经过许多努力，物理学家得出瑞利－金斯定律，给出了物体在平衡温度T时辐射场中频率范围$\mathrm{d}v$中的能量密度公式：

$$w(v,T)\,\mathrm{d}v=\frac{8\pi\nu^2}{c^3}kT\mathrm{d}v$$

式中，$w(v,T)$为辐射的能量密度；k为玻耳兹曼常数；c为真空中的光速；T为热力学温度。可以看出，w在ν趋向于无穷大时趋向于无穷大，这与实验数据相违背。后来德国物理学家维恩又提出了维恩公式，只在高频范围与实验数据符合。1911年，奥地利物理学家埃伦费斯特用“紫外灾难”来形容经典理论的困境。

2. 普朗克提出“量子”思想

为了解决“黑体辐射”问题遇到的困境，德国物理学家普朗克从1896年开始对热辐射进行了系统的研究。经过几年艰苦努力，他终于导出了一个和实验相符的公式，并于1900年10月下旬在《德国物理学会通报》上发表一篇只有三页纸的论文，题目是《论维恩光谱方程的完善》，第一次提出了黑体辐射公式。12月14日，在德国物理学会的例会上，普朗克作了《论正常光谱中的能量分布》的报告。在这个报告中，他激动地阐述了自己惊人的发现。他说，为了从理论上得出正确的辐射公式，必须假定物质辐射（或吸收）的能量不是连续的，而是一份一份地进行的，并且能量只能取某个最小数值的整数倍。这个最小数值被称为“能量子”或“量子”，若辐射频率是ν，则每份能量ε的最小单位是$h\nu$，即$\varepsilon=h\nu$，其中$h=6.625\times10^{-34}$J。普朗克当时把它叫做基本作用量子，现在被称作普朗克常数。普朗克常数是现代物理学中最重要的物理常数，由此普朗克得出了黑体辐射能量分布公式，成功地解释了黑体辐射现象。这一情形在物理学史上是异乎寻常的：物理学的实验事实，迫使人们对已牢固确立的概念和知识作出革命性的否定！

“量子”一词意指“一个量”或“一个离散的量”。在日常生活范围里，我们已经习惯于这样的概念，即一个物体的性质，如它的大小、重量、颜色、温度、表面积以及运动，全都可以从一物体到另一物体以连续的方式变化着。例如，在各种形状、大小与颜色的苹果之间并无显著的等级。然而，在原子范围内，事情是极不相同的。原子粒子的性质，如它们的运动、能量和自旋，并不总是显示出类似的连续变化，而是可以相差一些离散的量。经典牛顿力学的一个假设是物质的性质是可以连续变化的。当物理学家们发现这个观念在原子范围内失效时，他们不得不设计一种全新的力学体系——量子力学，以说明标志物质的原子特征的团粒性。

3. 爱因斯坦的光电效应理论

普朗克的量子假说与经验实验极其符合，但是他的思想太具有革命性了，因而遭到了许多物理学家的反对。普朗克本人也对自己的学说产生了怀疑，真正把量子思想引入到物理学的是爱因斯坦。

光是波还是粒子是物理学界长期争论的问题，光电效应使这一争论又重新开始。光电效应最早是由赫兹于1887年发现的，它指的是各种频率的光照射到金属上时，金属内有电子逸出的现象。他对实验结果进行了解释：只有当光的频率高于一定值时才会有电子从金属表面逸出，被光打出的电子的能量与光的频率有关，而与光的强度无关，电子的能量随光的频率增高而增大。这种光电效应的规律用经典物理理论根本无法解释。因为根据经典的光的波动理论，被光打出的电子的能量只取决于光的强度而与光的频率无关；而且，因为光的能量是连续的，不应该只有光的频率高于一定值时，电子才从金属便面逸出。

1905年，爱因斯坦首次提出光量子（光子）概念，并对光电效应进行了解释。他指出：当光照射到金属表面时，能量为 $h\nu$ 的光量子被电子吸收。电子把这份能量中的一部分用来克服金属表面的束缚力，另一部分变为电子逸出金属表面后的动能。这就圆满地解释了光电效应的实验结论，爱因斯坦也因此项工作而获得了1921年的诺贝尔物理学奖。

爱因斯坦的光量子理论实质上指出了光的波粒二象性，这历史性的新理论给微观物理学和整个自然科学以及哲学都带来了极大的影响，就连爱因斯坦本人也认识到这是“非常革命的”。

4. 量子力学的建立和发展

（1）玻尔的经典量子论

随着电子的发现，科学家认识到原子是有结构的，并开始建构原子结构模型的工作。1910年，英国科学家卢瑟福提出了原子结构的行星模型，即原子是一个带正电子的核和若干带负电的电子组成的。核很小，但包含着几乎整个原子质量；电子围绕着原子核沿轨道旋转，犹如行星围绕太阳旋转一样。这个结构模型虽然取得了成功，为人们所接受，但是它与经典理论存在着不可调和的矛盾。因为根据经典理论，电子绕核旋转时，应辐射电磁波，电子能量将逐渐减少，最后电子将因丧失能量而落到原子核上，这样原子成了一个不稳定系统。但事实上电子没有落到核上，原子是一个稳定系统。

解决这一矛盾的是在卢瑟福实验室工作的丹麦青年物理学家玻尔。玻尔在《论原子核分子结构》论文中，创造性地把卢瑟福行星结构模型和普朗克、爱因斯坦的量子论结合起来，提出了原子结构新理论，被称为玻尔模型。其重要观点是：

1）原子中的电子只能在一些特定的圆形轨道上绕着原子核运行。

2）在每一稳定的轨道中，原子具有一定的能量，这些能量值是不连续即量子化的，它们组成原子的各个能级，称为原子能级量子化。

3）电子在特定轨道上运行时，不发射也不吸收能量，但电子从一个轨道跃迁到另一个轨道时，就要发射或吸收一定频率的光子。

玻尔通过引入“定态”“跃迁”等概念，把革命性的量子化思想引入到原子结构理论中，使他成为经典量子论的创始人，也因此而获得了1922年的诺贝尔物理学奖。

（2）量子力学的发展

在人们认识到光具有波动和微粒的二象性之后，为了解释一些经典理论无法解释的现象，法国物理学家德布罗意于1923年提出微观粒子具有波粒二象性的假说。德布罗意认为：正如光具有波粒二象性一样，实体的微粒（如电子、原子等）也具有这种性质，即既具有粒子性也具有波动性。这一假说不久就为实验所证实。由于微观粒子具有波粒二象性，微观粒子所遵循的运动规律就不同于宏观物体的运动规律，描述微观粒子运动规律的量子力学也就不同于描述宏观物体运动规律的经典力学。当粒子的大小由微观过渡到宏观时，它所遵循的规律也由量子力学过渡到经典力学。

在量子力学接下来的发展中，可以说是“兵分两路”。1925 年，海森堡基于物理理论只处理可观察量的认识，抛弃了不可观察的轨道概念，并从可观察的辐射频率及其强度出发，和物理学家玻恩、约尔丹一起建立起矩阵力学。沿着这一思路，狄拉克和约尔丹各自独立地发展了一种普遍的变换理论，给出量子力学简洁、完善的数学表达形式。1926 年，奥地利物理学家薛定谔基于量子性是微观体系波动性的反映这一认识，找到了微观体系的运动方程，从而建立起波动力学。波动力学与矩阵力学各自的支持者们一度争论不休，指责对方的理论有缺陷。到了 1926 年，薛定谔发现这两种理论在数学上是等价的，双方才消除了敌意。从此这两大理论合称量子力学，而薛定谔的波动方程由于更易于掌握而成为量子力学的基本方程。

1927 年，海森堡又提出“测不准原理”或称“不确定原理”。根据测不准原理，在微观世界中，人们不能用实验手段来同时准确地测定微观粒子的位置和动量。测不准原理是量子论中最重要的原则之一，它指出，在测量过程中仪器会产生干扰，测量其动量就会改变其位置，反之亦然。这一新理论也产生了一些与经典物理学认识完全不同的说法：牛顿力学以确定性和决定性来回答问题，量子理论则用可能性和统计数据来回答；传统物理学精确地告诉我们火星在哪里，而量子理论让我们就原子中电子的位置进行一场赌博。海森堡测不准原理使人类对微观世界的认识受到了绝对的限制，并告诉我们要想丝毫不影响结果，我们就无法进行测量。

玻尔敏锐地意识到测不准原理正表征了经典概念的局限性，并以此为基础提出“互补原则”，认为在微观领域中，运用一部分经典概念，同时会排斥另一部分经典概念，而这些概念却是在另外条件下说明现象所不可缺少的。因此经典概念之间是互为补充的，不是互相排斥的。或者说，对于微观粒子的描述，在不同场合下应使用不同的语言和图像，二者不可统一在同一图像中，但对解释微观粒子的行为是互补的。在量子领域总是存在互相排斥的两种经典特征，正是它们的互补构成了量子力学的基本特征。玻尔的互补原则被称为正统的哥本哈根解释，但爱因斯坦一直不同意。他始终认为统计性的量子力学是不完备的，而互补原则是一种绥靖解释，因而一再提出假说和实验责难量子论，但玻尔总能给出自洽的回答，为量子论辩护。爱因斯坦与玻尔的论战持续了半个世纪，直到他们两人去世也没有完结。

量子力学的建立是 20 世纪物理学革命的重要内容。在科学上，它不仅使人们对微观世界的认识前进了一大步，极大地改变了人们旧的科学观念，而且作为现代物理学的理论支柱之一，得到了广泛的应用。在哲学上，量子力学不但揭示了波粒二象性是自然的基本矛盾，为对立统一规律提供了新的证明，而且进一步揭示了连续性与间断性、偶然性与必然性，以及决定论与因果律之间的辩证关系，宣告了机械论自然观的破产。

同时，量子力学在实践中也取得了令人瞩目的成就，尤其在凝聚态物质——固态和液态的科学研究中更为明显。用量子理论来解释原子如何键合成分子，以此来理解物质的这些状态是再基本不过的。键合不仅是形成石墨和氮气等一般化合物的主要原因，而且也是形成许多金属和宝石的对称性晶体结构的主要原因。用量子理论来研究这些晶体，可以解释很多现象，例如为什么银是电和热的良导体却不透光，金刚石不是电和热的良导体却透光。而实际中更为重要的是量子理论很好地解释了处于导体和绝缘体之间的半导体的原理，为晶体管的出现奠定了基础。1948 年，美国科学家巴丁、肖克利和布拉顿根据量子理论发明了晶体管。它用很小的电流和功率就能有效地工作，而且可以将体积做得很小，从而迅速取代了笨重、昂贵的真空管，开创了全新的信息时代。另外，量子理论在宏观上还应用于激光器的发明以及对超导电性的解释，而且量子论在工业领域的应用前景也十分美好。科学家认为，量子力学理论将对电子工业产生重大影响，是物理学一个尚未开发而又具有广阔前景的新领域。目前半导体的微型化已接近极限，如果再小下去，微电子技术的理论就会显得无能为力，必须依靠量子结构理论。

第二节 粒子物理学的诞生

随着对自然世界的认识深入到微观领域，人们发现物质世界归根结底是各种基本粒子存在和相互作用的世界，并创建了一个新的学科领域——粒子物理学，也被称为高能物理学。粒子物理学是研究场和基本粒子的性质、相互作用、相互转化规律的学科，是目前研究物质内部结构规律的前沿学科。

一、粒子物理学的早期进展

粒子物理学的早期发展可以追溯到 1897 年英国物理学家汤姆逊发现电子。汤姆逊在实验中发现，当用不同的金属作高压阴极射线管的阴极时，都发射出相同的被阳极吸引的粒子，并且测得这种粒子的质量与电荷的比值是相同的，由此推测这种粒子是构成物质的微粒，并称之为电子。电子带负电，质量仅是氢原子质量的千分之一。

1919 年，英国物理学家卢瑟福用镭发射的 α 粒子作“炮弹”，用“闪烁法”观察被轰击的粒子的情况。观察到氮原子核俘获一个 α 粒子后放出一个氢核，同时变成了 O^{17} 原子核。继而又从硼、氟、钠、铝等原子中都打出了氢核。于是卢瑟福认为氢核是原子的组成部分，把它命名为“质子”，意为“第一”。

1905 年，爱因斯坦提出电磁场的基本结构单元是光子，1922 年被美国物理学家康普顿等人的实验所证实，因而光子被认为是一种“基本粒子”。

1932 年，卢瑟福的学生，英国物理学家 J. 查德威克在用 α 粒子轰击核的实验中发现了中子，随即人们认识到原子核是由质子和中子构成的，从而形成所有物质都是由基本的结构单元——质子、中子、电子构成的统一的世界图像。同年，物理学家海森堡和伊凡宁柯提出原子核是由质子和中子组成的核结构模型。

科学家发现原子核放出一个电子的时候，会带走一些能量，仔细算算，损失的能量比电子带走的能量多，有部分能量丢失了。1931 年，奥地利物理学家泡利指出，带走能量的是一种没有静止质量的、尚未被认识的粒子。物理学家费米十分赞同泡利的观点，并且根据这个粒子是中性的微小粒子，给这个粒子命名为中微子。1956 年，莱因斯和科恩通过实验证实了中微子的存在。

1928 年，英国物理学家狄拉克把刚刚建立起来的量子力学理论推广到相对论领域中，并预言，电子、质子、中子、中微子都有质量和它们相同的反粒子。第一个反粒子——正电子，是 1932 年安德森利用放在强磁场中的云室记录宇宙射线时发现的。20 世纪 50 年代中期以后陆续发现了其他粒子的反粒子。

1934 年，日本物理学家汤川秀树为解释核子之间的强作用短程力，基于同电磁作用的对比，提出这种力是由质子和（或）中子之间交换一种具有质量的基本粒子——介子引起的。1936 年，安德森和尼德迈耶在实验中确认了一种新粒子，其质量是电子质量的 207 倍，这就是后来被称为 μ 介子的粒子。μ 介子是不稳定的粒子，容易衰变成电子、中微子和反中微子，平均寿命为百万分之二秒。1947 年，孔韦尔西等人用计数器统计方法发现 μ 介子并没有强作用。1947 年鲍威尔等人在研究宇宙射线时，利用核乳胶的方法发现了真正具有强相互作用的介子，其后，在加速器上也证实了这种介子的存在。π 介子的发现，出色地验证了汤川秀树的理论，并被誉为理论物理学，尤其是量子场论的胜利。π 介子的另一个与众不同的特点是极不稳定，在产生之后几乎立刻衰变成为较轻的粒子，其衰变而成的粒子之一是 μ 介子。

物理学家们一旦意识到，通过亚原子粒子的高速碰撞可以造出全新的物质裂片，他们就开始建造巨大的加速器来制造物质的裂变。这些加速器可以把任何一种亚原子粒子加速到接近光速，而接近光速的冲击为人们揭示了亚核行为的整个新世界。这些加速器一旦投入使用，便出现了大量迄今为止人们未曾想到的新粒子。这些新粒子蜂拥而至，于是便在亚原子碎片中看出了某种秩序。

从此以后，人类认识到的基本粒子的数目越来越多。就在 1947 年，和 π 介子发现同一年，英国的罗彻斯特和巴特勒在宇宙线实验中从大量宇宙线簇射粒子照片中发现 κ 介子，这就是后来被称为奇异粒子的一系列新粒子发现的开始。由于它们独特的性质，一种新的量子数——奇异数的概念被引进到粒子物理中。在这些奇异粒子中，有质量比质子轻的奇异介子，有质量比质子重的各种超子。在地球上的通常条件下，它们并不存在，在当时的情况下，只有借助从太空飞来的高能量宇宙线才能产生。

到了 20 世纪 60 年代初，实验中观察到的基本粒子的数目已经增加到比当年元素周期表出现时发现的化学元素的数目还要多，而且发现的势头也越来越强。

二、基本粒子的分类

“基本粒子”这一名称是在 20 世纪 30 年代提出，指的是当时已知的质子、中子、电子、光子这四种粒子，当时把它们看成是组成物质世界的不可分割的基元粒子。但此后又有许多粒子被发现了，人们认识到基本粒子并不基本。随着被发现的基本粒子越来越多，为了进一步研究，人们按照不同的角度对它们进行分类。

（1）按自旋角动量进行分类。每一种粒子都有确定的自旋角动量，其值可以用一个自然数（整数）或自然数加 1/2（半整数）来表示。自旋角动量为整数的粒子（如光子自旋角动量为 1，介子等自旋角动量为 0）统称为玻色子，自旋角动量为半整数的粒子（如电子、中微子、质子等自旋角动量为 1/2 或 3/2）统称为费米子。

（2）按粒子的质量进行分类。可区分为轻子、介子和重子。

（3）按参与各种相互作用的性质进行分类。根据相互作用的特点，所有基本粒子分为三大类，即传播子、轻子和强子。传播子指传递相互作用的基本粒子，如大家所熟悉的光子；强子是指直接参与强相互作用的粒子，如质子、中子、π 介子等；轻子是指不参与强相互作用，只参与弱相互作用、电磁相互作用、引力相互作用的自旋角动量为半整数的粒子，如电子、中微子等。

三、基本粒子的性质

（1）质量。每种粒子都具有一定的质量。根据相对论效应，其质量随速度增加而增加，但粒子物理学中所提到的粒子的质量指的是静止质量。除光子外，其他粒子都有静止质量。

（2）寿命。在已发现的数百种基本粒子中，只有 59 种是稳定的，其他的都不稳定，即经过一段时间就会自动衰变为其他种类的粒子。每种粒子在衰变前平均存在的时间称为平均寿命，简称寿命。粒子的寿命差异极大，根据理论预言，质子的寿命为 10^{30} 年，而有的粒子的寿命只有 10^{-24}s。

（3）电荷。任何粒子所带电荷都是电子电荷的整数倍，即电子电荷为电荷的最小单位，其值为 $1.6021892 \times 10^{-19}$C。

（4）自旋。每一种粒子都有确定的自旋角动量，其值可以用一个自然数（整数）或自然数加 1/2（半整数）来表示。

（5）大小。粒子的大小用粒子的半径表示。

（6）粒子与反粒子。各种粒子都是正反粒子配对的。

四、基本粒子遵循的基本规律

微观粒子除了遵守一些人们熟知的守恒定律，如能量守恒定律、质量守恒定律、动量守恒定律、角动量守恒定律和电荷守恒定律外，还遵守一些特殊的规律。

（1）波粒二象性。即微观物质同时具备波和粒子的特性。

（2）不确定性原理。人们看到的径迹并不是电子的真正轨道，而是像水滴串形成的雾迹，水滴远比电子大，所以人们也许只能观察到一系列电子的不确定的位置，而不是电子的准确轨道。因此，在量子力学中，一个电子只能以一定的不确定性处于某一位置，同时也只能以一定的不确定性具有某一速度。可以把这些不确定性限制在最小的范围内，但不能等于零。

（3）泡利不相容原理。泡利不相容原理是指在一个系统中，处于同一状态下的同种粒子数不可能多于一个。

（4）量子化。在经典物理学中，对体系物理量变化的最小值没有限制，它们可以任意连续变化。但在量子力学中，物理量只能以确定的大小一份一份地进行变化，具体有多大要随体系所处的状态而定。这种物理量只能采取某些分离数值的特征，叫做量子化。

（5）宇称守恒与粒子的对称性。在物理学中，存在着大量的关于运动规律是左右对称的情况。如果物体的运动规律和它在镜中的像的运动规律完全一样，我们就称这些规律具有空间的对称性。在微观粒子体系中，用“宇称”这一物理量来反映这种空间对称性。宇称守恒定律是指有许多粒子组成的体系，不论经过相互作用后发生什么变化，它的总宇称始终保持不变，原来是正的还是正的，原来是负的还是负的。但是，1956 年两位物理学家李政道和杨振宁发现宇称只有在强相互作用和电磁相互作用下守恒，在弱相互作用下守恒没有证据。这一发现在1957年被物理学家吴健雄所做的^{60}Co衰变实验所证实，从而使李政道和杨振宁获得了1957年的诺贝尔物理学奖。由此说明，各种守恒定律都有其适用的范围。

五、基本粒子的结构

20世纪60年代，许多科学家提出关于“基本粒子”内部结构的各种模型，其中最成功的就是由美国物理学家盖尔曼于1964年提出的“夸克模型”。盖尔曼早年曾提出“八重态”分类法，即所有基本粒子按八个特征分组，其中一些特征被描述为量子特性。在“八重态”的基础上，他又提出强子是由夸克构成的，夸克共有上夸克u、下夸克d和奇异夸克s三种，它们的电荷、重子数为分数。夸克模型可以说明当时已发现的各种强子。盖尔曼因对基本粒子的分类及其相互作用方面的卓越贡献而获得了1969年的诺贝尔物理学奖。

到了70年代中期，随着实验和理论研究工作的一系列重大进展，使人们对强子内部结构规律的认识逐渐深入，概括起来可以归纳为以下几点。

（1）强子是由更深层次的粒子组成的复合粒子，组成强子的粒子中，有一类统称为夸克。夸克的自旋角动量为1/2，其电荷以质子电荷为单位，表示为2/3或－1/3。夸克按电荷以及在相互作用中显现的质量可以区分为不同的“味”。组成强子的夸克有6种味，分别称为上夸克（u）、下夸克（d）、奇异夸克（s）、粲夸克（c）、底夸克（b）和顶夸克（t）。但顶夸克尚未在实验中发现。

（2）每种味的夸克按其在强相互作用中的地位而区分为三种“色”，即每种味的夸克带有不同的“色荷”，分别称为“红”“蓝”和“绿”。

（3）将夸克结合成强子的是基本的强相互作用。人们已知带电粒子之间的电磁相互作用是通过光子来实现的。与此相似，夸克之间的强相互作用是通过胶子来实现的。在实验中已经发现了胶子的迹象，但胶子本身还没有在实验中发现。

（4）已知强子是由夸克和胶子组成的，但迄今为止，实验中没有直接观察到自由的即单独存在的夸克或胶子。为了解释这一现象，科学家们提出了色相互作用具有“禁闭”性质的假说，即带色的粒子之间的色相互作用并不随距离的增加而迅速减弱，从而使粒子最终互相独立而处于自由状态，即夸克和胶子不能自由地单独存在而被禁闭在强子内部。

六、力的统一理论

自然界物质客体的运动包含着各种形式的相互作用，相互作用决定了物质结构和性质。科学家们已揭示出，自然界物质的相互作用共有四种基本形式：引力相互作用、电磁相互作用、强相互作用和弱相互作用（四种相互作用的特征见表3-1）。这四种相互作用中，对应于长程力的引力作用和电磁作用可在宏观层次上起作用而表现为宏观现象，因而早在近代关于宏观物理的研究中就已被认识。对应于短程力的核力和弱相互作用是在原子核和基本粒子层次上显示出来的，20世纪30年代以后通过原子核物理的发展才为人们所认识。

表 3-1 相互作用的四种基本形式

力的类型	引 力	电磁力	弱 力	强 力
强度	$\sim<10^{-40}$	$\sim10^{-10}$	$\sim10^{-2}$	~1
力程	长程	长程	短程	短程
传递粒子	假设的“引力子”	光子	玻色子	胶子
典型现象	天体运动	原子和分子力、安培力	衰变、中微子反应	强子的产生
理论	广义相对论	量子电动力学	电弱统一理论	量子色动力学

对统一性的追求，一直是科学发展的动力之一，现代科学在物质相互作用方面对统一性追求可追溯到爱因斯坦的工作。在广义相对论的基础上，爱因斯坦提出了将电磁场与引力场统一的问题，并以极大的热情把自己的后半生投入到统一场论的工作中。但是当时科学发展还不成熟，仅知道电磁场与引力场，对微观世界中的两种相互作用即强场和弱场还没有认识，因此爱因斯坦工作的失败是必然的，却由此开辟了统一场论的研究方向。

20 世纪 40 年代后，大量的基本粒子被发现，其波粒二象性表明，它们既具有粒子性特征，又具有波的性质。1954 年，杨振宁和米尔斯提出规范场理论。当时引入杨－米尔斯场只是纯粹数学上的要求。到了 1964 年以后，人们才在弱相互作用理论的发展中找到了它的用处，原来它就是传递弱相互作用的中间玻色子场。

在弱相互作用的理论问题取得一定进展时，美国物理学家温伯格、格拉肖和巴基斯坦物理学家萨拉姆建立了弱电统一的物理图像。根据这一理论所语言的中间玻色子的特性，欧洲核子研究中心于 1983 年 1 月和 6 月终于找到了中间玻色子 $W^{\pm}$ 和 Z^{0}，而且理论预言和实验数据符合得相当好。它们的发现标志着弱电统一理论的巨大成功。

规范场理论在对强相互作用的描述上也取得了进展，即建立了量子色动力学。由于弱电统一理论和量子色动力学的成功，许多物理学家探索着如何去建立弱电强三者统一的所谓大统一理论。格拉肖等人曾提出了 SU（5）对称理论。这一理论的一个十分重要的成果是预言了质子的衰变。但是它所预言的质子衰变概率极小。质子的寿命约为 10^{30} 年，而现今太阳系的年龄也不过 50 亿年（约 10^{9} 年），因此这一实验的难度极大。

大统一理论没有包括引力相互作用在内，因此，许多科学家目前也致力于寻找四种相互作用的统一，这就是所谓的超大统一理论。但是，试图把引力理论同量子论结合起来的尝试至今没有取得重大进展，距离成功还要有相当长的路程。

第三节 现代宇宙学的发展

宇宙学，源自人类最朴素的宇宙观，是对大自然一切存在所共同分享的一个居住环境的自我认知。古人举首眺望星空时，就在模糊的想象中认定了宇宙即眼前这片浩瀚的星河。自古希腊时期，自然哲学家们就通过他们最直观的想象去描述宇宙，其中最有影响的便是托勒密的地心说。16 ~ 17 世纪，随着文艺复兴引发的科学革命，给人类带来了新的宇宙论，这便是由哥白尼、开普勒及伽利略等人提出和传播的日心说理论。紧接着，随着牛顿的巨著《自然哲学的数学原理》的问世，为人类揭开了万有引力的面纱，人们开始通过物理法则去认识天体运转的复杂规律。

一、大爆炸宇宙学说

进入到20世纪，随着现代天文观测技术的不断提高，现代宇宙学也取得了令人瞩目的成就。

1915年爱因斯坦提出广义相对论，在这里引力被解释为宇宙时空的弯曲，而这一时空背景下所有的物体都遵循着测地线的统一法则，无一特殊。当爱因斯坦提出广义相对论之后就将其应用到宇宙演化规律。1917年爱因斯坦发表论文《根据广义相对论对宇宙学所作的考察》，他认为宇宙大尺度上的特征应该是静态的，所以在他的宇宙模型中引入了"宇宙项"（也称宇宙常数），提出了一个有限、无边、静态的宇宙模型。当时天文学家对宇宙的认识还非常有限，甚至还不太清楚银河系外还有大量和银河系类似的星系。因此，出于数学上的原因，爱因斯坦提出了后来影响深刻的宇宙学原理，即宇宙各向均匀和各向同性。

对爱因斯坦静态宇宙模型提出挑战的是苏联宇宙学家弗里德曼，他指出爱因斯坦的广义相对论存在非静态的解，发现这些解可以描述宇宙的膨胀、收缩、坍缩，甚至可能从奇点中诞生。1922年，他给出了至关重要的描述宇宙背景的动力学演化方程，并指出宇宙背景可以是膨胀演化的。

20世纪初，科学家通过观测发现了涡状星云的红移，这意味着这些星云正离我们远去。虽然人们可以测量天体的视角大小，但是却很难知道它们的实际大小和亮度，这使得测量天体的距离异常困难。科学家们没有意识到这些星云其实是河外星系，也没有意识这个发现对宇宙学的意义。1929年，美国天文学家哈勃为这个假说提供了观测依据。他证明了涡状星云是一些星系，并通过观测仙王变星来测量了它们的距离。同时，他还发现星系红移和亮度之间的关系，认为这一关系的起源是因为在所有方向星系离我们远去的速度正比于它们的距离，这个关系被称为哈勃定律。这一具有里程碑意义的发现意味着，宇宙中星系曾经非常靠近，并在约百亿年前可能来自一个时空点，而那一刻的宇宙无比致密。

1932年，比利时的天文学与宇宙学家勒梅特根据哈勃的发现，提出了原始原子爆炸的宇宙模型。他认为，现在观测到宇宙是由一个极端压缩状态的巨大的原始原子通过一系列相继的裂变过程而形成的。这一过程经历了三个膨胀阶段：快速膨胀期、慢速膨胀期、加速膨胀期。勒梅特描述了一个膨胀着的、物质分布均匀的、各向同性的宇宙。

在这个历史背景下，20世纪40年代，美国宇宙学家伽莫夫等人建立起了热大爆炸宇宙学说。这一理论描述了我们的宇宙创生于一个时空奇点的大爆炸，在极早的婴儿期宇宙中充斥着由微观粒子构成的辐射流体，温度极高且密度极大，这一温度在整个宇宙背景下是统一均匀的，也就是我们的宇宙温度。宇宙创生之后的几分钟随着温度的降低，这些辐射粒子逐渐冷却，迅速通过核反应合成了氢氦等轻元素的原子核，并在38万年以后通过与电子的复合逐渐形成中性原子。随着膨胀的持续使宇宙温度进一步下降，最早的一批恒星就慢慢形成。随着这一批恒星的诞生与死亡，宇宙中又逐渐合成了碳氧硅铁等元素，同时老一批恒星死亡时抛出的星际尘埃又为新一代恒星的诞生创造了原料，乃至后来的星系结构逐渐出现。这个过程便是热大爆炸宇宙学理论下的宇宙所经历的壮阔景象。而今天我们的宇宙温度被发现是2.73K的绝对温度。

后来，苏联天体物理学家泽尔多维奇、英国的霍伊尔与泰勒、以及美国的皮伯尔斯分别独立地对宇宙起源问题进行了深入的研究，逐渐形成了大爆炸宇宙学派。

关于宇宙的演化，大爆炸宇宙论认为，随着宇宙的不断膨胀，辐射温度从热到冷，物质密度从密到稀地演化着，物质成分也随着变化。并且该理论将化学元素的形成和演化同宇宙的演化联系起来，这样就把宇宙间各种物质形态的形成和发展统一在宇宙膨胀这个总的背景之下。由此出发，可以将宇宙的演化过程大致分为以下几个阶段。

（1）基本粒子形成阶段，又叫宇宙的极早期阶段。人类观测范围内的宇宙产生于约150亿年前的一次“大爆炸”。最初瞬间，宇宙的温度极高、密度极大，宇宙按指数规律急剧“暴胀”，在约10^{-32}s内增大约10^{50}倍，并产生了夸克、轻子（中微子、电子等）、质子之类最基础的基本粒子。随着宇宙膨胀，温度继续下降，当宇宙时为10^{-6}s时，宇宙中最活跃的是进行强相互作用的基本粒子，被称为强子时代。当宇宙时为10^{-2}s时，宇宙的温度下降到大约10^{11}K，物质密度下降到10^{11}g/cm^3，宇宙的物质成分以电子、中微子、τ介子、μ介子等轻子为主，被称为轻子时代。这个阶段的主要特征是轻子的分解和正反粒子的湮灭，如中子衰变成质子放出电子和中微子，电子和正电子相遇湮灭变成两个光子。由于在这个过程中以上两个反应是不断进行的，因而产生了大量的光子和中微子，以至当温度降到10^{10}K时，相对于实物粒子来讲，辐射（光子）占优势，于是宇宙进入下一个阶段。

（2）辐射阶段或核合成阶段，即元素起源阶段。这一阶段是指大爆炸后宇宙演化的时间从1s到3min之间的情况。在大爆炸发生后1s时，宇宙中物质的密度降到10^7g/cm^3，宇宙处于以辐射为主的阶段。在这一阶段的后期，实物（我们把光子称为辐射，其他粒子，如质子、中子、电子等都称为实物或实物粒子）也发生了很大的变化。当温度降到10^9K时，这时宇宙演化时间约为3min，中子开始失去自由存在的条件，与质子合成重氢（氘）、氦等核素，于是就形成了几种不同的化学元素。因为原子核是由核子（质子和中子）合成的，所以这个阶段又叫核合成（即形成元素）的阶段。核合成结束时，氦的含量按质量计算约占25%～30%，氘占1%，其余大部分都是氢。

在辐射阶段，随着空间的不断膨胀，实物密度下降得比辐射密度慢。到了某一时刻，当实物密度占优势时，宇宙将从辐射阶段转入实物阶段。

（3）实物阶段。大约在大爆炸以后一万年，温度约为几千至一万开时，实物密度大于辐射密度，辐射退居次要地位，宇宙进入了以实物为主的阶段。这个阶段的时间最长，宇宙演化所经历的约二百亿年的时间主要属于这个阶段，迄今我们仍生活在这个阶段里。辐射减退后，宇宙中主要是气状物质，由于实物不再受辐射的影响，当发生某种非均匀扰动时，有些气体逐渐凝聚成气云，形成原始星系，再形成星系团，然后再从星系团中分化出星系。当宇宙时为50亿年时，开始形成第一代恒星。

目前被多数人接受的关于恒星演化的学说是“弥漫说”。弥漫说认为恒星起源于低密度的星际弥漫物质。由于星际物质的密度不均匀，各部分的湍动速度也不均匀，密度较大处成为吸引中心，这里的物质聚集成星云。星云既存在外部物质向中心降落的自吸引，也同时存在气体分子的热运动所产生的气体压力。星云由于质量巨大，自吸引胜过气体压力，导致星云收缩。收缩过程中由于各部分的运动速度不一样，庞大的星云就会碎裂成很多小云，每块小云形成一个恒星。恒星演化首先经历星云引力收缩阶段。引力收缩使位能转化为热能，热能积累导致热核反应，产生向外辐射压力。辐射压力终于在某一时刻与引力达到动态均衡，使恒星进入相对稳定的主星序阶段。经过漫长的主星序阶段，热核反应逐步导致氦核形成。氦核聚变使恒星表面急剧膨胀，由此开始红巨星阶段。在氦核聚变不能再维持稳定时，恒星依质量不同可能会脉动胀缩，最后发生恒星爆发，其剩余部分成为稳定的高密星（黑洞、中子星、白矮星等）。最新研究认为，黑洞可通过量子隧道效应“蒸发”为白洞，并爆发为星际物质，开始新一轮演化。在宇宙演化的特殊阶段和特定条件下，在宇宙的一隅出现了太阳系。

二、支持大爆炸宇宙学说的证据

以上就是大爆炸宇宙论、暴胀宇宙论、弥漫说和星云说所描绘的宇宙及天体演化的大致图景。尽管其中含有假设和推测，也有一些空白，但是却得到了许多观测事实的支持。目前，支持大爆炸宇宙假说的重要观测事实有以下三点。

1. 河外星系的谱线红移

在宇宙学的观测中，能够对大爆炸宇宙论提供重要支持的观测之一便是星系的谱线红移。早在 1910 ~ 1920 年，哈勃就已经发现许多星云的光谱有红移。根据多普勒效应，谱线红移是由于物体的运动造成的，红移意味着星云正向着远离我们的方向运动。随着进一步的观测，人们发现天空中各个方向上的星云都有红移，说明各个方向上的星云都在远离我们而去，宇宙是在不断膨胀的。

2. 氦丰度

在宇宙中存在的天然化学元素有 90 多种，但它们的含量极不均等。观测发现，宇宙中普遍存在氦，其丰度约为 30%，如银河系氦丰度为 29%、小麦云氦丰度为 25%、大麦云氦丰度为 29% 等。宇宙中如此高的氦含量是如何形成的？为什么不同的天体会具有相同的氦丰度？氦丰度问题长期得不到解释。而大爆炸宇宙论却能够对这一问题给予很好的说明。根据大爆炸宇宙论，宇宙中所有的天体原本是一家，宇宙在 3min 到几十分钟的时间所发生的氦元素的含量恰好是 30% 左右。氦的核电荷数是 2，属于惰性元素，十分稳定。所以这些元素能够保留至今。因此，根据大爆炸宇宙学，我们今天所观测到的不同天体均有 30% 左右的氦这一事实，正是 100 多亿年前的大爆炸所留下的痕迹。

3. 3K 微波背景辐射

依据氦丰度和宇宙膨胀的速度，可以计算出宇宙早期的温度，由此可以推知现在的辐射温度。阿尔费尔和赫尔曼预言，现今的宇宙背景辐射的温度应为 5K 左右。1964 年，美国贝尔实验室的彭齐亚斯和威尔逊在实验室中发现并测定了宇宙背景辐射，证实了来自宇宙背景辐射的温度大约为 3K，并且有相当好的各向同性，与大爆炸的预言有着相当好的符合。

大爆炸宇宙学说所描述的宇宙热膨胀演化历史到 20 世纪末时已经深入人心，这一理念不仅在宇宙学家中被广泛接受，也被应用到基础物理的其他方面，例如粒子物理。但是，无论是宇宙学家还是粒子物理学家都从未认为目前的宇宙学模型是完美无缺的。例如，该模型存在一个假设就是我们的宇宙来自一个时空的奇点，而这一奇点的物理性质到底如何，是否存在正确的数学描述，这些都是尚未得知的物理难题。因此，对宇宙学的研究未来还有相当长的路要走。

第四节 现代地球科学的突破

地球是人类在宇宙中生存和发展的唯一家园，自古以来，人们就对自己的家园投以了热切的关注，进入到20世纪，地球科学的发展有了长足的进步。

一、地球演化史

地球是处于主星序阶段的太阳系中的行星，已有约46亿年演化史。地球的起源与演化是在太阳系形成的过程中产生的，大致经过以下几个阶段。

（1）地球内部圈层的形成和演化。地球“冷”起源说认为，原始地球在形成初期温度比较低，后来由于压缩效应、冲击效应和放射性衰变，使原始地球的温度上升，物理化学作用使物质形态相互转化。当地球内部温度超过铁的熔点时，构成地球的物质开始熔融、分化，在吸引和排斥的相互作用下，铁、镍等重元素组成的物质开始下沉，逐渐形成地核，而较轻的物质硅酸盐等上浮形成了地幔。地幔进一步分化，更轻的物质从地幔中上浮到地表，形成原始地壳。

（2）地球外部圈层的形成和演化。地球内部物质经过复杂的化学反应产生大量的气体，并逸出地面，在地球引力作用下，附着在地球周围，形成了原始大气圈。其主要成分是CO_2、CO、CH_4、NH_3和水蒸气。由于太阳紫外线对水的分解作用，原始大气中产生了氧气。在氧化作用下，原始大气圈逐渐变成了以氧和氮为主要成分的现代大气圈。由于温度下降，大气中的水蒸气逐渐凝结为水，降至地面而形成原始水圈，由于地壳变动和水量增加，形成了江、河、湖、海。在地球演化的特定阶段上，出现了生物，之后又形成了生物圈。

（3）地壳运动。根据板块构造学说，整个地壳被划分为若干个大的板块，板块不受海底地壳或大陆地壳的限制，板块驮在地幔软流圈上，随着软流圈的热对流发生移动。因此不仅大陆在漂移，海底也在漂移，整个地壳都由于板块的移动而进行着大规模的水平运动。海底地壳既不断从大洋脊处生成，也不断在海沟处消亡，每一处海底地壳都经历生与死的过程。除此之外，还存在着水平运动支配下的垂直运动。板块的边界有三种，即分离型、平错型、汇聚型。在汇聚型板块边缘，两个板块相互挤压，不仅会发生频繁的地震和火山爆发，也会导致强烈的造山运动。正因为地壳板块的运动，才造就了诸如阿尔卑斯－喜马拉雅造山带、阿尔泰－唐古拉褶皱山系、东非大裂谷等丰富多彩的地表和地貌。

二、地球演化理论发展三部曲

1. 大陆漂移学说

今天所流行的板块构造学说起源于20世纪初创立的大陆漂移学说。早在1620年，英国的哲学家、政治家弗朗西斯·培根就在地图上观察到，南美洲东岸和非洲西岸可以很完美地衔接在一起。虽然培根喊出了著名的言语“知识就是力量”，但他不是真正的科学家，他只是将自己关于两块大陆的想法说了出来，而没有试图去寻找证据来证实两岸曾经是相连的。1910年的一天，年轻的德国气象学家魏格纳意外地发现，大西洋两岸的轮廓竟是如此相对应，特别是巴西东端的直角突出部分，与非洲西岸凹入大陆的几内亚湾非常吻合。自此往南，巴西海岸每一个突出部分，恰好对应非洲西岸同样形状的海湾；相反，巴西海岸每一个海湾在非洲西岸就有一个突出部分与之对应。这难道是偶然的巧合？这位青年学家的脑海里突然掠过这样一个念头：非洲大陆与南美洲大陆是不是曾经贴合在一起，也就是说，从前它们之间没有大西洋，是后来才破裂、漂移而分开的？为了验证自己提出的假说，他多方收集证据来验证自己的设想。他的证据体现在以下三个方面。

第一，大西洋两岸的山系和地层存在连续性。魏格纳发现北美洲纽芬兰一带的褶皱山系与欧洲北部的斯堪的纳维亚半岛的褶皱山系遥相呼应，暗示了北美洲与欧洲以前曾经"亲密接触"；美国阿巴拉契亚山的褶皱带，其东北端没入大西洋，延至对岸，在英国西部和中欧一带复又出现；非洲西部的古老岩石分布区可以与巴西的古老岩石区相衔接，而且二者之间的岩石结构、构造也彼此吻合；与非洲南端的开普山脉的地层相对应的，是南美的阿根廷首都布宜诺斯艾利斯附近的山脉中的岩石。对此，魏格纳作了一个很浅显的比喻。他说，如果两片撕碎了的报纸按其参差的毛边可以拼接起来，且其上的印刷文字也可以相互连接，我们就不得不承认，这两片破报纸是由完整的一张撕开得来的。除了大西洋两岸的证据，魏格纳在非洲和印度、澳大利亚等大陆之间，也发现有地层构造之间的联系，而这种联系都限于中生代之前，即 2.5 亿年以前的地层和构造。

第二，大西洋两岸岩石中的化石的相似性说明古代的生物之间存在着亲缘关系。在他之前，古生物学家就已发现在目前远隔重洋的一些大陆之间，古生物面貌有着密切的亲缘关系。例如，中龙是一种小型爬行动物，生活在远古时期的陆地淡水中，它既可以在巴西石炭纪到二叠纪形成的地层中找到，也出现在南非的石炭纪、二叠纪的同类地层中。而迄今为止，世界上其他大陆都未曾找到过这种动物化石。淡水生活的中龙是如何游过由咸水组成的大西洋的？更有趣的是，有一种园庭蜗牛，既发现于德国和英国等地，也分布于大西洋对岸的北美洲。蜗牛素以步履缓慢著称，居然有本事跨过大西洋的千重波澜，从一岸传播到另一岸？当时没有人类发明的飞机和舰艇，甚至连鸟类还没有在地球上出现，蜗牛是怎么过去的？再来看一看植物化石——舌羊齿，这是一种古代的蕨类植物，广布于澳大利亚、印度、南美、非洲等地的晚古生代地层中，即现代版图中比较靠南方的大陆上。植物没有腿，也不会游泳，如何漂洋过海的？

为解释这些现象，魏格纳之前的古生物学家曾提出"陆桥说"。他们设想在这些大陆之间的大洋中，一度有狭长的陆地或一系列岛屿把遥远的大陆连接起来，植物与动物通过陆桥远涉千万里，到达另外的大陆，后来这些陆桥沉没消失了，各大陆被大洋完全分隔开来。这种观点被称为"固定论"，即大陆与海洋是固定不动的。而魏格纳的解释则是"活动论"的，各大陆之间古生物面貌的相似性，并不是因为它们之间曾有什么陆桥相连，而是由于这些大陆本来就是直接连在一起的，到后来才分裂漂移，各奔东西。固定论与活动论的争论，与火成论与水成论的争论、渐变论与灾变论的争论一道，被人们称为地质学三大论战。

第三，古代冰川的分布也支持魏格纳的想法。距今约 3 亿年前后的晚古生代，在南美洲、非洲、澳大利亚、印度和南极洲都曾发生过广泛的冰川作用，有的地区还可以从冰川的擦痕判断出古冰川的流动方向。从冰川遗迹分布的规模与特征判断，当时的冰川类型是在极地附近产生的大陆冰川。而且南美、印度和澳大利亚的古冰川遗迹残留在大陆边缘地区，冰川的运动方向是从海岸指向内陆，显然冰川是不会登陆向高处运动的，这说明这些大陆上的古冰川不是源于本地。面对这种古冰川的分布及流向特征，过去的地质学家一筹莫展。然而正是这些特征，却为大陆漂移说提供了强有力的证据。在魏格纳看来，上述出现古冰川的大陆在当时曾是连接在一起的，整个大陆位于南极附近。冰川中心处于非洲南部，古大陆冰川由中心向四方呈放射状流动，这就很合理地解释了古冰川的分布与流动特征。现在看到的冰川向陆地内部运动的表象，其实是因为原来巨大的大陆分裂开来，原来的内陆变成了沿海的缘故。除古冰川遗迹外，蒸发盐、珊瑚礁等古气候标志，也可用来推断它们形成时的古纬度。古纬度与现在大陆的位置是冲突的，这也说明以前的大陆不在今天所处的地方。

1915 年，魏格纳出版了他的代表作《海陆的起源》。在这本书里，魏格纳在严谨的科学研究基础上阐述这样的观点，即古代大陆原来是联合在一起，而后由于大陆漂移而分开，分开的大陆之间出现了海洋。魏格纳认为，大陆由较轻的含硅铝质的岩石（如玄武岩）组成，它们像一座座块状冰山一样，漂浮在较重的含硅镁质的岩石（如花岗岩）之上，并在其上发生漂移。在二叠纪时，全球只有一个巨大的陆地，他称之为泛大陆（或联合古陆）。风平浪静的二叠纪过后，风起云涌的中生代开始了，泛大陆首先一分为二，形成北方的劳亚大陆和南方的冈瓦纳大陆，并逐步分裂成几块小一点的陆地，四散漂移，有的陆地又重新拼合，最后形成了今天的海陆格局。魏格纳这一“石破天惊”的观点立刻震撼了当时的科学界，但招致的攻击远远大于支持。一是这个假说涉及的问题太宏大了，如若成立，整个地球科学的理论就要重写，这对老一辈的地质学家来说是难以接受的；二是证明该假说成立必须要有足够的证据，假说的每个环节都要经得起检验，但是魏格纳给出的证据还显不足；三是魏格纳在大学中获得的是天文学博士学位，主要研究气象，他并非地质学家、地球物理学家或古生物学家。在不是自己的研究领域发表看法，人们对其学说的科学性难免会产生怀疑。

魏格纳的学说遭到质疑最多的问题集中在以下两点：巨大的大陆是在什么上漂移的？驱动大陆漂移的力量来自何方？魏格纳认为硅铝质的大陆漂浮在地球的硅镁层上，即固体在固体上漂浮、移动。对于推动大陆的力量，魏格纳猜测是海洋中的潮汐拍打大陆的岸边引起微小的运动，日积月累使巨大的陆地漂到远方，还有可能是太阳和月亮的引力。根据魏格纳的说法，当时的物理学家立刻开始计算，利用大陆的体积、密度计算陆地的质量。再根据硅铝质岩石与硅镁质岩石摩擦力的状况算出要让大陆运动需要多么大的力量。物理学家发现，日月引力和潮汐力实在是太小了，根本无法推动广袤的大陆。为了进一步寻找证据支持他的假说，1930 年魏格纳第三次深入格陵兰岛进行考察，不幸长眠于冰天雪地之中，年仅 50 岁，他的遗体在第二年夏天才被发现。

随着魏格纳的离去，大陆漂移学说也销声匿迹。之后，随着古地磁学、地震学的发展，以及海洋科学考察的兴起，才使大陆漂移学说又得以复兴，并进一步发展成板块构造理论。支持大陆漂移学说的新的科学事实主要体现在以下几点。

（1）古地磁学研究。20 世纪 50 年代的新证据首先来自古地磁学的研究。古地磁学研究的是“残留”花岩石中的磁性，即研究残留在固化的熔岩样品中的磁性。这种磁性由于地球磁场的影响而留在含有氧化铁的岩石中。伦敦的 P. 布莱克特和剑桥大学的 S. 朗肯以及其他人所作的研究表明，地球的磁场从来都不是恒定的而是变化的，甚至还经历过南北倒置。其变化的方式与时间有密切的关系，而这种关系是可以确定的（这些研究因高灵敏度的地磁仪的出现而成为可能，布莱克特就是这种仪器的主要发明人）。当仔细描绘出磁极位置移动的路径后，会从中发现磁极的移动和变化情况各个地域彼此不同，这表明每块陆地各自在独立地运动着。相关证据还揭示出地球南部各陆地聚集在南极地区形成一个原始大陆——冈瓦纳大陆的时间，因此，这些组成部分说明我们现在的各个大陆肯定存在着某种横向运动。沿着这条研究线索所获得的初步结论，即大陆移动的存在，并没有被地球科学界立即接受，无疑关于地球磁场演化史的细节尚有太多没有解决的难题。地质学家麦肯奇认为，关于磁机制的见解过于复杂深奥，其中还存有许多未经检验的假说。但是，这些新的科学事实和研究成果引起了地球物理学家的极大兴趣，使大家重新认识到魏格纳大陆漂移学说的重要价值。1956 年，一本以大陆漂移为主题的论文集出版了，澳大利亚国立大学的 E. 埃尔温对过去几年的磁机制研究作了回顾与评述，最后他总结道，各种证据对此后的结果，倾向于对地球磁轴相对于地球本身发生过位置变化的观念以及各大陆相互之间有“漂移”运动的观念有利。

（2）海洋中脊山脉的发现。推动魏格纳假说的基本思想复兴的第二条研究线索是关于海底山脉的研究。海洋和内陆湖泊大约覆盖了地球表面的 70%，但是关于海底的特征与本质的知识在 20 世纪三四十年代还相当粗浅，因此也就决定了为什么 30 年代时对于魏格纳大陆漂移学说的争论一直没有定论。其实，有关大西洋底的地形图早已存在，1916 年科学家泰勒就曾指出，大西洋两边的陆地好像是从海底山脉两侧慢慢升起的。魏格纳本人也通过对密度、磁性、成分等方面的分析，指出海底是玄武岩构成的，但没有人对此予以注意。国际地球物理年（1957 ~ 1958）期间，人们在测量地球引力和相关地震引力数据方面应用了全新的技术。地球物理学家找到了测定通过海底的热流速率的方法，这些研究得出如下的结论：巨大的海洋壳层岩石块确实能够相互之间明显地移动一大段距离。这些研究成果与来自磁机制研究获得的发现不谋而合，都强有力地支持大陆之间经历了相互运动的观点。

（3）海洋地震震中的研究取得实质性突破。根据古地磁学的研究，1954 年布莱克特指出自第三叠纪以来，英格兰沿顺时针方向转了 30°，并且向北移动了相当大的距离。侏罗纪以来印度半岛每年以几厘米的速度向北移动了 7000km。兰康小组测定了欧洲从前寒武纪以来的每一地质时期的古地磁北极的位置，把它们按顺序连接起来，画出了“磁极游动曲线”，之后画出北美大陆的“磁极游动曲线”。对比欧洲和北美大陆的两条“磁极游动曲线”发现，它们形状基本相似，但在经度上差 30°。但是，如果把美洲大陆向东移动 30°，这两条曲线就会重合，大西洋完全消失了，美洲大陆和欧洲大陆连在一起。随着技术的不断进步，1965 年科学家用计算机将大西洋两岸大陆拼合，1969 年将南极洲、大洋洲和印度拼合。

2. *海底扩张学说*

1962 年，美国科学家 H. 赫斯发表论文《大洋盆地的历史》，提出海底扩张学说。他指出大洋中有一条裂谷，地幔中炙热的熔岩从这个裂缝中溢出，到达顶部后向两侧分流，有的流入海底，有的深入大陆，把大陆向外推，使海底向两边扩张。

海底扩张学说将推动陆地运动的动力引入海洋深处，并在以下三个方面得到证据支持。

（1）海底磁异常条带假说。1963 年，英国地质学家指出地幔热对流促使火山洋脊裂缝爆发，带出的岩浆形成新的板块，沿洋脊向外扩展，形成新的海洋板块，并推动原有板块运动。新形成的海洋板块带有当时的磁性，由于地磁方向在历史上不停地倒转，观察发现在洋脊的两侧，形成有磁性大小交替的地质带，证明这些地质带的物质是不停地从洋脊裂缝中扩展出来的。

（2）转换断层概念的提出。1965 年，地质学家 J. T. 威尔逊提出洋中脊被很多与它垂直的大断层所切开，这种断层是由于新海底自洋中脊向两边扩张的速度不一致造成的。转换断层的存在使岩石圈水平位移成为可能，也因此说明了洋中脊的扩张。

（3）放射性同位素探测年龄。20 世纪 50 年代以来，随着海底科学的发展，人们利用放射性同位素测定海底岩石年龄，发现海底岩石的年龄很小，一般不超过 2 亿年，相当于中生代侏罗纪（大陆最老岩石年龄在 30 亿年以上），而且离海岭（又叫大洋中脊）越近，岩石年龄越小；离海岭越远，岩石年龄越大，而且在海岭两侧呈对称分布。海底扩张学说，认为海岭是新的大洋地壳诞生处，从而解释了海洋年龄的问题。

3. 板块构造学说

板块构造学说是在大陆漂移学说和海底扩张学说的基础上提出的。20 世纪 60 年代末，美国学者摩根、法国学者勒比雄和英国学者麦肯齐提出板块构造理论。根据这一新学说，3 亿多年前，地球是整块，即“泛大陆”。1 亿年前开始漂移，后分离成 6 大板块：欧亚板块、美洲板块、非洲板块、南极洲板块、欧洲板块和太平洋板块。板块本身是刚性的，比较稳定，板块与板块的交界地带比较活跃，全球的地震、火山绝大部分发生在板块的边界地带。这六大板块作为一个整体相对于地球的内圈有一个向西的转动，各板块之间还存在相对运动，具体有三种形式：板块相互分离、板块相互汇聚和板块相互平移。

板块构造学说自提出后，已得到越来越多的科学验证，是大地构造学和整个地理学中最具活力、最有影响的学说。板块构造学说综合了以往提出的多种大地构造学说的优点，在探测山脉和高原成因、地震活动、矿带分布、古气候状况和生物演化等方面发挥着巨大的指导作用。根据这个学说，可以解释由于印度洋大陆与欧亚大陆间的碰撞造成喜马拉雅山脉和西藏高原的形成，在大陆板块彼此碰撞的汇聚型板块边界下大陆与大陆间形成冲突带，因而出现大褶皱山脉。

板块构造学说也有它的不足之处。如板块运动的驱动力问题、地幔对流的证据问题、秘鲁海沟沉积物基本未经变动问题等，它还不能予以很好地说明，仍有待进一步的探索。

第五节 现代生物学的发展

在现代科学发展过程中，生物学取得了引人瞩目的成就，尤其是分子生物学的建立使生物学的面貌发生了革命性的变化，不仅使人们对生命本质的认识飞跃到一个崭新的阶段，而且带动了整个生物学向分子水平发展。

一、现代生物学对生命本质的探索

1. 生命的本质

生命是物质运动的高级形式，是从非生命物质发展来的，是自然界物质长期演化的产物。生命的存在方式包括植物、动物和微生物三大类。恩格斯以辩证唯物主义的观点，概括了从最简单的生命到人类生命的根本特征，给生命下了一个科学的定义，即生命是蛋白体的存在方式。这种存在方式本质上就在于这些蛋白质、核酸和酶三类生命分子的复合体。生命的本质是蛋白体的同化作用和异化作用的对立统一和矛盾运动。生命过程就是蛋白体不断自我更新、自我复制、自我调节的过程。蛋白体的同化与异化，以及不停地与外界进行物质、能量、信息的交换是生命存在、发展的基本条件和根本动力。蛋白体内部的同化和异化、遗传与变异的矛盾运动，即新陈代谢、自我繁衍是生命发展的根本规律。

2. 生命的基本特征

（1）生物体具有共同的物质基础和结构基础，除病毒等少数种类以外，生物体都是由细胞构成的。

（2）生物体都有新陈代谢作用。新陈代谢是生命活动过程中一系列化学变化的总称。通过代谢，生命体与周围环境不断地进行物质和能量的交换：把从食物中摄取的养料转变成自身的组成物质（蛋白质、核酸、脂质等），并储存能量；再分解自身的组成物质以释放生命活动所必需的能量，并排出废物。

（3）生物体都有应激性，即生命体对环境条件变化的刺激能够产生相应的反应。

（4）生物体具有生长、生殖和发育现象。

（5）生物体都有遗传和变异的特性。

（6）生物体都能适应一定的环境，也能影响环境。

二、现代生物学对生命起源的探索

生命何时、何处、特别是怎样起源的问题，是现代自然科学尚未完全解决的重大问题，是人们关注和争论的焦点。历史上对这个问题也存在着多种臆测和假说，并有很多争议，其中有代表性的学说有：生命起源的创造说（神造说）、自然发生说和化学说。随着认识的不断深入和各种不同证据的发现，人们对生命起源的问题有了更深入的研究，生命起源的化学说被广大学者普遍接受。这一假说认为，地球上的生命是在地球温度逐步下降以后，在极其漫长的时间内，由非生命物质经过极其复杂的化学过程，一步一步地演变而成的。这个演化过程可分为四个阶段。

1. 从无机小分子生成有机小分子

从无机小分子生成有机小分子的阶段，即生命起源的化学进化过程，是在原始的地球条件下进行的。1953 年，美国科学家米勒设计了一个实验，试图证明这个过程在原始地球状态下是可以完成的。米勒用一个盛有水溶液的烧瓶代表原始的海洋，其上部球形空间里含有氢气、氨气、甲烷和水蒸气等“还原性大气”。米勒先给烧瓶加热，使水蒸气在管中循环，接着他通过两个电极放电产生电火花，模拟原始天空的闪电，以激发密封装置中的不同气体发生化学反应，而球形空间下部连通的冷凝管让反应后的产物和水蒸气冷却形成液体，又流回底部的烧瓶，即模拟降雨的过程。经过一周持续不断的实验，米勒分析其化学成分时发现，其中含有包括 5 种氨基酸和不同有机酸在内的各种新的有机化合物，同时还形成了氰氢酸，而氰氢酸可以合成组成核苷酸基本单位的腺嘌呤。因此，米勒认为生命是从无到有的理论将可确立了，生命是进化而来的。

与此同时，米勒实验也遭到了质疑，被认为还存有很多疑点，例如所使用的能量大小、不同气体的配合等虽然都产生了氨基酸等物质，但仍不能证明这就是生命的起源。因为他所假设的大气层不能证明是原始的大气层，所得的结果就是不确定的。米勒本身也承认他的实验与自然界生命起源相距仍很遥远。

2. 从有机小分子形成有机大分子

科学家们认为从有机小分子物质生成生物大分子物质，这一过程是在原始海洋中发生的，即氨基酸、核苷酸等有机小分子物质经过长期积累、相互作用，在适当条件下（如黏土的吸附作用），通过缩合作用或聚合作用形成了原始的蛋白质分子和核酸分子，但是这个过程至今没有得到充分的证据证明。

3. 从有机大分子组成自我维持稳定与发展的多分子体系

关于生物大分子物质如何组成多分子体系的这一形成过程，苏联学者奥巴林提出了团聚体假说。他通过实验表明，将蛋白质、多肽、核酸和多糖等放在合适的溶液中，它们能自动地浓缩聚集为分散的球状小滴，这些小滴就是团聚体。奥巴林认为团聚体可以表现出合成、分解、生长、生殖等生命现象。例如，团聚体具有类似于膜那样的边界，其内部的化学特征显著地区别于外部的溶液环境。团聚体能从外部溶液中吸入某些分子作为反应物，还能在酶的催化作用下发生特定的生化反应，反应的产物也能从团聚体中释放出去。此外，有的学者还提出了微球体和脂球体等其他的一些假说，以解释有机高分子物质形成多分子体系的过程。根据科学家的研究，这一阶段也是在原始的海洋中形成的，是生命起源过程中最复杂和最有决定意义的阶段。但是，目前人们还不能在实验室里验证这一过程。

4. 从多分子体系演变为原始生命

多分子体系向原始生命的演化是化学进化的重要阶段。有时这一阶段也被称为分子进化阶段，而后将进入生物进化阶段。

生命起源问题是现代生命科学中的重要问题。目前虽然取得了一些成就，但是由于生命起源的过程涉及原始地球40多亿年的演变，因而要真正解决这个问题还需要天文、地理、物理、化学、生物等各学科领域的共同合作。可以说，现在人们对生命起源的探讨仅仅只是一个开始。

三、现代生物学对生命过程的探索

20世纪，对于生物学来说，是一个大踏步前进的时代。一些最先进的物理学和化学方法移植到生物科学，促成了它的繁荣。

1912年，英国物理学家布拉格父子建立了X射线晶体学，成功地测定了一些相当复杂的分子以及蛋白质的结构。此后，英国生物化学家阿斯特伯里和贝尔纳又分别对毛发、肌肉等纤维蛋白以及胃蛋白酶、烟草花叶病毒等进行了初步的结构分析，他们的工作为后来生物大分子结晶学的形成和发展奠定了基础。

1936 年，美籍德裔生物学家德尔布吕克小组选择了噬菌体，即侵袭细菌的病毒，作为对象开始探索基因之谜。噬菌体感染寄主后半小时内就能复制出几百个同样的子代噬菌体颗粒，因此是研究生物体自我复制的理想材料。由德尔布吕克领导的“噬菌体小组”因研究病毒的自我复制而发现了病毒的遗传复制机制和基因结构，获得了 1969 年诺贝尔生理学或医学奖。

1940 年，美国生物学家比德尔和塔特姆提出了“一个基因，一个酶”的假设，即基因的功能在于决定酶的结构，且一个基因仅决定一个酶的结构。但在当时人们对基因的本质并不清楚。

1944 年，美籍加拿大裔细菌学家生物学家艾弗里的工作才使人们真正认识到核酸在生命过程中的重要性。艾弗里利用肺炎球菌的转化实验证明，遗传信息从一个有机体传递到另一个有机体，起传递作用的不是蛋白质，而是 DNA，证明了 DNA 是遗传物质。

1953 年，美国生物学家沃森和英国生物学家克里克提出了 DNA 双螺旋结构，开创了分子生物学的新纪元。1953 年 4 月 25 日英国的《自然》杂志刊登了沃森和克里克合作的论文《核酸的分子结构》，成为分子生物学诞生的标志。1962 年，沃森和克里克为此获得了诺贝尔生理学或医学奖。

DNA 是一种高分子化合物，其基本组成单位是脱氧核苷酸，每个脱氧核苷酸由一分子磷酸、一分子脱氧核糖、一分子含氮碱基组成。组成脱氧核苷酸的含氮碱基有四种，即腺嘌呤（A）、鸟嘌呤（G）、胞嘧啶（C）和胸腺嘧啶（T）。DNA 的核苷酸序列蕴藏着遗传信息，从而决定着生物的遗传性状。多个脱氧核苷酸一个连一个，构成核苷酸链，两条链形成碱基对。长链中的碱基对排列组合千变万化，从而形成不同的基因片断，造就了千姿百态的生命个体，组成了五彩缤纷又相互依存的生物圈。基因在复制过程中通过解旋酶来解开双螺旋的两条链，并以亲代 DAN 分子为模板来合成子代 DAN，并且一边解旋一边复制。这种办法既简单又比较可靠。

由于生物体的生命活动过程主要是通过蛋白质来实现的，所以遗传信息的揭示过程，也就是 DNA 指导生物体中各种蛋白质的合成过程。克里克将此作用过程概括为“中心法则”，描述了遗传信息从基因转移到蛋白质的作用机制，即指遗传信息从 DNA 传递给 RNA，再从 RNA 传递给蛋白质，即完成遗传信息的转录和翻译的过程。

DNA 中的碱基只有 4 种，而蛋白质中的氨基酸却有 20 种，如何才能把 DNA 的核苷酸顺序与相应的多肽链氨基酸顺序联系起来？物理学家伽莫夫提出了只有 3 个碱基才能组成对应一个氨基酸的密码的观点，即三联密码。这个推测在 1961 年得到证实，1969 年 64 个密码全部被破译（见表 3-2）。这就从分子水平上阐明了生物遗传规律。

1975 年，诺贝尔生理学或医学奖授予了梯明、德贝克和巴尔的摩，他们发现了同肿瘤病毒和细胞遗传物质之间的相互作用有关的反应，发现存在一种反向转录酶，能指导 RNA 中的信息转录到 DNA 上。这一情况早在 1970 年就由实验证明，RSV 的病毒粒子含有一种把单股病毒 RNA 转录到 DNA 上的酶，因此在蛋白质合成中，RNA 可以反过来决定 DNA。这一发现是对“中心法则”的重要补充。核酸与蛋白质的作用关系如图 3-1 所示。

表 3-2 遗传密码表

第1位碱基	中间碱基（第2位碱基）				第3位碱基
	U	C	A	G	
U	苯丙氨酸	丝氨酸	酪氨酸	半胱氨酸	U
	苯丙氨酸	丝氨酸	酪氨酸	半胱氨酸	C
	亮氨酸	丝氨酸	终止信号	终止信号	A
	亮氨酸	丝氨酸	终止信号	色氨酸	G
C	亮氨酸	脯氨酸	组氨酸	精氨酸	U
	亮氨酸	脯氨酸	组氨酸	精氨酸	C
	亮氨酸	脯氨酸	谷氨酸	精氨酸	A
	亮氨酸	脯氨酸	谷氨酸	精氨酸	G
A	异亮氨酸	苏氨酸	天冬酰胺	丝氨酸	U
	异亮氨酸	苏氨酸	天冬酰胺	丝氨酸	C
	异亮氨酸	苏氨酸	赖氨酸	精氨酸	A
	甲硫氨酸	苏氨酸	赖氨酸	精氨酸	G
G	缬氨酸	丙氨酸	天氨酸	甘氨酸	U
	缬氨酸	丙氨酸	天氨酸	甘氨酸	C
	缬氨酸	丙氨酸	谷氨酸	甘氨酸	A
	缬氨酸	丙氨酸	谷氨酸	甘氨酸	G

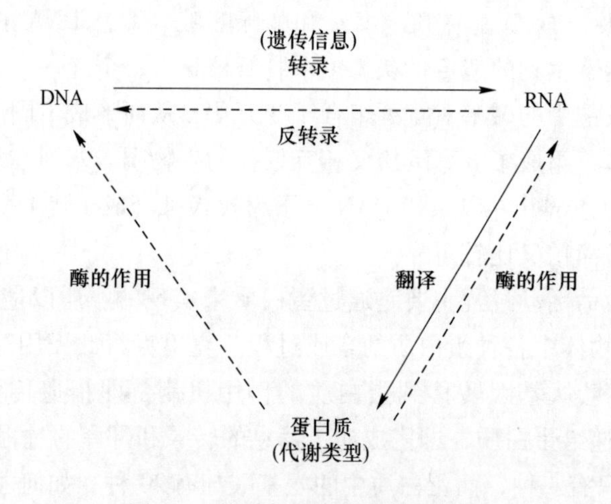

图 3-1 核酸与蛋白质的作用关系

仅仅 30 年左右的时间，分子生物学从大胆的科学假说经过大量的实验研究，从而建立了本学科的理论基础。进入 70 年代，由于重组 DNA 研究的突破，基因工程已经在实际应用中开花结果，根据人的意愿改造蛋白质结构的蛋白质工程也已经成为现实。分子生物学的进一步发展，不仅会使全部生物学进行根本改造，而且它在一定程度上会丰富和发展物理学、化学的研究内容，影响着医学，甚至当代技术发展的方向。越来越多的事实显示出它是当代自然科学新的带头学科。因此，很多科学家把 1953 年以来分子生物学的重大成就称作“生物学的革命”，把它列为继 20 世纪物理学革命之后的又一次科学革命。

四、人类基因组计划

解自身之谜一直是人类追求的目标，这一目标在分子生物学建立后成为可能。1986年，美国病毒学家、诺贝尔生理学或医学奖获得者杜尔贝科在美国《科学》周刊上发表了一篇文章《肿瘤研究的转折点：人类基因组测序》，正式提出人类基因组计划（human genome project，HGP）。杜尔贝科在文章中提到，如果我们想更多地了解肿瘤，从现在起必须关注细胞的基因组，要么用零碎研究来鉴定与恶性肿瘤相关的重要基因，要么干脆对选定物种进行全基因组测序。如果我们想理解人类肿瘤，那就应从人类基因组开始。杜尔贝科的文章很快就获得了巨大反响，1990 年经美国国会批准人类基因组计划正式启动，总体计划在 15 年内投入至少 30 亿美元进行人类全基因组的分析。人类基因组计划与曼哈顿原子弹计划和阿波罗计划并称为三大科学计划。

之后，英国、法国、德国、日本和我国科学家共同参与了这一规模宏大的计划。我国科学家承担了其中 1% 的任务，即人类 3 号染色体短臂上约 3000 万个碱基对的测序任务，我国因此成为参加这项研究计划的唯一的发展中国家。

按照这个计划的设想，在 2005 年要把人体细胞 23 条染色体上的全部约 10 万个基因的密码全部解开，同时绘制出人类基因的谱图。换句话说，就是要揭开组成人体 4 万个基因的 30 亿个碱基对的秘密。该项计划于 2000 年宣布完成了人类基因组“工作框架图”的绘制，2001 年公布了人类基因组图谱及初步分析结果。2004 年 4 月，这项生命科学史上绝无仅有的“大科学”计划——人类基因组序列测定比原计划提前完成，一本人类遗传信息的天书呈现在世人面前。

随着人类基因组计划和其他模式生物基因组研究的顺利进行，生命科学研究已进入后基因组时代。基因组学的研究也从结构基因组学转向功能基因组学的研究。基因组序列测定的完成仅仅是基因组计划的第一步，更大挑战在于如何确定基因组的功能和弄清全部的遗传信息。也就是说，人类基因组研究的目的不只是读出全部的 DNA 序列，更重要的是读懂每个基因的功能，每个基因与某种疾病的关系，真正对生命进行系统的科学解码，从此达到从根本上了解认识生命的起源、种间、个体间的差异的原因，疾病产生的机制以及长寿、衰老等困扰着人类的最基本的生命现象目的。

第六节　系统科学的建立

第二次世界大战之后，随着现代科学革命和技术革命的蓬勃兴起，几乎同时诞生了几门崭新的横断学科：系统论、信息论、控制论（简称“老三论”），它们从不同侧面揭示了客观物质世界的整体性、非线性本质和规律。20 世纪下半叶，又出现了以系统的自组织（系统自发地从无序状态过渡到有序状态）为研究对象的耗散结构理论、突变论、协同学（简称“新三论”）等新的边缘学科，并进一步形成了以应用为直接目的的系统工程，所有这些学科构成了以系统为研究对象的综合性学科群——系统科学。

一、一般系统论

现代系统论的基本思想是奥地利生物学家贝塔朗菲于 20 世纪 20 年代初创立的，他通过对生命有机体的研究，提出生物学中的有机论概念。贝塔朗菲强调生命现象是不能用机械论观点来揭示其规律的，只能把它看作一个整体或系统来加以考察。1968 年，贝朗塔菲发表了一般系统论的代表著作《一般系统理论——基础发展与应用》，奠定了一个日后逐渐发展壮大的崭新学术领域的基础。

1. 一般系统论的发展过程

19 世纪末 20 世纪初，生物学领域的一些学者尽管已开始把生命体视为一个整体和过程来研究，然而机械论观点仍有很大的影响力。人们在探索生命现象时采取分析方法，把生物还原为物理和化学过程，虽然取得了一些积极成果，但是以失去整体全貌为代价。针对这些情况，20 世纪 20 年代，一批生物学家和哲学家提出了机体概念，把生命有机体看作一个“有机系统”。1925 年，英国哲学家怀特海提出用机体论来代替科学上的决定论，主张在完整机体这一概念的基础上来改造科学理论。还有一些生物学者则明确提出了系统论的基本原理，其中代表性人物就是贝塔朗菲。从 20 世纪 20 年代到 40 年代，他先后出版了《有机生物学》《理论生物学》等一系列论著，指出了生物学研究中的机械论错误：一是把有机体分解为要素，然后把要素简单叠加起来说明机体属性的观点；二是把生命现象简单地比作机器的观点；三是认为有机体只是在受到刺激时才做出被动反应的观点。他吸收了机体论的思想，提出用机体系统论的概念和方法来研究生物学，其基本想法是：从系统观点、动态观点、等级观点出发，把有机体描绘成由诸多要素、按严格等级层次组成动态的、开放的系统，系统具有特殊的整体功能。1945 年，他发表《关于一般系统论》一文，第一次明确提出把一般系统论作为一门独立的新学科。可是由于第二次世界大战，该思想并没有引起学者的关注。接下来，从 20 世纪 40 年代末到 1971 年去世前，贝塔朗菲又进一步完善了一般系统论的科学体系，并于 1968 年出版了他的经典著作《一般系统论的基础、发展和应用》。此后，他的系统论思想和方法才逐渐得到重视和肯定。

2. 系统的基本概念

（1）系统的定义

理论界对于系统的内涵和外延，至今说法不一。贝塔朗菲对系统的定义是，“系统是处于一定相互关系中的与环境发生关系的各组成成分的总体”，或“系统是由两个或两个以上的要素组成的具有整体功能和综合行为的统一集合体”。

（2）系统的分类

1）按系统的规模分为小型系统、中型系统、大型系统和巨型系统。

2）按组成要素的性质（按人类干预的情况）分为自然系统、人造系统和复合系统。

① 自然系统——原始的系统都是自然系统，如天体、海洋、生态系统等，又如呼吸系统、消化系统、循环系统、免疫系统等。

② 人造系统——如人造卫星、海运船只、机械设备等，又如交通系统、商业系统、金融系统、工业系统、农业系统、教育系统、经济系统、文艺系统、军事系统、社会系统等。

近年来，人造系统对自然系统的不良影响已成为人们关注的重要问题，如核军备、化学武器、环境污染等。自然系统是一个高阶复杂的均衡系统，如季节周而复始地变化形成的气象系统、食物链系统、水循环系统等。自然系统中的有机物、植物与自然环境保持了一个动态平衡。在自然界中，物质流的循环和演变是最重要的，自然环境系统没有尽头，没有废止，只有循环往复，并从一个层次发展到另一个层次。原始人类对自然系统的影响不大，但近几百年来，由于科技的迅猛发展，大量人工系统的出现给原始的自然系统带来危害。例如，埃及阿斯旺水坝是一个典型的人造系统，水坝解决了埃及尼罗河洪水泛滥问题，但也带来一些不良影响，如东部的食物链遭到破坏，渔业减产，尼罗河流域土质盐碱化加快，发生周期性干旱，影响了农业，河水污染使附近居民的健康受到危害等。由于人们对人工系统的特点和功能，以及对自然系统所造成的影响还不是很清楚，因此不可避免地出现了诸如上述的一些情况，将来如何运用系统工程方法来全面考虑、统筹安排将是一个重要的课题。

③ 复合系统——既包含人造系统又包含自然系统的系统。系统工程所研究的对象大多是复合系统。从系统的观点讲，对系统的分析应自上而下而不是自下而上地进行。例如，研究系统与所处环境，环境是最上一级，先注意系统对环境的影响，然后再进行系统本身的研究，系统的最下级是组成系统的各个部分或要素，自然系统常常是复合系统的最上一级。

3）按系统与环境的关系分为孤立系统、封闭系统和开放系统。孤立系统是指与外界环境既无物质交换，也无能量和信息交换的系统。封闭系统是指一个只与外界交换能量，而不交换质量的系统。封闭系统的一个实例就是密闭罐中的化学反应，在一定初始条件下，不同反应物在罐中经化学反应达到一个平衡态。开放系统是指在系统边界上与环境有信息、物质和能量交互作用的系统。如商业系统、生产系统或生态系统，这些都是开放系统。在环境发生变化时，开放系统通过系统中要素与环境的交互作用以及系统本身的调节作用，使系统达到某一稳定状态。因此，开放系统常是自调整或自适应的系统。

此外按学科领域可分成自然系统、社会系统和思维系统；按范围划分则有宏观系统、微观系统；按状态划分有静态系统和动态系统；按系统状况划分为平衡系统、非平衡系统、近平衡系统、远平衡系统等。

（3）系统的性质

1）系统的整体性，即非加和性。系统不是各部分的简单组合，而具有统一性，各组成部分或各层次的充分协调和连接提高了系统的有序性和整体的运行效果。例如，钢筋混凝土结构的强度就大于钢筋、水泥、沙石的强度之和。人们常说的“三个臭皮匠等于一个诸葛亮”；拿破仑在描绘骑术不精但有纪律的法国骑兵和当时无疑最善于单个格斗但没有纪律的马克留木兵之间的战斗时，写道：“2 个马克留木兵绝对能打赢 3 个法国兵，100 个法国兵与 100 个马克留木兵势均力敌，300 个法国兵大都能打败相同数量的马克留木兵，而 1000 个法国兵则总能在与 1500 个马克留木兵的战斗中取胜。”这里所体现的都是系统的整体性、统一性的意义。

2）系统的相关性。系统中相互关联的部分或部件形成“部件集”，“集”中各部分的特性和行为相互制约和相互影响，这种相关性确定了系统的性质和形态。

3）系统的功能性和目标性。大多数系统的活动或行为可以完成一定的功能，但不一定所有系统都有目的，例如太阳系或某些生物系统。人造系统或复合系统都是根据系统的目的来设定其功能的，这类系统也是系统工程研究的主要对象。例如，经营管理系统要按最佳经济效益来优化配置各种资源；军事系统为保全自己、消灭敌人，就要利用运筹学和现代科学技术组织作战、研制武器。

4）系统的层次性和相对性（有序性）。由于系统的结构、功能和层次的动态演变有某种方向性，因而使系统具有有序性的特点。一般系统论的一个重要成果是把生物和生命现象的有序性和目的性同系统的结构稳定性联系起来，也就是说，有序能使系统趋于稳定，有目的才能使系统走向期望的稳定系统结构。行政系统分为科、处、局、部、委等，军事系统分为排、连、营、团、师、军等，都是系统表现出的层次性。

5）系统的复杂性和随机性。物质和运动是密不可分的，各种物质的特性、形态、结构、功能及其规律性，都是通过运动表现出来的。要认识物质首先要研究物质的运动，系统的动态性使其具有生命周期。开放系统与外界环境有物质、能量和信息的交换，系统内部结构也可以随时间变化。一般来讲，系统的发展是一个有方向性的动态过程。

6）系统的适应性。一个系统和包围该系统的环境之间通常都有物质、能量和信息的交换，外界环境的变化会引起系统特性的改变，相应地引起系统内各部分相互关系和功能的变化。为了保持和恢复系统原有特性，系统必须具有对环境的适应能力，如反馈系统、自适应系统和自学习系统等。

3. 系统论的基本原则

系统科学方法要求人们把对象和过程看作相互联系、相互作用的整体，并且尽可能将整体做形式化的处理。运用系统科学方法研究和处理对象时，要把握以下一些原则。

（1）整体性原则

整体性原则是系统科学方法的首要原则。所谓整体性原则，就是把对象作为由各个组成部分构成的有机整体，探索其组成、结构、功能及运动变化的规律性。整体性原则所要解决的是所谓“整体性悖论”，即系统的整体功能不等于它的各个组成部分功能的总和，而且具有各个组成部分所没有的新功能。而系统的整体功能则是由系统的结构，即系统内部诸要素相互联系、相互作用的方式决定的。系统科学方法的整体性原则正是着眼于系统的整体功能，并根据系统结构决定系统整体功能原理，具体分析系统结构怎样决定系统的整体功能，为了实现特定的系统的整体功能应选择怎样的结构等问题。系统科学方法要求从种种联系和相互作用中认识和考察对象，使局部和整体、个别和一般都协调一致起来。

（2）最优化原则

最优化原则是使用系统科学方法的目的和要求。所谓最优化原则，就是从多种可能的途径中，通过统筹兼顾、多种协同、多种择优，采用时间、空间、程序、主客体等多方面的峰值佳点，进行综合优化和系统筛选，选择出最优的系统方案，达到整体最优效果。运用系统科学方法要求首先为待研究的问题定量化地确定出最优目标，并在动态中协调好研究对象的整体和部分的关系，使部分的功能目标服从系统整体的最佳目标，以达到整体最优。而实现系统整体功能最优化的关键则在于选择最佳的系统结构。随着人们对系统结构研究的日益深入，已逐步发展出各种最优化理论，如线性规划、非线性规划、动态规划、最优控制论和决策论、博弈论等理论。

需要强调的是，贝塔朗菲反对那种认为要素性能好、整体性能一定好，以局部说明整体的机械论的观点。体现在三个方面：一是整体的性质不是要素具备的，如 H_2O 的性质与 H 或 O 都不同；二是要素的性质影响整体，如一台机器中一个部件出错，机器就会不正常；三是要素性质之间相互影响，如班级上一个同学对科学感兴趣可能会带动其他同学也感兴趣，反之一个同学无故旷课，会影响其他同学向他学。系统中各要素不是孤立地存在着，每个要素在系统中都处于一定的位置上，起着特定的作用。要素之间相互关联，构成了一个不可分割的整体。要素是整体中的要素，如果将要素从系统整体中割离出来，它将失去要素的作用。正像人手在人体中它是劳动的器官，一旦将手从人体中砍下来，那时它将不再是劳动的器官了。

(3) 模型化原则

模型化原则是实施系统科学方法的必经步骤，也是实现系统最优化目标的必要手段。现代科学研究的对象日益复杂，很难直接、准确地进行考察和研究。采用系统科学方法，需要把真实系统模型化，也就是把真实系统抽象为模型，如理论概念模型、数学模型、符号系统模型以及放大或缩小了的实物模型等。模型化是实现系统方法定量化的必经途径。只有根据研究的目的，设计出相应的系统模型，才能确定系统的边界范围，鉴定系统的要素及其相互联系、相互作用的情况，才能进行定量计算。模型化也是进行系统试验的必经途径。只有建立系统模型，才能进行模拟实验，运用电子计算机进行系统仿真，从而不断检验和修正系统方案，逐步实现系统的最优化。

二、控制论与信息论

控制论与信息论一起，被视为系统科学体系中的技术科学层次，是沟通系统工程技术和系统科学基础理论的桥梁。

1. 控制论

(1) 控制论的诞生及发展

控制论思想可以溯源到古代和近代的自动机制造及机械应用等领域的人类实践活动，但是作为一门相对独立的学科则起始于20世纪二三十年代，与美国数学家维纳的杰出工作密不可分。

维纳于1894年生于美国密苏里州的哥伦比亚，是一位天赋聪敏的神童。他11岁上大学，进入图茨学院学习数学，但他喜爱物理、无线电、生物和哲学。14岁考进哈佛大学研究生院学动物学，后又去学习哲学，18岁时获得了哈佛大学数理逻辑博士学位。1913年刚刚毕业的维纳去欧洲向罗素、哈代和希尔伯特这些数学大师们学习数学，正是多种学科知识与方法在他头脑中的汇合，才结出了控制论这颗综合之果。1919年维纳到麻省理工学院任教，在研究勒贝格积分时，从统计物理方面萌发了控制论思想。第二次世界大战期间，为了对付德国的空中优势，英美两国亟待提高他们的防空体系的性能。维纳两次参加了美国研制防空火力自动控制系统的工作。当时高射炮发射出的炮弹速度比德国的飞机快不了多少，而飞机驾驶有一定随机性，这就要求高射炮在瞄准时不能直接对准目标或只是有个大概的提前量，而要预测飞机将要飞到的精确位置，以便击中目标，这就产生了自动控制问题。维纳将概率论和数理统计等数学工具用于研制火炮控制系统，提出了一套最优预测方法，但这只能给出一种可能性最大预测，并不能给出百分之百的击中率，为此他将早年学的动物学知识也应用其中。

1943年，维纳与毕格罗和罗森勃吕特合作撰写了论文《行为、目的和目的论》，从反馈角度研究了目的性行为，找出了神经系统和自动机之间的一致性，是第一篇关于控制论的论文。该论文第一次把只属于生物的有目的行为赋予机器，阐明了控制论的基本思想。维纳在多年的研究工作中发现了重要的反馈概念。他认识到，稳定活动的方法之一是把活动的结果所决定的一个量作为信息的新调节部分返回控制器中，这个反馈的任何超越度都是由一个方向相反的校正活动来补偿。并认为，目的性的行为可以用反馈来代替，从而突破了生命与非生命的界限。这是第一次把目的性行为这个生物所特有的概念赋予机器。

1948 年，维纳出版了《控制论》一书，明确把"控制论"定义为"关于机器和生物的通信和控制的科学"，标志着控制论的正式诞生。维纳从控制的观点揭示了动物与机器的共同信息与控制规律，研究了用滤波和预测等方法，从被噪声湮没了的信号中提取有用信息的信号处理问题，建立了维纳滤波理论。

控制论是多门科学综合的产物，也是许多科学家共同合作的结晶。控制论诞生之后，得到了广泛应用与迅猛发展，大致经历了三个发展时期。

第一时期为 20 世纪 50 年代，是经典控制论时期。这个时期的代表除了生物控制论外，有我国著名科学家钱学森于 1945 年在美国发表的"工程控制论"。

第二时期是 60 年代的现代控制论时期。导弹系统、人造卫星、生物系统研究的发展，使控制论的重点从单变量控制转向多变量控制，从自动调节转向最优控制，由线性系统转向非线性系统转变。美国卡尔曼提出的状态空间方法以及其他学者提出的极大值原理和动态规划等方法，形成了系统测辨、最优控制、自组织、自适应系统等现代控制理论。

第三时期是 70 年代后的大系统理论时期。控制论由工程控制论、生物控制论向经济控制论、社会控制论和人口控制论等领域发展。1975 年国际控制论和系统论第三届会议，讨论的主题就是经济控制论的问题。在 1976 年国际自动控制联合会的学术会上，专题讨论了"大系统理论及应用"问题。1978 年国际控制论和系统论第四届会议，主题又转向了社会控制论。电子计算机的广泛应用和人工智能研究的开展，使控制系统显现出规模庞大、结构复杂、因素众多、功能综合的特点，从而控制论也向大系统理论发展。同时，每个领域又继续分化为更细致的研究领域，如生物控制论又分化出神经控制论、医学控制论、人工智能研究和仿生学研究，社会控制论则把控制论应用于社会的生产管理、效能运输、电力网络、能源工程、环境保护、城市建议，以至社会决策等方面。

(2) 控制论的基本概念和方法

1) 基本概念。控制论思想中，包括一些重要的基本概念。

"控制论"一词来自希腊语 Cybernetics，原意为掌舵术，包含有调节、操纵、管理、指挥、监督等多方面的含义。维纳以它作为自己创立的一门新学科的名称，正是取它能够避免过分偏于哪一方面，"不能符合这个领域的未来发展"和"纪念关于反馈机构的第一篇重要论文"的意思。控制论思想中的核心概念就是"控制"，"控制"是指为了"改善"某个或某些受控对象的功能或发展，需要获得并使用信息，以这种信息为基础而选出的对该对象上的作用。其包含着以下三层含义：一是指施加这种作用的目的是改善对象，以达到预期目标；二是控制就是加在某个对象上一种作用；三是这种作用是通过信息的选择、使用而实现的。

行为是指系统在外界环境作用（输入）下所作的反应（输出）。人和生命有机体的行为是有目的、有意识的。生物系统的目的性行为又总是同外界环境发生联系，这种联系是通过信息的交换实现的。外界环境的改变造成对生物体的刺激，对生物系统来说就是一种信息输入，生物体对这种刺激的反应对生物系统来说就是信息的输出。控制论认为任何系统要保持或达到一定目标，就必须采取一定的行为，输入和输出就是系统的行为。

反馈是指系统输出信息返回输入端，经处理再对系统输出施加影响的过程。反馈包括分正反馈和负反馈。正反馈是指反馈信息与原信息起相同的作用，使总输入增大、系统目标偏离、加剧系统不稳定。负反馈是指反馈信息与原信息起相反的作用，使总输入减小、系统目标偏离减小、系统稳定。负反馈是控制论的核心问题。

控制论的研究表明，无论自动机器，还是神经系统、生命系统，以至经济系统、社会系统，撇开各自的质态特点，都可以看作是一个自动控制系统。在这类系统中有专门的调节装置来控制系统的运转，维持自身的稳定和系统的目的功能。控制机构发出指令，作为控制信息传递到系统的各个部分（即控制对象）中去，由它们按指令执行之后再把执行的情况作为反馈信息输送回来，并作为决定下一步调整控制的依据。这样我们就看到，整个控制过程就是一个信息流通的过程，控制就是通过信息的传输、变换、加工、处理来实现的。反馈对系统的控制和稳定起着决定性的作用，无论是生物体保持自身的动态平稳（如温度、血压的稳定），或是机器自动保持自身功能的稳定，都是通过反馈机制实现的。控制论就是研究如何利用控制器，通过信息的变换和反馈作用，使系统能自动按照人们预定的程序运行，最终达到最优目标的学问。它是自动控制、通信技术、计算机科学、数理逻辑、神经生理学、统计力学、行为科学等多种科学技术相互渗透形成的一门横断性学科。它研究生物体和机器以及各种不同基质系统的通信和控制的过程，探讨它们共同具有的信息交换、反馈调节、自组织、自适应的原理，和改善系统行为、使系统稳定运行的机制，从而形成了一大套适用于各门科学的概念、模型、原理和方法。

2）基本方法。控制论方法即运用控制论原理，按照研究对象的信息流程，通过信息处理、变换和反馈等手段，从功能行为上控制、揭示其变化发展的内部机制和外部效应的方法。控制论方法常用的有反馈方法、黑箱方法、功能模拟方法等。

① 反馈方法就是运用反馈原理，用系统运动的结果来调整和控制系统运动的方法。反馈方法的显著特点是利用系统给定信息与反馈信息的差异来解决系统确定性和不确定性的矛盾，把被控系统输出的结果变为下一步调整和改变其输入的原因；输入的改变又会引起新的输出……从而，使原因和结果真正地辩证统一起来。反馈控制系统主要由控制器、执行机构、控制对象和反馈装置等部分组成。一般原理可用反馈控制图表示，如图 3-2 所示。

反馈控制本质上反映了自然界、人类社会和思维等领域中的作用与反作用、原因和结果、认识与实践、目的与行为间的普遍联系方式。因此反馈控制方法具有普遍适用性，为理解各种控制现象提供了一把钥匙。现代反馈控制方法与系统方法、信息方法、自动化技术相结合，已成为打开现代技术之门的强有力的手段。此外，反馈控制方法突破线性因果模式，形成双向因果链新模式，丰富了因果关系的哲学范畴，推动了现代科学技术方法论的发展。

② 黑箱方法是控制论运用的主要方法之一（见图 3-3）。控制论中的黑箱又称黑系统，是指内部要素和结构尚不清楚的系统。黑箱方法是通过考察黑系统的输入和输出的动态过程，研究其功能和行为特性，以推测和探索系统内部结构和运动规律的方法。利用黑

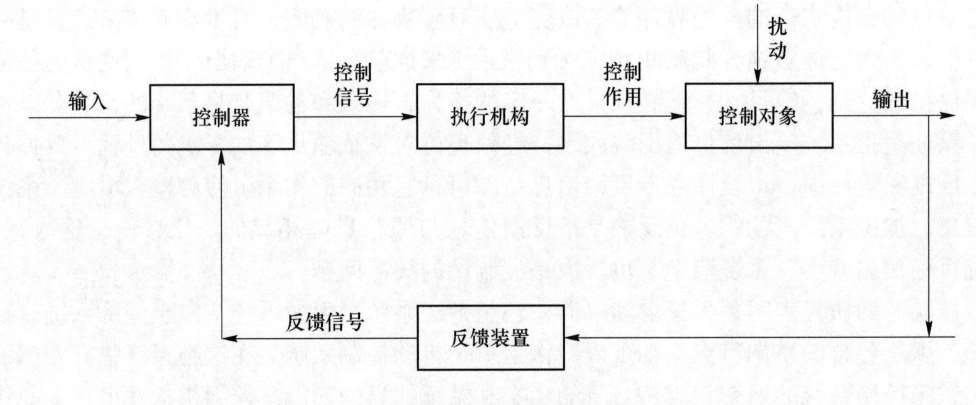

图 3-2 反馈控制图

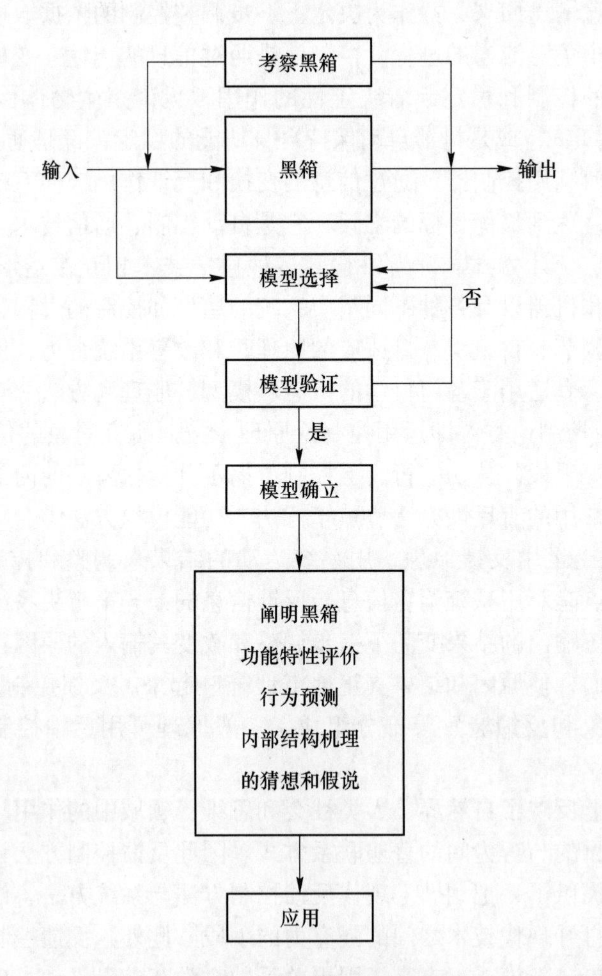

图 3-3 黑箱方法示意图

箱方法，可以研究那些不能或难以剖析其内部结构细节的系统，如人的脑组织等。系统的结构与功能之间存在着内在联系是黑箱方法的根据，通过研究系统的功能可以推测或模拟其结构，进而认识其结构。黑箱方法与一般的科学方法不同，它不考虑系统的内部结构，而是用特有的方式考察系统的输入和输出，以求对系统作整体上的探讨。黑箱方法打破了以分析为主的传统思维方式的束缚，为研究高度复杂的大系统提供了一个切实可行的工具，对具有探索性的科学研究具有重要的启示作用。科学面对的原始系统，一般都可认为是黑箱，使用黑箱方法进行初步研究，可以使黑系统逐渐转化成灰系统，再进一步可转化为白系统。人们的认识就是一个不断地接触、研究黑箱和转化黑箱的过程，所以黑箱方法有重要的认识论意义。

运用黑箱方法主要采取以下步骤：划定目标，确认黑箱；通过研究输入和输出研究黑箱；系统分析功能确定几个可供选择的黑箱模型；对黑箱模型进行检验和选择；阐明黑箱的结构和运动规律并加以应用。

黑箱方法也有一定的局限性，它只研究系统的外部行为，不能深刻理解对象功能特性和行为方式的基础和本质，需要与其他方法相配合才能最终把黑箱打开。

③ 功能模拟方法是指暂不考虑系统内部组成要素及结构的条件下，应用模型来再现原型功能的方法。两个系统功能的相同或相似是功能模拟的基础。所谓相似，是指两个（或两个以上）系统的相应参数或物理量可以互相放大或缩小，即可以互相通约。功能相似是指两个系统内外联系和关系中表现出来的特性和能力的指向、效果都可以互相通约。

采用功能模拟方法要尽量做到模型与原型在功能上相似，因此，首先要系统研究原型的功能；其次确立与原型功能相似的模型；最后进行模拟，成功后用于说明原型的功能并加以应用。

功能模拟方法在科学技术和生产管理中有着广泛的应用，它不仅可以模拟不能接触的或事物的功能，如危险环境、宇宙天体、战争机器等，也可以用于脑科学和思维科学的研究、制造第五代计算机、研制语言翻译机等，还可以用于仿生学的研究，发展新型技术。但是，功能模拟方法由于对结构的忽视使它有一定的局限性。使用功能模拟方法需要与其他方法共同运用，综合研究。

2. 信息论

20 世纪 40 年代末，美国数学家申农创立了信息论。1948 年，申农发表了《通信的数学理论》和《在噪声中的通信》两篇著名论文，提出信息熵的数学公式，从量的方面描述了信息的传输和提取问题，创立了信息论。要对系统的行为进行控制，离不开信息的掌握。系统的内外部条件是不断变化的，例如一个水箱内的水量、水压在时时变化，进水管的水压、水流速度也在不断变化；一个无人登月舱，其自身速度、位置以及它与月球之间的距离都在不断变化。这些内外部条件的变化就是信息，信息论就是研究这些信息的产生、传递、接收问题，以及信息怎样影响系统的行为以实现控制的目的。

“信息”使用的广泛性使得我们难以给“信息”下一个确切的定义。但是，一般来说，信息可以界定为由信息源（如自然界、人类社会等）发出的被使用者接受和理解的各种信号。作为一个社会概念，信息可以理解为人类共享的一切知识或社会发展趋势，以及从客观现象中提炼出来的各种消息之和。信息并非事物本身，而是表征事物之间联系的消息、情报、指令、数据或信号。一切事物，包括自然界和人类社会都在发出信息，每个人每时每刻都在接收信息。在人类社会中，信息往往以文字、图像、图形、语言、声音等形式出现。

信息量是信息论中量度信息多少的物理量。它从量上反映具有确定概率的事件发生时所传递的信息。信息的量度与它所代表的事件的随机性或各种事件发生的概率有关，当事件发生的概率大，事先容易判断，有关此事件的消息排队事件发生的不确定程度小，则包含的信息量就小；反之则大。从这一点出发，信息论利用统计热力学中熵的概念，建立了对信息的量度方法。在统计热力学中，熵是系统的无序状态的量度，即系统的不确定性的量度。

信息和控制是信息科学的基础和核心。20 世纪 70 年代以来，电视、数据通信、遥感和生物医学工程的发展，向信息科学提出大量的研究课题，如信息的压缩、增强、恢复等图像处理和传输技术，信息特征的抽取、分类和识别的模式、识别理论和方法，出现了实用的图像处理和模式识别系统。

信息论有狭义和广义之分。狭义信息论即申农早期的研究成果，它以编码理论为中心，主要研究信息系统模型、信息的度量、信息容量、编码理论及噪声理论等。广义信息论又称为信息科学，主要研究以计算机处理为中心的信息处理的基本理论，包括评议、文字的处理、图像识别、学习理论及其各种应用。

申农最初的信息论只对信息作了定量的描述，而没有考虑信息的其他方面，如信息的语义和信息的效用等问题。而这时的信息论已从原来的通信领域广泛地渗入到自动控制、信息处理、系统工程、人工智能等领域，这就要求对信息的本质、语义和效用等问题进行更深入的研究，建立更一般的理论，从而产生了信息科学。信息科学是以信息为主要研究对象，以信息的运动规律和应用方法为主要研究内容，以计算机等技术为主要研究工具，以扩展人类的信息功能为主要目标的一门新兴的综合性学科。信息科学由信息论、控制论、计算机科学、仿生学、系统工程与人工智能等学科互相渗透、互相结合而形成的。20 世纪 60 年代中期，由于出现复杂的工程大系统需要用计算机来控制生产过程，系统辨识成为重要研究课题。从信息科学的观点来看，系统辨识就是通过输入输出信息来研究控制系统的行为和内部结构，并用简明的数学模型来加以表示。

三、自组织理论

自组织是指一个物质系统在无内外指令的情况下，自发地从无序向有序发展的过程。凡是能自发产生时空有序结构的物质系统就是自组织系统。恒星、星系、生物的形成和演化都是自组织的作用：恒星是原始星云在自引力作用下收缩而形成的；星系是在宇宙暴涨期自发生成宇宙弦后由于密度涨落和自引力作用使原始星系云团收缩、分裂、再收缩而生成的；生物则是由于自身进化的功能（包括分子进化和自然选择），以及在与周围环境进行能量、物质交换（如新陈代谢）的作用下由低级向高级（更有序）发展的。事实上，自然界一切演化着的物质系统都是自组织系统，是自组织使演化着的物质系统具有稳定的结构，自然界的演化服从自组织规律。以自组织作为研究对象的理论就称作自组织理论，包括耗散结构理论、协同学、混沌理论、超循环理论等。这些理论尽管研究的具体对象和依据的理论背景各不相同，但是它们共同主题就是力图揭示自然物质系统演化过程中普遍存在有序状态和无序状态相互转化的机制和条件。

1. 耗散结构论

比利时化学家普利高津于 1969 年提出的耗散结构理论。他独具慧眼，选择了在当时令大多数同行和权威都厌恶、应予以排除的干扰现象——不可逆性的热力学作为研究对象。普利高津和他所领导的布鲁塞尔学派通过对实验室里制造的（贝纳德元胞、贝洛索夫-扎鲍迁斯基反应等）和自然界中存在的（雪花、木星红斑、大气循环涡流、海底温泉与生物进化等）各种耗散结构的实验和理论研究，建立了稳定性分析、系统分叉分析、极限环理论和涨落分析等理论分析方法。经过20多年的奋斗，提出了耗散结构理论。他指出：一个远离平衡态的开放系统，当其变化达到一定的阈值，通过涨落有可能发生突变，由原来的无序状态转化为一种在空间上、时间上或功能上的有序状态。这种在远离平衡的非线性区形成的新的稳定有序结构，就叫做耗散结构。研究这种结构的形成、性质、稳定和演变规律的科学就是耗散结构理论。

耗散结构理论探索系统实现进化的条件问题。普利高津指出一个系统具备了以下条件可以实现进化：

第一，这个物质系统必须是开放系统，即系统与周围环境有物质或能量的交换。系统与外界之间有无熵的交换以及熵流的方向，是决定系统能否实现进化的关键。熵是度量一个系统混乱程度的物理量，熵变化往往能衡量一个系统走向混乱还是走向有序。

当系统处于孤立条件下，系统与外界环境没有任何物质、能量交换，因而没有熵的交换。按照孤立系统的热力学第二定律即熵增原理，孤立系统内部只有熵增，所以系统必然走向无序，走向退化。而当系统处于开放条件下，系统不断与外界环境交换物质和能量，不断引入熵，这时系统的熵值则由内部产生的熵增 diS 和从外界引入的熵流 deS 两部分组成，即 $dS = deS + diS$。这里，diS 系统内部的熵增，只能是 $diS \geqslant 0$；deS 熵流可以为正值或负值，也可以为零。但是，要想使系统实现进化，就必须使系统从外界环境中引入负熵的绝对值大于系统内部的熵增，从而使系统的熵逐步减小，即 $dS < 0$。由此可见，开放性是系统产生自组织现象的必要条件。

第二，这个物质系统必须处在远离平衡态的区域。在热平衡态或近平衡态都不会出现有序结构。只有在远离热平衡的系统，才可能从杂乱无序的初态跃迁到新的有序状态。例如，在贝纳德对流实验中，只有当上、下温差超过某个临界值，流体内部处于强烈的非平衡态时，宏观的对流“元胞”结构才会自发产生。在普通光转变为激光过程时也是如此，微弱的泵浦能量（即近平衡态）不足以使原子间形成协作，只有当光泵能量强到使系统发生原子布局的反转（即远离平衡态）时，激光才能发生。所以，普里高津强调“非平衡是有序之源”，这里指的“非平衡”即热力学上的非平衡态。

第三，系统内部各要素之间存在非线性相互作用。非线性相互作用是相对于线性相互作用而言的。所谓线性相互作用，在数学上就是可以把其动力系统的作用项表达为一阶微分方程，简单地讲就是作用的总和仅等于每一项作用相加的代数和，具有叠加性，每一份作用具有独立性。非线性相互作用则表现为作用的总和不等于每一项作用相加的代数和。线性作用是 $1+1=2$，而非线性作用则为 $1+1>2$ 或 $1+1<2$。这种非线性相互作用使系统内各要素间产生相干效应与协调动作，使系统不仅有量的增加，更会有质的突变，从而使系统从杂乱无章变为井然有序。例如，杂乱的发光原子线性叠加以后仍然杂乱地发出自然光，而不可能从无序的自然光向有序的激光转变。只有发光原子产生非线性的相干效应，才可能形成相位、频率均一致的激光。

第四，物质系统中存在正反馈作用。正反馈是相对于负反馈而言的，负反馈往往使系统的变化衰减，而正反馈则会使系统的变化被放大和加剧，从而推动系统的质变，加速系统自复制自组织的过程，使要素的微观协同产生出宏观秩序。例如，化学中的自催化和超循环就是这样，通过正反馈机制的推波助澜而从无序很快达到有序。

第五，随机涨落是自组织实现的触发机制。一个物理的、化学的或生物学的系统由许多要素构成，测量到的温度、压力、浓度、熵等宏观量实际上是一种统计平均值。而系统内部的具体要素并不严格地处于平均状态，而是有或多或少、或大或小的偏离，这就是涨落。涨落是偶然的、杂乱的、随机的。小的涨落会被衰减，而在临界点附近涨落则可能被放大形成巨涨落，从而推动系统发生质变，跃迁到新的分支上去，形成有序结构。

2. 超循环理论

与耗散结构理论几乎同时诞生的另一自组织理论，被它的创始人艾根称之为超循环理论。超循环理论的提出是对核酸与蛋白质的相互作用关系和对生物学中多样性与统一性的关系深入思考的结果。核酸与蛋白质的相互作用构成了互为因果封闭圈的作用链，这样才有不断丰富的循环正反馈的信息与能量耦合。艾根进一步指出，在生命起源和发展中的化学进化阶段和生物学进化阶段之间，有一个分子自组织过程。这个分子自组织之所以采取超循环的组织形式，是因为它既要产生、保持和积累信息，又要能选择、复制和进化；既要形成统一的细胞组织，又要发展出生物多样性。而只有循环与超循环才能够最有效地达到上述要求。超循环组织和一般的自组织一样，起源于随机过程，然而只要条件具备，它又是不可避免的。

3. 协同学

协同学是以激光理论研究而闻名的德国物理学家哈肯在激光研究基础上而创立的。1977 年，哈肯出版了《协同学导论》一书，建立了协同学的理论框架。协同学综合地考察了自组织发展内的各种内部因素的作用，发现了系统内部大量子系统的竞争、合作产生的协同效应，以及由此带来的序参量支配过程，是系统自组织的动力。哈肯将系统动力学与随机理论相结合，创立了分析系统相变的序参量分析、支配原则和快变量绝热消去法等理论和方法。他发现，有序结构是由子系统的协同作用建立和保持的，这种有序结构又反过来促进和保持子系统的协同作用；宏观客体变量数目常常很多，但在新结构出现的临界点附近，起关键作用的只有少数几个，这少数几个被称作序参量的变量对于有序结构的产生及结构的变化起决定性的作用；在相变临界点附近，系统处于高度不稳定状态，任何微小的涨落都可能会被放大，使系统走向新的结构和相应的状态。

4. 混沌理论

“混沌”译自英文“Chaos”，原意是紊乱、无序和规律。在混沌理论中，它指的不是纯粹的无序。从混沌理论的研究对象看，它研究的是具有确定性的非线性系统，因此可以说，混沌是确定性的非线性动力学系统本身产生的不规则的宏观时空行为。

一般来说，混沌具有如下基本特征：

（1）内在随机性。从确定性非线性系统的演化过程看，他们在混沌区的行为都表现出随机不确定性。然而这种不确定性不是来源于外部环境的随机因素对系统运动的影响，而是系统自发产生的，是一种内在的随机性。混沌理论表明，只要确定性系统具有稍微复杂的非线性，就会在一定控制参数范围内产生出内在随机性。

（2）初值敏感性。混沌态的动力学方程对初始条件或边界条件极为敏感，微小扰动会导致定性不同的结果，“差之毫厘，失之千里”正是对此现象的最佳批注。科学家洛伦兹还发现，简单的热对流现象居然能引起令人无法想象的气象变化，产生所谓的“蝴蝶效应”，即某地发生龙卷风，经追根究底却发现是受到几个月前远在异地的蝴蝶拍打翅膀产生气流所造成的。西方世界流传的一首民谣对此作形象的说明。这首民谣说：丢失一个钉子，坏了一只蹄铁；坏了一只蹄铁，折了一匹战马；折了一匹战马，伤了一位骑士；伤了一位骑士，输了一场战斗；输了一场战争，亡了一个帝国。马蹄铁上一个钉子是否会丢失，本是初始条件的十分微小的变化，但其“长期”效应却是一个帝国存与亡的根本差别，这就是军事和政治领域中的所谓“蝴蝶效应”。混沌系统对外界的刺激反应，比非混沌系统快。

（3）非规则的有序。混沌不是纯粹的无序，而是不具备周期性和其他明显对称特征的有序态。确定性的非线性系统的控制参量按一定方向不断变化，当达到某种极限状态时，就会出现混沌这种非周期运动体制。但是非周期运动不是无序运动，而是另一种类型的有序运动。

系统如何从非混沌态向混沌态演化是混沌理论研究的重要问题。根据目前的研究状况，以下三条道路是比较重要的：倍周期分岔道路、阵发道路和茹勒－泰肯道路。

混沌现象虽然最先用于解释自然界，但是在人文及社会领域中因为事物之间相互牵引，混沌现象尤为多见，如股票市场的起伏、人生的平坦曲折、教育的复杂过程。这些成就深刻地揭示了有序与无序、确定性和随机性的关系。混沌理论说明，系统的演化行为与系统的演化历史密切相关，系统演化的经历总会给系统留下痕迹。混沌理论所展示的系统不断趋向更大复杂性和更高的组织层次性的过程，对物质系统演化的模式提供了有价值的说明。

5. 自组织理论的方法论意义

非平衡自组织理论蕴含着许多深刻的辩证思想，促进了科学思想和方法论上的一系列重大转变。

（1）从还原论到整体论的转变。自伽利略、牛顿以来，支配科学发展的主导思想是还原论。这种思想认为，整体的或高层次的性质可以还原为部分的或低层次的性质，因此只要认识了部分或低层次，通过加和即可认识整体或高层次，但事实并非如此。自组织理论的研究表明：在一定范围内，部分是整体的缩影与再现，在一定的时间演化中整体与部分的关系呈现出复杂的特性。这两个极其重要的认识使得当代自组织科学的“整体－部分观”区别于还原论，带来了认识史上又一次飞跃。

（2）从线性观到非线性观的转变。近代科学在其发展中，以线性系统为主要研究对象，形成了一种力求在忽略非线性因素的前提下建立起系统模型的线性观。它把能够建立线性模型作为科学研究获得成功的标志。应该说，这种思想在科学主要以简单系统为研究对象的阶段时是十分有效的，但在科学已经转向以复杂系统为主要研究对象的今天，线性观的弊端已日趋明显，非线性观的优势越来越受到青睐。非线性观揭示了万物的复杂性是如何由简单的因子演化而成的，揭示了现象上的宏观无序是如何蕴含微观有序，而低级无序又是如何形成更高层次的有序的。

（3）从崇尚解析方法向重视非解析方法的转变。近代以来，特别是20世纪以来，定量化方法、解析方法在科学研究中倍受重视，以致形成了肯定定量方法，否定定性方法；

尊崇排除直观因素的纯逻辑方法，贬低借助几何形象进行思考的方法；推崇方程的解析方法，蔑视数值解法等非解析方法的狭隘思想。然而，当科学转向以非线性、复杂性系统为主要研究对象时，只注重定量的、精确的、解析的、逻辑方法的思想就必须加以破除，而定性的、近似的、非解析的、非逻辑的方法理应得到重视。当今，这种科学方法论思想的转变在模糊理论、混沌理论等许多领域中已表现得十分明显。非线性、复杂性问题解决，不仅要求对定性方法、数值方法及形象思维采取宽容态度，而且更需要实现科学根本态度和观点的转变，把定性方法、数值方法和形象思维作为科学研究中必要的和基本的方法之一。

（4）确定论和概率论两套描述体系将从对立到沟通。近代以来，确定论方法曾被视为客观世界唯一的科学描述体系。统计物理和量子力学产生后，概率论方法开始获得独立的学科地位，打破了确定论的独霸局面，发展成为与确定论方法并驾齐驱的另一套描述体系。两套描述体系都有自己的适用范围，其分界线是明确的，但是用两套完全不同的方法去描述统一的客观物质世界，实际上是对科学理性的一种嘲弄，于是，人们一直在试图寻找一种能够消除两种描述体系对立的途径。自组织理论的产生，在这一探索中取得了重大进展，如耗散结构理论、协同学等现代系统理论，都同时使用确定论和概率论两套描述体系。由于自组织过程有两种形态（相变临界点上的质变和两个临界点之间的量变），所以对于系统在两个临界点之间的演化，确定性因素起决定性作用，需用确定论描述体系；而在临界点上随机性因素起决定作用，需用概率论体系描述。混沌理论的研究把表观的无序与内在的决定论机制巧妙地融为一体，为两套描述体系的沟通打下良好的基础。当然，目前还无法把这种沟通表述为新的物理原理，但在科学研究中能明确提出这个任务，本身就是一种进步。

第四章　现代技术革命

第一节　前景广阔的新能源技术

能源是社会的血液。自人类开始用火起，能源的开发和利用就与社会的发展息息相关。就像人离不开粮食和水一样，没有充足的能源供给，社会将寸步难行。早期人类使用柴薪烧火做饭取暖，后来又用木炭制陶冶金，也利用水力和风力驱动船只。但只有蒸汽机和内燃机等研制出来并广泛使用之后，煤和石油才成为主要能源。到20世纪60年代，石油的使用超过了煤，跃居能源消耗的第一位。

20世纪以来，能源科学技术有了巨大的发展，尤其是在核物理基础上发展起来的核能，使人类在能源利用方面大大前进了一步。近些年来，太阳能、海洋能、氢能等新能源的开发和利用也取得了重大进展。

一、能源的分类

世界上能源种类很多，可以按不同的使用目的和开发利用要求进行多种方式分类。

按能源的生成方式，可以分为一次能源和二次能源。一次能源也叫天然能源，是指自然界现成存在，并可直接获取利用而不改变其基本形态的能源，如煤炭、石油、风能、水能、地热能等。二次能源也叫人工能源，是指作为提供能量的物质的一次能源经过加工转换成另一种形态的能源产品，如电能、氢能、汽油、柴油、煤气等。

按能源的形成和再生性，可分为再生能源和非再生能源。可再生能源是指不会随其自身的转化或人类开发利用而递缩的能源，如太阳能、风能、潮汐能等。这些能源一般而言是取之不尽、用之不竭的。非再生能源是指随着人类的利用而越来越少，如煤炭、石油、核燃料等，这些能源总有一天会被我们人类消耗殆尽。

按能源的来源，可以分为来自地球外部天体的能源，来自地球内部的能源及来自地球和其他天体相互作用而产生的能量。来自地球外部天体的能源是指太阳辐射及其他天体发射到地球上的各种宇宙射线的能量。来自地球内部的能源是指地球本身蕴藏的能量，如地热能以及地壳和海洋中储存的核能等。来自地球和其他天体相互作用而产生的能量是由地球、月亮、太阳系统相互吸引的作用而产生的能量，如潮汐能。

按能源的利用状况，可分为常规能源和新能源。常规能源是指在一定历史时期和科学技术水平下已被广泛使用的能源，如煤炭、石油、天然气等。新能源是指随着科学技术进步新发现的能源资源，如太阳能、海洋能、地热能、风能、生物质能等。

二、令人欣喜的新能源

1. 能量巨大的核能

核能是20世纪能源科学的主要成就。核能又称原子能，是原子核中的核子重新分配时释放出来的能量。核子指的是组成原子核的基本单位粒子，是质子和中子的统称。

核能通常有两种利用形式：一种是重核的裂变，即一个重原子核（如铀）分裂两个或多个中等原子量的原子核，从而释放出巨大的能量；另一种是轻核的聚变，即两个轻原子核（如氢）聚合成一个较重的核，从而释放出巨大的能量。理论和实践都证明，轻核聚变比重核裂变释放出的能量要大得多。

（1）核裂变能

铀核裂变在核电厂最常见，重核裂变就是一个重原子核分裂成两个或两个以上较轻的原子核的反应。以$^{235}_{92}U$（铀－235）为例来看重核裂变反应：

$$^{235}_{92}U + ^{1}_{0}n \longrightarrow ^{141}_{56}Ba + ^{92}_{36}Kr + 3^{1}_{0}n$$

$$^{235}_{92}U + ^{1}_{0}n \longrightarrow ^{90}_{38}Sr + ^{136}_{54}Xe + 10^{1}_{0}n$$

铀－235裂变有多种可能，同时释放出符合爱因斯坦质能方程（$E = mc^2$）的巨大能量。裂变中产生的中子，在适当的条件下在轰击其他的铀核，会放出更多的核能和中子……如此这般，就像链条一样一环套一环，接连不断地循环下去，反应将愈演愈烈，因此称为自持链式反应。

维持自持链式反应的条件是参加反应的裂变物质要有一定的质量，并按某种成分结构、几何形状布置成一定尺寸。这样才能使裂变产生的中子的泄露与吸收损失尽可能小，以保持自持链式反应。所需的最小裂变物质数量称为临界质量（相应的体积称为临界体积）。

原子弹和核电站是核裂变能的两大应用，两者机制上的差异主要在于链式反应速度是否受到控制。原子弹是不可控制的链式反应，它由两块或数块体积小于临界体积的核燃料组成，平时使这些核燃料相隔一定的距离，使用时可利用引爆装置使它们突然合为一体，超过临界体积而发生威力巨大无比的核爆炸。

如果核裂变释放的能量通过反应堆加以人工控制，使其按照人们的需要有序地进行，成功地将核裂变释放出的巨大能量转变为电能，这就是原子能发电。核电站就是利用原子核裂变反应放出的核能来发电的装置。其关键设备是核反应堆，它相当于火电站的锅炉，受控的链式反应就在这里进行。

自20世纪50年代苏联建成第一座核电站以来，至今世界上已建成了几百座核电站。美国的核电站数量最多，而法国的核电站发电已占总发电量的70%以上。

截至2019年6月底，我国的核电站建成19个，正式投入使用18个。2019年1～12月，我国47台运行核电机组（不包含台湾核电信息）累计发电量为3481.31亿千瓦时，约占全国累计发电量的4.88%。2019年发电量比2018年同期上升了18.09%。

核电站与一般的火力发电站相比具有以下优点：核电站对环境污染和危害小于燃煤的电站；价格普遍比火力电站低15%～40%；核电站占地面积小，燃料运输方便。缺点体现在：核裂变的原料主要是铀－235，在自然界的储量有限；核裂变发电有可能发生事故造成污染，像美国的三里岛事件和苏联的切尔诺贝利事件，都是因为核电站的反应堆发生泄漏或爆炸，造成了严重的放射性污染。

（2）核聚变能

轻核的聚变是指两个或两个以上的较轻原子核，在超高温等特定条件下聚合成一个较重的原子核，同时释放出比裂变反应更大的能量。

利用核聚变，人们已经制造出了比原子弹威力更大的氢弹，氢弹是炸性（无控）核聚变。要想平和利用核聚变，使核聚变释放出的巨大的能量转变为电能，即实现核聚变发电，必须对核聚变实行人工控制，使其按照人们的需要有序地进行，这就是受控核聚变。

核聚变堆是通过可控核聚变反应释放核能的装置。受控核聚变比受控核裂变要困难得多、复杂得多，因为它必须具备以下三个条件：一是足够高的点火温度，需要几千万摄氏度甚至几亿摄氏度的高温；二是反应装置中的气体密度要很低，相当于常温常压下气体密度的几万分之一；三是充分约束，能量的约束时间要超过1s。

核聚变发电与核裂变发电相比，具有许多优点。一是质能比高。核聚变燃料放出的能量是同质量的核裂变燃料的4倍，30mg的氘通过聚变反应能释放出相当于300L汽油的能量。二是资源蕴藏丰富。重核裂变使用的主要燃料铀，目前探明的储量仅够使用约100年，而轻核聚变用的燃料是海水中的氘，1L海水可提取30mg氘，相当于300L汽油。三是成本低。1kg浓缩铀的成本约为1.2万美元，而1kg氘仅需300美元。四是安全可靠。核聚变不产生放射性污染物，安全、清洁，万一发生事故，反应堆会自动冷却而停止反应，不会发生爆炸事故。

早在20世纪50年代初，美、英、苏等国便开始了核聚变研究。1991年11月9日，位于英国的联合欧洲核聚变环形装置实验室的科学家们使用氢的同位素氘、氚混合燃料，成功地进行了一次受控核聚变试验，这次试验温度达2亿摄氏度，约束时间持续了2s，经40种不同的检查，证明是一次成功的、真正的核聚变。目前，激光技术的发展和进步使高温点火问题获得解决，世界上最大的激光器输出功率已达100万亿瓦，足够点燃核聚变之用。此外，利用超高频微波加热法也可达到点火温度。

1993年12月，美国一实验装置通过氘氚反应，即氘核与氚核碰撞而产生的核聚变反应，得到6.4MW能量，这标志受控核聚变的可行性研究在世界上已取得突破。预计在2030年前后，人类将建成第一座热核发电商业堆。

2020年7月28日，国际热核聚变实验堆（ITER）计划重大工程安装在位于法国南部圣保罗－莱迪朗斯镇的该组织总部正式启动。本次启动的是国际热核聚变实验堆托卡马克装置安装工程。托卡马克装置是一种利用磁约束来实现受控核聚变的环形装置。它的中央是一个环形真空，外面围绕着线圈。通电时其内部会产生巨大螺旋形磁场，将其中的等离子体加热到很高温度，以达到受控核聚变的目的。法国总统马克龙在致辞中说，ITER体现着和平与进步。通过核聚变，核能可成为未来的希望，为人类提供“无污染、无碳、安全、实际上不产生废料的能源”。

ITER是目前全球规模最大、影响最深远的国际科研合作项目之一，它旨在模拟太阳发光发热的核聚变过程，探索受控核聚变技术商业化可行性。欧盟、中国、美国、日本、韩国、印度和俄罗斯共同资助了这一项目。

核能具有绿色、高效、低碳排放和可规模生产的突出优势已被世人公认，从20世纪90年代开始，全球核能迎来发展的春天，我国在受控核聚变方面的研究居于世界前列。2006年3月，我国建造了一个全超导的托卡马克试验装置。而且我国也与美国、欧盟合作，共同研究开发核聚变技术，将“积极发展”核能列入了中长期发展规划，是其战略重点之一。据国家发展和改革委员会2007年10月通过的《核电中长期发展规划（2005～

2020年)》预计，到2020年，我国核电运行装机容量争取达到4000万千瓦。仅仅13年之后的今天，这一目标已经不能满足社会经济发展的需要。据有关专家透露，到2030年，核电装机将提高到2亿千瓦，2050年则将提高到4亿千瓦。

但是，我国核能长期持续发展的主要瓶颈是“核废料处理”“核燃料稳定供给”和“核科学工程人才”。近来，中国科学院针对这些核心问题，提出了以建立加速器驱动的次临界系统（ADS）嬗变系统和钍基核能系统为最终目标的“未来先进核裂变能”战略性先导科技专项，希望通过开展基础性、前瞻性和战略性的先导专项研究，储备未来先进核能的核心技术和人才，并与我国已有或正在部署的其他重要内容一起，构成我国近、中、远相结合的核能发展完整布局，保障其长期持续发展。

另外，核电站的安全问题也越来越受到国际社会的重视，2011年3月日本福岛第一核电站的放射性物质发生核泄漏，引起国际社会的普遍担忧。核电站在运行过程中产生大量放射性物质，如何使这些放射性物质不对核电站工作人员和核电站周围居民的健康造成损害，如何使这些放射性物质不影响核电站所有设备的安全正常运转，如何保证核电站不对环境产生污染等均属核电站安全所要考虑的问题。为确保核电站安全，世界上所有发展核电的国家都制定各自的安全标准和规定，包括在核电站选址、设计、建造、运行各阶段所应采取的一系列措施，以及对从建造到退役的整个过程应进行的评价。

相信在21世纪这种清洁高效、取之不尽的新能源在保证安全的同时能给人类不断带来新的动力。

2. 源源不断的太阳能

亿万年来，太阳总是无私地把光与热输送到地球上。我们今天所使用的能源，绝大部分直接或间接来自太阳。太阳能的能量无比巨大，它也是通过核聚变向外辐射能量的，但比氢弹爆炸的能量还要大的多得多。从生态环境角度而言，太阳能又是一种宝贵的“清洁能源”。因此，大力开发和利用太阳能是21世纪能源技术的一项重要任务。目前，太阳能的利用主要有太阳能发电技术和太阳能热利用技术。

（1）太阳能的光－热转化技术

现代太阳能热利用技术取得很大进展，太阳能热利用技术是通过光－热转换来利用太阳能的一种形式，太阳能集热器技术和太阳能温室是常见的太阳能热利用设备。

在我国一些光照充足的草原和高原地区，人们常使用太阳灶做饭，这就是一种太阳能热利用技术。太阳能温室技术目前在农业生产中也已得到广泛应用，这就是我们通常说的塑料大棚，我们能在寒冬腊月吃上新鲜的瓜果蔬菜，完全是得益于这种技术。

中国蕴藏着丰富的太阳能资源，太阳能利用前景广阔。目前，中国太阳能产业规模已位居世界第一，是全球太阳能热水器生产量和使用量最大的国家和重要的太阳能光伏电池生产国。中国比较成熟太阳能产品有两项，即太阳能光伏发电系统和太阳能热水系统。我国光伏发电新增装机连续5年全球第一，累计装机规模连续3年位居全球第一，“十二五”期间年均装机增长率超过50%，进入“十三五”时期，光伏发电建设速度进一步加快，年平均装机量增长率75%。2016年新增并网装机容量3424万千瓦，2017年新增并网装机容量5306万千瓦。截至2017年底，全国光伏发电累计并网装机容量达到1.3亿千瓦。

太阳能的开发利用还有很漫长的路要走。因为虽然太阳能的总量巨大，但能量密度较低。例如，一个面积很大的太阳灶，所接收的太阳光也只能烧水做饭，想让它开动汽车就不可能了。因此，太阳能发电应是太阳能利用的主要技术。目前，太阳能电池的光电转换效率还较低，生产成本也较高，还不能大规模推广使用。提高光电转换效率，这是21世纪太阳能开发利用需要解决的重大课题。当这个关键问题有了突破后，我们就可以更多地享用太阳能这一清洁能源了。

（2）太阳能的光－电转换技术

太阳能发电可因地制宜，少占土地，光电池甚至可安装在屋顶、墙面，便于推广，太阳能发电对技术的要求并不高，易于掌握与普及。因此，太阳能被能源专家视为21世纪极具潜力的重要新能源。根据现在人们的认识，有三种方式实现这一目的：一种是把太阳能转换为热能，利用热能发电；另一种是直接把太阳能转换为电能，它是利用特殊半导体材料的光生伏打效应（光生伏打效应是指物体由于吸收光子而产生电动势的现象，是当物体受光照时，物体内的电荷分布状态发生变化而产生电动势和电流的一种效应）将太阳能直接转换成电能，其能量转换的器件称为太阳电池；还有一种是通过太阳能－化学能转换，将水分解成氢和氧，利用氢来发电。从近几年的发展来看，通过太阳电池实现太阳能发展的技术进展较快，它也属于21世纪较有发展前景的技术。

美国研制的“太阳能瓦”别具一格，它不仅能作为房屋瓦使用，而且能为家电设备提供电力。美国科宁玻璃公司正在加速研制一种半透明的玻璃幕墙，这种玻璃幕墙不仅可以过滤光线，而且还能发电。它安装在大楼外墙面，具有装饰、采光、节能发电等多种功能。美国加利福尼亚州的公用事业部门每年为众多人家的屋顶安装蓝色的太阳能反射收集板。这些太阳能发电系统与公用事业系统的电网相连接，太阳能所发电力不仅可以满足日常所需，还可将多余电力卖给电力公司。

夏普公司研制的硅太阳能电池效率已达22.2%，开发中主要采用了两项技术：一是对电池引出线的表面电极宽度作精心设计，使之电阻最小；二是电池内的电极材料采用光反射率高的银材，更有效地利用入射光线。

德国研制的一种太阳能发电装置的发电能力为9kW，它由一面钢质抛光凹面反射镜与1台发电机组成，反射镜直径7.5m，发电机安装在镜的焦点上，焦点的聚光温度达600～800℃。

日本三洋机电公司推出的太阳光发电系统可置于阳台或屋顶，由光电池产生的直流电经逆变器转换成交流电再分成两路，其中一路与家用电器相连，另一路与电力公司的供电线路相连。白天光电池所产生的电力，除家用电器消耗外，多余电力输入供电网，夜间或阴雨天则由供电网输入电力。日本太阳能开发公司成功地推出家用太阳能发电系统，使用寿命可达50年，日平均发电量2.3kW，最高达6kW，可为各种家电提供足够电力。

以色列发明了一种可由太阳能转换成化学能的发电与取暖装置，它由太阳能采集器和化学反应器构成。采集器聚集太阳光使之照射在金属钠蒸发器上，因受热而产生的蒸发物送入凝结器内凝结，凝结时释放的热量促使反应器内甲烷与一氧化碳反应，生成二氧化碳与氢气，经管道送入采暖器，用于室内发电或取暖。

3. 取之不尽的氢能

在众多的新能源中，氢能将会成为21世纪最理想的清洁能源之一，已广泛引起人们的重视。许多科学家认为，氢能在21世纪能源舞台上将成为一种举足轻重的能源。

氢能是指氢与氧反应放出的能量。作为能源，氢能确实是完美的能源形式。它有以下主要特点：一是能量高。除核燃料外，氢的发热值是目前所有燃料中最高的，是汽油的三倍。氢的高能使氢成为推进航天器的重要燃料之一。二是氢燃烧性能好，点燃快。三是氢本身无毒，燃烧产物是水，不产生灰渣和废气，不会污染环境。而煤和石油燃烧生成的二氧化碳和二氧化硫，可分别产生温室效应和酸雨。煤和石油的储量是有限的，而氢主要存于水中，燃烧后唯一的产物也是水，从而可源源不断地产生氢气，循环使用。四是利用形式多，可以以气态、液态或固态金属氢化物出现，能适应贮运及各种应用环境的不同要求。五是在大自然中分布广。氢的主体是以化合物水的形式存在的，而地球表面约 71% 为水所覆盖，因此可以说，氢是“取之不尽、用之不竭”的能源，如果能用合适的方法从水中制取氢，那么氢也将是一种价格相当便宜的能源。然而，在实际应用中，制氢贮氢输氢等环节又存在若干问题，这些问题是制约氢能推广利用的重要障碍。

(1) 氢的制备

现在世界上氢的年产量约为 3600 万吨，其中绝大部分是从石油、煤炭和天然气中制取的，这就得消耗本来就很紧缺的矿物燃料。另有 4% 的氢是用电解水的方法制取的，但消耗的电能太多，很不划算。因此，人们正在积极探索研究新的制氢方法。

随着太阳能研究和利用的发展，人们已开始利用阳光分解水来制取氢气。科学家在水中放入催化剂，在阳光照射下，催化剂便能激发光化学反应，把水分解成氢和氧。20 世纪 70 年代，人们用半导体材料钛酸锶作光电极，以金属铂作暗电极，将它们连在一起，然后放入水里，通过阳光的照射，就在铂电极上释放出氢气，而在钛酸锶电极上释放出氧气，这就是我们通常所说的光电解水制取氢气法。

经过研究发现，生物在漫长的进化中，形成了一整套完美的氢能机制，仿生借鉴对解决这些问题具有意义。生命中的糖类、脂类、蛋白质等能源物质，说到底还是氢能，或者说只有转化为氢能才能被生命利用。糖类供应的能量约占总能量的 70%，是生命活动的主要能源，但是糖类的能量归根到底还是葡萄糖逐步脱氢之后的氢能。

追述生命对氢能的利用，最初是来自绿色植物的光合作用。绿色植物通过叶绿体，利用光能合成有机物，形成葡萄糖。植物生命活动对能量的利用也是葡萄糖逐步脱氢之后的氢能，与人的相同，因此培养可制氢的植物是开发氢能的一个重要途径。

科学家们还发现，一些微生物也能在阳光作用下制取氢。人们利用在光合作用下可以释放氢的微生物。通过氢化酶诱发电子，把水里的氢离子结合起来，生成氢气。科学家们已在湖沼里发现了这样的微生物。他们把这种微生物放在适合它生存的特殊器皿里，然后将微生物产生出来的氢气收集在氢气瓶里。这种微生物含有大量的蛋白质，除了能放出氢气外，还可以用于制药和生产维生素，以及用于制作牲畜和家禽的饲料。

现在，人们正在设法培养能高效产氢的这类微生物，以适应开发利用新能源的需要。美国宇航部门准备把一种光合细菌——红螺菌带到太空中去，用它放出的氢气作为能源供航天器使用。这种细菌的生长与繁殖很快，而且培养方法简单易行，既可在农副产品废水废渣中培养，也可以在乳制品加工厂的垃圾中培育。

有人提出了一个大胆的设想，将来建造一些为电解水制取氢气的专用核电站。比如，建造一些人工海岛，把核电站建在这些海岛上，电解用水和冷却用水均取自海水。由于海岛远离居民区，所以既安全又经济。制取的氢和氧，用铺设在水下的运气管道输入陆地，以便供人们随时使用。

为了解决氢的贮存问题，人们发现了钛、铌、镁、锆、镧等金属和它们的合金能像海绵吸水一样将氢贮存起来，形成贮氢金属，而且还可根据需要随时将氢释放出来。这就大大方便了人们对氢的贮存、运送和使用。现在在美国已经有这种供给实验室用的小型“海绵罐”出售。有些贮氢金属如钛铁氢化物，利用空气加热放氢，就能使空气本身降温到-20℃，因而可以制成不消耗能源的理想冰箱。

（2）氢能利用

氢作为气体燃料，首先被应用在汽车上。1976 年 5 月，美国研制出一种以氢气作燃料的汽车，后来，日本也研制成功一种以液态氢为动力的汽车，70 年代末期，联邦德国的奔驰汽车公司对氢气进行了试验，他们仅用了 5000g 氢，就使汽车行驶了 110km。

用氢作为汽车燃料，不仅清洁，在低温下容易发动，而且对发动机的腐蚀作用小，可延长发动机的使用寿命。由于氢气与空气能够均匀混合，完全可省去一般汽车上所用的汽化器，从而可简化现有汽车的构造。更令人感兴趣的是，只要在汽油中加入 4% 的氢气，用它作为汽车发动机燃料，就可节油 40%，而且无需对汽油发动机做多大的改进。

当今世界，氢能是公认的清洁能源，作为零排放和低碳能源正在脱颖而出。氢能被誉为 21 世纪的“终极能源”，具有可再生、高能、高效、高压、环保、体积小等特点，贮存转换非常自如。氢能转化被视为新能源汽车终极解决方案，也是资本与技术趋之若鹜的领域。氢能既可用来发电，还可运用在交通、医疗、环保等生产生活的方方面面。

近年来，我国和美国、日本、加拿大、欧盟等都制定了氢能发展规划，并在氢能领域取得了多方面的进展。各国政府也都将发展氢能源汽车提升到国家战略地位。

美国政府对氢能和燃料电池给予持续支持，近十年的支持规模超过 16 亿美元，并积极为氢能基础设施的建立和氢燃料的使用制定相关财政支持标准和减免法规。

日本高度重视氢能产业的发展，提出“成为全球第一个实现氢能社会的国家”。政府先后发布了《日本复兴战略》《能源战略计划》《氢能源基本战略》《氢能及燃料电池战略路线图》，规划了实现氢能社会战略的技术路线。2018 年，日本召开全球首届氢能部长级会议，来自全球 20 多个国家和欧盟的能源部长及政府官员参加会议。日本还以 2020 东京奥运会为契机推广燃料电池车，打造氢能小镇。

2020 年 7 月，欧盟正式对外公示了酝酿已久的《欧盟氢能战略》，这份 24 页的计划被视为欧洲未来能源业的重要蓝图之一，也是欧盟在新冠疫情后经济刺激计划中的重要一环。为保证该战略的实施，欧盟计划未来十年内向氢能产业投入 5750 亿欧元（约合人民币 4.56 万亿元）。其中，1450 亿欧元以税收优惠、碳许可证优惠、财政补贴等形式惠及相关氢能企业，剩余的 4300 亿欧元将直接投入氢能基础设施建设。氢能基建的具体规划是：2030 年前，投入 240 亿～420 亿欧元用于绿氢电解设施的建设，2200 亿～3400 亿欧元用于增建 80～120GW 的风光发电。

我国“十五”规划以来，出台了 50 多个与氢能与燃料电池产业相关的政策规划。2020 年 6 月 1 日，中国人大网公布《关于 2019 年国民经济和社会发展计划执行情况与 2020 年国民经济和社会发展计划草案的报告》，在 2020 年国民经济和社会发展计划的主要任务中提出，制定国家氢能产业发展战略规划，支持新能源汽车、储能产业发展，推动智能汽车创新发展战略实施。

氢气在一定压力和温度下很容易变成液体，因而将它用铁路罐车、公路拖车或者轮船运输都很方便。液态的氢既可用作汽车、飞机的燃料，也可用作火箭、导弹的燃料。美国飞往月球的“阿波罗”号宇宙飞船和我国发射人造卫星的长征运载火箭，都是用液态氢作燃料的。

另外，使用氢－氢燃料电池还可以把氢能直接转化成电能，使氢能的利用更为方便。目前，这种燃料电池已在宇宙飞船和潜水艇上得到使用，效果不错。当然，由于成本较高，一时还难以普遍使用。

4. 形式多样的燃料电池

燃料电池是将氢、天然气、煤气、甲醇、肼等燃料的化学能直接转换成电能的一类化学电源。与燃煤、燃油等火力发电相比，燃料电池无中间燃烧环节，因此能量转换效率可以大大提高，可达40%～60%。若实行热电联产，其燃料总效率可达80%以上。更引人注意的是，用燃料电池发电时，不产生氮氧化物，产生的二氧化碳也很少。所以，推广应用燃料电池可以大大减少光化学烟雾、酸雨及温室效应对地球生态环境的危害。据估计，如果以燃料电池发电方式取代常规的火力发电方式，那么全球 CO_2 排放量可降低40%～60%，这对深受环境污染困扰的人类而言无疑提供了一种理想能源。燃料电池运动部件很少，工作时安静，噪声很低。碱性燃料电池和磷酸燃料电池的运行均证明燃料电池的运行高度可靠，可作为各种应急电源和不间断电源使用。因此，20 世纪 70 年代以来，美、日、中等许多国家都将大型燃料电池的开发作为重点研究项目。

中汽协发布的数据显示，2019 年我国燃料电池汽车产销分别完成 2833 辆和 2737 辆，同比分别增长 85.5% 和 79.2%。2025 年全球燃料电池系统市场将增至 3281 亿元的规模，燃料电池车用市场规模将暴增至 18102 亿元，行动装置用市场规模将达 19.8 亿元，全球燃料电池汽车（包括巴士）销量将超过 5 万辆。

燃料电池既适宜用于集中发电，建造大中型电站和区域性分散电站，也可用作各种规格的分散电源、电动车、各种可移动电源，同时也可作为手机、笔记本电脑等供电的优选小型便携式电源。燃料电池产业的技术发展趋势，主要是在三个级别上针对不同的市场需求而齐头发展，100W～10kW 电池面向民用，是移动基站、分立电源、电动自行车、摩托车、游艇及场地车等的较佳动力源；10～100kW 电池是电动汽车的首选动力源，是整个燃料电池产业发展的方向；100kW 以上电池是特殊条件下电站动力源，如边远地区等用途。

燃料电池不足之处是单位设备造价高，对燃料中的杂质非常敏感，可靠性和寿命尚待进一步考验，目前的规模和容量较小。

5. 潜力巨大的生物质能

生物质是地球上最广泛存在的物质，它包括所有动物、植物和微生物，以及由这些有生命物质派生、排泄和代谢的许多有机质。各种生物质都具有一定的能量，以生物质为载体、由生物质产生的能量，便是生物质能。

生物质能是太阳能以化学能形式贮存在生物中的一种能量形式，它直接或间接来源于植物的光合作用。地球上的植物进行光合作用所消费的能量占太阳照射到地球总辐射量的0.2%，这个比例虽不大，但绝对值很惊人，光合作用消费的能量是目前人类能源消费总量的40 倍。可见，生物质能是一个巨大的能源。

人类历史上最早使用的能源是以柴薪为主的生物质能，历史长达百万年。作为可直接利用的燃料，柴薪利用贯穿着整个人类的文明发展史，但由于柴薪的需求导致林地日减，应适当规划与广泛植林。除柴薪外，生物质能的来源还有城市垃圾、城市污水、水生植物等。

生物质能的开发和利用具有巨大的潜力，主要包括两方面：一是建立以沼气为中心的农村新能量、物质循环系统，使秸秆中的生物能以沼气的形式缓慢地释放出来，解决燃料问题；二是建立能量农场、能量林场及海洋能量农场。生物质能的转化利用技术还有沼气生产、酒精制取、木制石油、生物质能发电等。

（1）沼气利用技术。人类发现、利用沼气已有悠久的历史。1776 年意大利科学家沃尔塔发现沼泽地里腐烂的生物质发酵，从水底冒出一连串的气泡，分析其主要成分为甲烷和二氧化碳等气体。由于这种气体产生于沼泽地，故俗称“沼气”。1781 年法国科学家穆拉发明人工沼气发生器。200 多年过去了，如今全世界约有农村家用沼气池 530 万个，中国就占了 92%。农村沼气池的主要填料是猪粪、秸秆、污泥和水等。随着农村沼气使用的日益推广和大型厌氧工程技术的进步，20 世纪 90 年代以来，世界范围内的一些大型沼气工程有了迅速发展。

（2）生物质汽化。将固体生物质转化为气体燃料，称为生物质汽化。其基本原理是含碳物质在不充分氧化（燃烧）的情况下，会产生出可燃的一氧化碳气体，即煤气。制造煤气的设备称为汽化炉，人们故意不给足氧气，让含碳物质在没有足够的空气的情况下燃烧，“焖”出一氧化碳来。

（3）生物质液化。将固体生物质转化为液体燃料，称为生物质液化，它包括间接液化和直接液化两种。间接液化是指通过微生物作用或化学合成方法生成液体燃料，如乙醇（酒精）、甲醇；直接液化则是采用机械方法，用压榨或提取等工艺获得可燃烧的油品，如棉籽油等植物油，经提炼成为可替代柴油的燃料。

（4）生物质热分解。这是一项很有潜力的技术，用于制取人造石油。一些生物质通过热分解，可制取生物油、生物炭和可燃烧气体，使生物质得到充分利用。

（5）能源农场。其是指建立以获取能源为目的的生物质生产基地，以能源农场的形式大规模培育生物质，并加工成可利用的能源。这要对土地进行合理规划，尽可能利用山地、非耕荒地和水域，选择适合当地生长条件的生物质品种进行培育、繁殖，以获得足够数量的高产能植物。在海洋、水域，要充分利用海藻和水生物提取能源，建立海洋能源农场或江河能源农场。同时，将基因工程等现代生物技术广泛应用于能源农场中，以提高能源转化率。

从世界范围看，截至 2015 年，全球生物质发电装机容量约 1 亿千瓦，其中美国 1590 万千瓦、巴西 1100 万千瓦。生物质热电联产已成为欧洲，特别是北欧国家重要的供热方式。根据国家能源局数据显示，截至 2019 年底，我国生物质发电总装机容量约 2254 万千瓦，同比增长 22.6%。2019 年生物质发电量为 1111 亿千瓦时，同比增长 20.4%，其中垃圾焚烧发电装机容量占生物质发电装机总容量的 53%，排名第一；农林生物质发电装机容量占比为 43%；沼气发电装机容量占比为 4%。专家预测，到 2050 年，以生物质能为重要组成部分的可再生能源，将以相同或低于矿物燃料的价格，提供全球 3/5 的电力和 2/5 的直接燃料。

6. 资源丰富的风能

风能是地球表面大量空气运动产生的动能，是一种可再生能源。把风的动能转变成机械能，再把机械能转化为电力动能，这就是风力发电。风力发电的原理是利用风力带动风车叶片旋转，再通过增速机将旋转的速度提升，来促使发电机发电。风力发电是继水电之后的主要可再生能源发电技术，20 世纪 70 年代后，美国和西欧等发达国家集中力量发展风力发电技术，并取得一定进展。大容量风力发电是并网供电风力发电，并网供电风力发电机组的研制是其中的关键。由于并网供电风力发电机组这种供电方式不需要蓄能装置，系统简单，经济效益好，应用广泛。当前，全球能源供应紧张，环境问题日益突出，风力发电因具有的特点已成为解决世界能源短缺的重要途径，世界风电产业近来迅速发展。

全球风能理事会（GWEC）最新发布的《全球风能报告》显示，2019 年全球风电装机容量为 60.4GW，其中 70% 来自中国、美国、英国、印度和西班牙。

我国的风能资源十分丰富，在风力发电方面取得了巨大进展。根据全国 900 多个气象站的观测资料进行估计，中国陆地风能资源总储量约 3226GW，其中可开发的风能储量为 253GW，而海上的风能储量有 750GW，总计为 1000GW。在内蒙古、甘肃、新疆、西藏等地域广阔的原野上，我们常看到一排排高大的风车在随风旋转。2009 年中国成为世界第一大风电装机市场，而到了 2018 年末，我国风电累计装机容量达 209.53GW，同比增长 11.2%，成为全球第一个风电装机容量超过 200GW 的国家。

风能具有储量巨大的特点。全球风能资源蕴藏量巨大，约达 27.4 亿兆瓦，其中可利用的风能为 2000 万兆瓦，比地球上可开发利用的水能总量还要大 10 倍。此外，风能还具有分布广泛、清洁无污染和可再生的特点，符合人类可持续发展的要求，越来越受到世界各国和地区的广泛关注。

第二节 巧夺天工的新材料技术

能源、材料、信息是现代社会的三大要素，材料是骨架，能源是血液，信息是神经。从古至今，材料是人类赖以生存和发展的物质基础，是社会文明大厦的基石。材料是社会生产力的标志，现代社会发展的重要支柱。

人类利用材料的历史，几乎和人类的文明史一样悠久。在人类的进化史上，各种材料不断地被开发、使用并进一步完善，从而造福于人类。从使用材料的角度划分，人类已经经历了旧石器时代、新石器时代、青铜时代、铁器时代、钢铁时代，现代人类更是进入一个以高性能材料为代表的多种材料并存的时代。可以说，新材料的使用不仅使生产力获得极大的解放，从而推动人类社会的进步，而且在人类文明进程中具有里程碑式的意义。

一、材料的分类

材料是人类能用来制作有用物件的物质。材料科学技术是研究材料的组成、性质、性能、制备工艺和用途的应用型科学技术。

当代新材料种类繁多，可以按照不同的方法进行分类。

（1）按形成方式可分为：天然材料和人工材料。

（2）按发展历史可分为：传统材料和新材料。

(3) 按用途性能可分为：结构材料和功能材料，结构材料使用性能主要是力学性质，广泛应用于机械制造、工程建设、交通运输和能源等部门；功能材料使用性能主要是光、电、磁、热等性能，主要用于激光、通信、能源和生物工程等高新技术领域，具体包括电子材料、航空航天材料、建筑材料、核材料、生物材料等。

(4) 按物理化学属性可分为金属材料、无机非金属材料（如陶瓷材料）、高分子材料和复合材料。

相对于传统材料，新材料包含两个层面的含义：一是对传统材料的再开发，使其在性能上获得重大突破的材料；二是采用新工艺和新技术合成，开发出具有各种新的和特殊功能的材料。新材料与新工艺、新技术有着密切的关系。一方面，新工艺与新技术的使用不断地扩展了人类的技术手段，从而使人类更加充分地开发传统材料中的各种新的性能或功能，更重要的是，使人类获得种类更多、性能更佳的材料，如纳米材料、多相材料等。另一方面，诸多具有特殊性能材料的涌现，推动了高新技术的快速发展。可以说，新材料已经成为高新技术的基础与先导。

二、种类繁多的新材料

1. 新型金属材料

新型金属材料是在传统金属材料的基础上通过继承创新而创造出来的新材料，它们种类繁多，基本都属于合金材料。

(1) 形状记忆合金

传统观念认为，只有人和某些动物才有“记忆”的能力，非生物是不可能有这种能力的。难道合金也会和人一样具有记忆能力吗？答案是肯定的。形状记忆合金就是这样一类具有神奇“记忆”本领的新型功能材料。

1963 年，美国海军军械研究室在一项试验中需要一些镍钛合金丝，他们领回来的合金丝都是弯弯曲曲的。为了使用方便，他们就将这些弯弯曲曲的细丝一根根地拉直后使用。在后续试验中，一种奇怪的现象出现了：当温度升到一定值的时候，这些已经被拉得笔直的合金丝，突然又魔术般地迅速恢复到原来的弯弯曲曲的形状，而且和原来的形状丝毫不差。经过反复多次试验，每次结果都完全一致，被拉直的合金丝只要达到一定温度，便立即恢复到原来那种弯弯曲曲的模样，就好像在从前被“冻”得失去知觉时被人们改变了形状，而当温度升高到一定值的时候，它们突然“苏醒”过来了，又“记忆”起了自己原来的模样，于是便不顾一切地恢复了自己的“本来面目”。形状记忆合金不仅单次“记忆”能力几乎可达百分之百，即恢复到和原来一模一样的形状，更可贵之处在于这种“记忆”本领即使重复 500 万次以上也不会产生丝毫疲劳并断裂。因此，形状记忆合金享有“永不忘本”“百折不挠”等美誉。

科学家们进行深入研究和试验后发现很多合金都有这种本领，他们把这种现象叫做“形状记忆效应”。目前发现有“记忆”能力的金属都是合金。在这些金属里，金属原子按一定的方式排列起来，受到一定的外力时，可以离开自己原来的位置而到另一个地方去。将这些金属加温后，由于获得了一定的能量，这些金属里的原子又会回到原来的地方。这就是这种金属在加热到一定的温度后又恢复原状的原因。

继苏联将首位宇航员送入太空轨道后不久，美国就制定了雄心勃勃的“阿波罗”登月计划。人类踏上月球，就必须要将月球上的信息传输回地球，再将地球上科学家的指令发到月球，即实现月、地之间的信息沟通。要发送和接收信息，就必须在月球表面安放一个庞大的抛物线形天线。可在小小的登月舱内，无论如何也放不下这个庞然大物，这一度成为登月工程中的关键性技术难题之一。形状记忆合金的发现给这个难题的解决带来了契机，也为这个金属材料领域内的“晚辈”提供了一次施展才华的绝好机会。科学家用当时刚刚发现不久的形状记忆合金丝制成了抛物线形天线。在宇宙飞船发射之前，首先将抛物面天线折叠成一个小球，这样很容易地装进了宇宙飞船的登月舱。当登月舱在月球上成功着陆后，只需利用太阳能对小球加温，折叠成球形的天线因具有形状“记忆”功能，便会自然展开，恢复到原始的抛物面形状。

形状记忆合金在现代临床医疗领域内已有广泛的应用，正扮演着不可替代的重要角色。例如，各类腔内支架、心脏修补器、血栓过滤器、口腔正畸器、人造骨骼、伤骨固定加压器、脊柱矫形棒、栓塞器、节育环、医用介入导丝和手术缝合线等，都可以用形状记忆合金制成。医用腔内支架的应用原理是将记忆合金支架经过预压缩变形后，经很小的腔隙安放到人体血管、消化道、呼吸道、胆道、前列腺腔道，以及尿道等各种狭窄部位。支架扩展后形成所需的记忆合金骨架，在人体腔内支撑起狭小的腔道，这样就能起到很好的治疗效果。与传统的治疗方法相比，这种记忆合金支架具有疗效可靠、使用方便、可大大缩短治疗时间和减少费用等优点，为外伤、肿瘤以及其他疾病所致的血管、喉、气管、食道、胆道、前列腺腔道狭窄治疗开辟了新天地。

形状记忆合金在日常生活中也被广泛应用。例如，用形状记忆合金制成的弹簧，当把这种弹簧放在热水中，弹簧的长度立即伸长，再放到冷水中，它会立即恢复原状。利用形状记忆合金制成的弹簧可以控制浴室水管的水温，在水的温度过高时通过“记忆”功能，调节或关闭供水管道，避免烫伤。形状记忆合金还可以用作消防报警装置及电器设备的保安装置。当发生火灾时，记忆合金制成的弹簧发生形变，启动消防报警装置，达到报警的目的。还可以把用形状记忆合金制成的弹簧放在暖气的阀门内，用以保持暖房的温度，当温度过低或过高时，自动开启或关闭暖气的阀门。

目前，我国形状记忆合金应用市场发展很快，主要应用在医疗领域、汽车、机器人、航空等领域。2017 年，我国形状记忆合金行业市场规模约 56.8 亿元，其中医疗领域用形状记忆合金规模达到了 43.5 亿元，其他领域（汽车、机器人、航空等）市场规模达 13.3 亿元。

（2）贮氢合金

氢能源是 21 世纪要开发的新能源之一，它的优点是发热值高、没有污染、资源丰富，是未来能源最佳选择之一。但是要开发氢能作为常规能源，必须要解决氢的贮存和运输问题。传统贮氢方法有两种：一种方法是利用高压钢瓶（氢气瓶）来贮存氢气，但钢瓶贮存氢气的容积小，瓶里的氢气即使加压到 150 个大气压，所装氢气的质量也不到氢气瓶质量的 1%，而且还有爆炸的危险；另一种方法是贮存液态氢，将气态氢降温到 -253℃ 变为液体进行贮存，但液体贮存箱非常庞大，需要极好的绝热装置来隔热，才能防止液态氢沸腾汽化。

近年来，一种新型简便的贮氢方法应运而生，即利用贮氢合金（金属氢化物）来贮存氢气。研究证明，某些金属具有很强的捕捉氢的能力，在一定的温度和压力条件下，这些金属能够大量“吸收”氢气，反应生成金属氢化物，同时放出热量。然后将这些金属氢化物加热，它们又会分解，将贮存在其中的氢释放出来。这些会“吸收”氢气的金属，称为贮氢合金。贮氢合金的贮氢能力很强，单位体积贮氢的密度是相同温度、压力条件下气态氢的1000倍，即相当于贮存了1000个大气压的高压氢气。

由于贮氢合金都是固体，既不用贮存高压氢气所需的大而笨重的钢瓶，又不需存放液态氢那样极低的温度条件，需要贮氢时使合金与氢反应生成金属氢化物并放出热量，需要用氢时通过加热或减压使贮存于其中的氢释放出来，如同蓄电池的充、放电，因此贮氢合金不愧是一种极其简便易行的理想贮氢材料。

目前研究发展中的贮氢合金，主要有钛系贮氢合金、锆系贮氢合金、铁系贮氢合金及稀土系贮氢合金。贮氢合金不光有贮氢的本领，而且还有将贮氢过程中的化学能转换成机械能或热能的能量转换功能。贮氢合金在吸氢时放热，在放氢时吸热，利用这种放热-吸热循环，可进行热的贮存和传输，制造制冷或采暖设备。贮氢合金还可以用于提纯和回收氢气，它可将氢气提纯到很高的纯度。例如，采用贮氢合金可以以很低的成本获得纯度高于99.9999%的超纯氢。

贮氢合金的飞速发展，给氢气的利用开辟了一条广阔的道路。随着新能源汽车的开发和利用，近年来，国际车坛出现氢能汽车开发热，世界四大汽车公司——美国的福特、德国的戴姆勒-奔驰、美国的通用和日本的丰田，都在加快研制氢能汽车的步伐。我国也已研制成功了一种氢能汽车，它使用贮氢材料90kg，可行驶40km，时速超过50km。随着石油资源逐渐枯竭，氢能源终将代替汽油、柴油驱动汽车，并一劳永逸消除燃烧汽油、柴油产生的污染。今后，不但汽车会采用燃料电池，飞机、舰艇、宇宙飞船等运载工具也将使用燃料电池，作为其主要或辅助能源。

制造镍氢电池也是贮氢合金的重要用途，由于目前大量使用的镍镉电池中的镉有毒，使废电池处理复杂，环境容易受到污染。发展用贮氢合金制造的镍氢电池，是未来贮氢材料应用的另一个重要领域。镍氢电池与镍镉电池相比，具有容量大、安全无毒和使用寿命长等优点。

贮氢合金也是一种紧急救生材料。人们把氢化锂一类的贮氢材料制成药片大小的救生丸，只要随身带几粒氢化锂和折叠好的超轻型救生艇、救生衣或其他救生设备，就可使落水者得救，因为氢化锂一遇到水就立即释放出大量氢气，使救生设备充气膨胀而浮上水面。

(3) 非晶态合金

自然界的各种物质的微观结构可以按其组成原子的排列状态分为两大类：有序结构和无序结构。晶体是典型的有序结构，而气体、液体和非晶态固体属于无序结构。非晶态固体材料又包括非晶态无机材料（如玻璃）、非晶态聚合物和非晶态合金（又称金属玻璃）等类型。

非晶态合金与晶态合金相比，在物理性能、化学性能和机械性能方面都发生了显著的变化，具有拉伸强度大，强度、硬度高，高电阻率、高导磁率、高抗腐蚀性等优异性能，适合做变压器和电动机的铁芯材料。采用非晶态合金做铁芯，电能传输效率为97%，比用硅钢高出10%左右，所以得到推广应用。此外，非晶态合金在脉冲变压器、磁放大器、电源变压器、漏电开关、光磁记录材料、高速磁泡头存储器、磁头和超大规模集成电路基板等方面均获得应用。

以铁元素为主的非晶态合金为例，它具有高饱和磁感应强度和低损耗的特点，现代工业多用它制造配电变压器铁芯。目前我国已能够根据市场需要，生产不同规格的非晶态合金，亮度可达220mm。这种非晶态合金制造的变压器与传统的硅钢铁芯的变压器相比，空载损耗要降低60%～80%，具有明显的节能效果。如果把我国现有的配电变压器全部换成非晶态合金变压器，那么每年可为国家节约电90亿千瓦小时，这就意味着，每年可以少建一座100万千瓦火力发电厂，减少燃煤364万吨，减少二氧化碳等废气排放900多万立方米。从这个意义上讲，非晶态合金被人们誉为“绿色材料”。此外，非晶态合金材料还被广泛地应用于电子、航空、航天、机械、微电子等众多领域中。例如，用于航空航天领域可以减轻电源设备重量，增加有效载荷；用于民用电力、电子设备可大大缩小电源体积，提高效率，增强抗干扰能力。微型铁芯可大量应用于综合业务数字网ISDN中的变压器，非晶条带用来制造超级市场和图书馆防盗系统的传感器标签。

2. 神奇的纳米材料

（1）纳米及纳米材料的含义

“纳米”一词刚出现时，就引起了大众的关注。有媒体报道，一个农民问一名“专家”：“听说现在纳米很有用，报纸上说科学家在研究，电视广告里也天天念叨着纳米技术，连股市里也有了纳米板块，而且火得不行。可就是不知它的种子哪里有卖的，如果一年种上两季，能卖个大价钱吧?”纳米是什么呢？纳米一词是英文“nanometer”的音译，在科学文献中简写为“nm”，词头“nano”来自法文，意思是毫微。现代科学技术中，纳米（nm）与微米（μm）、毫米（mm）、厘米（cm）、分米（dm）和米（m）一样，都是一种长度计量单位。纳米有多长？1nm等于0.000000001m，1nm约4倍原子大小，万分之一头发粗细。

纳米材料是指在三维空间中至少有一维处于纳米尺度范围（1～100nm）或由它们作为基本单元构成的材料，这大约相当于10～100个原子紧密排列在一起的尺度。纳米技术是指在1～100nm这一尺度范围内对原子、分子进行操纵和加工的技术。

著名物理学家、诺贝尔奖获得者费曼在20世纪60年代就曾预言：如果对物体微小规模上的排列加以某种控制，物体就能得到大量的异乎寻常的特性。纳米科学技术使人类认识和改造物质世界的手段和能力延伸到原子和分子，其最终目标是直接以原子、分子及物质在纳米尺度上表现出来的新颖特性制造出具有特定功能的产品，这可能改变几乎所有产品的设计和制造方式，实现生产方式的飞跃。

（2）纳米材料的性质

纳米材料由于特殊的结构，会产生小尺寸效应、表面效应等。小尺寸效应是指随着颗粒尺寸的量变，在一定条件下所引起的颗粒宏观物理性质的变化；表面效应是指随着颗粒直径变小，比表面积（表面积/体积）将会显著增大，表面原子所占的百分数将会显著地增加，因表面原子极易迁移使颗粒物理性能发生极大变化。这些特殊效应使纳米材料具有了传统材料所不具备的物理、化学性能，如在磁、热、光、电、催化、生物等方面具有奇异的特性。

1）特殊的热学性质。固态物质在形态为大尺寸时，其熔点是固定的，超细微化后其熔点将显著降低，当颗粒小于 10nm 量级时尤为显著。例如，金的常规熔点为 1064℃，2nm 尺寸时的熔点仅为 327℃左右。

2）特殊的光学性质。超微颗粒对光的反射率很低，通常可低于 1%，利用这个特性可以作为高效率的光热、光电等转换材料，可以高效率地将太阳能转变为热能、电能。此外又有可能应用于红外敏感元件、红外隐身技术等。

3）特殊的磁学性质。人们发现鸽子、海豚、蝴蝶、蜜蜂以及生活在水中的趋磁细菌等生物体中存在超微的磁性颗粒，使这类生物在地磁场导航下能辨别方向，具有回归的本领。超微颗粒磁性与大块材料显著不同，大块的纯铁矫顽力约为 80A/m，而当颗粒尺寸减小到 2μm 以下时，其矫顽力可增加 1 千倍，据此已制成高贮存密度的磁记录磁粉。

4）特殊的力学性质。陶瓷材料在通常情况下呈脆性，然而由纳米超微颗粒压制成的纳米陶瓷材料却具有良好的韧性。因为纳米材料具有大的界面，界面的原子排列相当混乱，原子在外力变形的条件下很容易迁移，因此表现出甚佳的韧性与一定的延展性。

（3）纳米材料的应用

目前，纳米材料已广泛地应用于以下诸多领域：

1）在陶瓷领域，纳米技术可以克服陶瓷材料的脆性，使陶瓷具有像金属一样的柔韧性和可加工性。许多专家认为，如能解决单相纳米陶瓷在烧结过程中抑制晶粒长大的技术问题，则它将具有高硬度、高韧性、低温超塑性、易加工等优点。

2）在微电子学领域，纳米电子学立足于最新的物理理论和最先进的工艺手段，按照全新的理念来构造电子系统，并开发物质潜在的储存和处理信息的能力，实现信息采集和处理能力的革命性突破。可以从阅读硬盘上读取信息的纳米级磁读卡机以及存储容量为目前芯片上千倍的纳米材料级存储器芯片都已投入生产。计算机在普遍采用纳米材料后，可以缩小成为“掌上电脑”。纳米电子学将成为 21 世纪信息时代的核心。

3）在生物学领域，虽然生物分子计算机目前只是处于理想阶段，但科学家已经考虑应用几种生物分子制造计算机的组件，其中细菌视紫红质（一种色素蛋白）被认为最具前景。该生物材料具有特异的热、光、化学物理特性和很好的稳定性，并且其奇特的光学循环特性可用于储存信息，从而起到代替当今计算机信息处理和信息存储的作用，它将使单位体积物质的储存和信息处理能力提高上百万倍。

4）在光电领域，纳米技术可使微电子和光电子的结合更加紧密，在光电信息传输、存贮、处理、运算和显示等方面，使光电器件的性能大大提高。将纳米技术用于现有雷达信息处理上，可使其能力提高 10 倍至几百倍，甚至可以将超高分辨率纳米孔径雷达放到卫星上进行高精度的对地侦察。

5）在化工领域，将纳米 TiO_2 粉体按一定比例加入化妆品中，则可以有效地遮蔽紫外线。将金属纳米粒子掺杂到化纤制品或纸张中，可以大大降低静电作用。纳米微粒还可用作导电涂料、印刷油墨，制作固体润滑剂等。

6）在维护人类健康方面，使用纳米技术能使药品生产过程越来越精细，并在纳米材料的尺度上直接利用原子、分子的排布制造具有特定功能的药品。纳米材料粒子将使药物在人体内的传输更为方便，用数层纳米粒子包裹的智能药物进入人体后可主动搜索并攻击癌细胞或修补损伤组织。现在已能制备出包含几百、几千个原子的颗粒，长度只有几十纳米，表面活性很大，可以在血管中自由移动，就像一个巡航导弹，能自动寻找沉积于静脉血管壁上的胆固醇，然后一一分解；也可以清除心脏动脉脂肪沉积物，疏通脑血管中的血栓，因此纳米技术在治疗心血管疾病上的前景十分看好。使用纳米技术的新型诊断仪器只需检测少量血液，就能通过其中的蛋白质和DNA诊断出各种疾病。为解决长期困扰吸烟有害健康、戒烟难之又难的问题，纳米技术也被卷烟行业使用。北京卷烟生产厂家在其生产的混合型3mg产品中成功地将纳米技术运用在了生产工艺中，是我国最早体会到纳米技术的先进性的产品之一。此纳米产品是清华大学与之合作研制的低危害产品，创造性运用改性纳米材料，充分发挥其选择性催化和选择性吸附的特性，有效降低卷烟烟气中具有较强致癌作用的亚硝胺等有害物质含量，并辅以成熟的综合降焦技术，大大减少吸烟对身体健康的危害。研究纳米技术在生命医学上的应用，可以在纳米尺度上了解生物大分子的精细结构及其与功能的关系，获取生命信息。

3. 先进的陶瓷材料

(1) 先进陶瓷材料的种类及应用

陶瓷材料在人类的材料史上经历过三次重大飞跃：第一次飞跃是从陶器发展到瓷器；第二次飞跃是从传统陶瓷发展到先进陶瓷；目前酝酿的第三次飞跃是将粉末原料研磨至纳米级并用新的成型、烧结工艺而极大地提高先进陶瓷的韧性。

先进陶瓷材料是指采用精制的高纯、超细的无机化合物为原料及先进的工艺技术制造出的性能优异的产品。根据工程技术对产品使用性能的要求，制造的产品可以分别具有压电、铁电、导电、半导体、磁性，或具有高强、高韧、高硬、耐磨、耐腐蚀、耐高温、高热导、绝热或良好生物相容性等优异性能。

先进陶瓷材料一般按使用性能分成先进结构陶瓷、先进功能陶瓷和生物陶瓷三大类。

先进结构陶瓷主要用于高温和高腐蚀的环境，目前主要应用在刃具、模具等领域。它将以其高强、高硬、耐磨、耐热的优点在发动机等领域大量取代金属材料。可用在轴承、球阀、钢套等机械设备中频繁经受摩擦，大大延长其使用寿命。

先进功能陶瓷主要是指利用材料的电、磁、声、光、热、弹性等方面直接的或耦合的效应，以实现某种使用功能的陶瓷。功能陶瓷在电子工业中应用十分广泛，通常也称为电子陶瓷材料。先进功能陶瓷品种繁多，包括装置、电容器、铁电、压电、磁性、半导体、光学以及敏感陶瓷等。先进功能陶瓷主要用于电子工业，如用于集成电路芯片的陶瓷绝缘材料、陶瓷基板材料和陶瓷封装材料，以及用于制造电子器件的电容器陶瓷、压电陶瓷、铁氧体磁性材料等。

生物陶瓷是与人体组织相容性非常好的陶瓷，用来制造人体骨骼、牙齿等的代用“零件”。如现在用的假牙大部分是用生物陶瓷制造的。

(2) 奇妙的压电陶瓷

什么是压电陶瓷？可以用生活中比较常见的压电打火机来说明。压电打火机中用到两粒柱状压电陶瓷。当人们使用打火机时，弹簧力施到压电陶瓷上就产生电荷形成高电压。这种瞬间高压通过电路中的间隙时，就会高压放电而产生电火花，从而点燃气瓶中的易燃气体。家庭中煤气灶也常用压电点火。

这种能在压力作用下产生电荷的陶瓷，称为压电陶瓷。压力产生电荷的效应称正压电效应。而反过来，施加电信号陶瓷中也会产生机械振动，称之为逆压电效应。利用压电效应可开发很多应用。前述的压电点火还可用作引信引爆。在作战中，反坦克火箭希望弹头一碰到坦克钢板就立刻爆炸，而不应该落地后再爆炸（通常的引信常延时爆炸），利用压电引信可瞬间爆炸。这种技术可在战争中发挥重大作用。民用方面，我国的压电打火机产量已压倒日本，居世界前列。

在大气中，人们依靠无线电波进行通信，然而在水下或地层中，无线电波的波长较短、频率较高，易被吸收而衰减，故无法使用。而声波或超声波的频率较低，波长也较长，因此衰减比较少，可传播很远。利用压电陶瓷制作的声呐系统可用于水下侦察，好比千里眼、顺风耳。当发出声信号后，通过接收回波就可判断目标的远近和方位，能进行水下通信、导航、侦察、探雷等。在海岸安装声呐阵列，就可了解水下敌情，使广大海域内的水下动静了如指掌。压电测深仪可测水深，测地震仪可了解远处地震情况。

建造大桥或巨型建筑物常常要耗费巨资，利用压电传感器可以监视它的“健康”情况，并将数据传入远程电脑，做到大桥或大厦有险情时可以“呼救”。测漏仪可检查地下水管泄漏地点。

压电陶瓷做的超声波探头可发射声波进入人体，接收回波后可在屏幕上看到软组织图像（肝、心脏、胎儿等），还可做成血压计、心音计、脉象仪等。

压电陶瓷还可做成话筒，在人讲话时陶瓷内会产生与人声音相对应的电信号而传输出去。压电元件配上电路可成为蜂鸣器或电子乐器，产生优美动听的声音。蜂鸣器应用面非常广，产量极其巨大（以数十亿件计），如电子门铃、新年音乐贺卡等，它可以发送音乐及某些设备（电脑、洗衣机、电话）中的声信号。最近发展的声音合成器件的工作电压很低，如2.8V可产生100dB声压，功耗低，对磁卡无影响，音质优良，可用于对讲机、电子翻译机、立体声系统及手提音频装置。

马达是将输入的电能转化为机械能的机器。压电陶瓷在电场作用下，可产生机械伸缩，只要通过机械转换，就能使这种伸缩转换成转动或直线移动，这就是压电马达，又称驱动器。它比普通马达具有更多优点：响应快、转矩大、噪声低、易和计算机连接实现智能化、利用电池电压就可转动等。压电马达有许多应用：照相机自动调焦、军用望远镜调焦、高速磁悬浮列车、微型医疗设备（如可使创口减小的三维手术刀）、汽车自动控制、导弹自动瞄准、导弹飞行时偏角的控制等。据了解，美国军方利用压电陶瓷花费了巨大力量研制所谓灵巧子弹，以达到百发百中。此外登陆火星的机器人的手关节也使用上了压电驱动器。

压电陶瓷制造的压电陀螺仪是自动控制系统中的基本元件，能抑制飞行器横滚时的振动，保持飞行平稳，波音747等飞机均有使用。又如舰船上的跟踪雷达天线常因海上风浪而摇晃，使跟踪失灵而丢失目标，压电陀螺仪就可以克服这类摇晃的影响，提高各类飞行器（飞机、导弹、鱼雷）的稳定性，对跟踪的准确性起到决定作用。

压电陶瓷可制成变压器，广泛应用于掌上电脑、手提电脑、数字摄像机。这些设备中均用到液晶显示屏，其背景光源的照明电压达到1000V或500V（启动电压及维持电压），需要用高压变压器。它还可用于高压电棒、高压防盗、空气清新机、臭氧消毒及复印机中的高压，目前压电变压器的世界年产值已达数十亿元。

4. 高分子材料

（1）高分子材料概述

高分子化合物又称高聚物，是由一种或几种结构单元多次（$10^3 \sim 10^5$）重复连接起来的化合物。其组成元素主要是碳、氢、氧、氮等，分子量一般在1万以上，高的可达几百万以至上千万。高分子材料是以高分子化合物（又称聚合物）为原料，经特殊加工而成的材料。常见的高分子材料有合成橡胶、塑料、合成纤维、涂料、胶粘剂等。

高分子化合物的基本结构特征，使它们具有跟低分子化合物不同的许多宝贵的性能，如机械强度大、弹性高、可塑性强、硬度高、耐磨、耐热、耐腐蚀、耐溶剂、电绝缘性强、气密性好等，使高分子材料具有非常广泛的用途。

虽然高分子材料已经占领了巨大的市场，但高分子材料的性能还可以在以下方面进一步提高：

1）高分子材料的高性能化。现在的高分子材料虽已有很高的强度和韧性，足以和金属材料相媲美。但是从理论上推算，提高高分子材料的强度还有很大的潜力。如何使高分子材料的强度达到可接近理论水平，是当前研究的一大课题。

2）高分子材料的功能化。已知的有机化合物有上千万，其中不少带有各种功能团，把这些功能团引入高分子中将得到一系列具有功能性的材料。现在这方面的研究非常活跃，也已经得到不少有用的新材料。

3）高分子材料的生物化。天然的动物、植物本身就是由高分子所组成的，要探索生命的奥秘，高分子科学家有责任去合成或模拟这些天然的高分子，使之具有类似的生物活性，或者可以部分代替天然的组织或器官。这就产生了合成高分子这一领域，或者说是高分子材料的生物化。

（2）新型高分子材料

1）感光高分子材料。在光的作用下能迅速发生光化学反应，产生物理或化学变化的高聚物称为感光高分子。这类高分子已广泛地应用于印刷、电子、涂料等工业。例如在印刷工业中，感光树脂印刷版可代替传统的铅字印刷版。在大规模集成电路芯片中使用光刻胶、电子束胶可以在$1 \sim 2cm^2$的面积上刻蚀成复杂的微型电路。印刷工业上应用的聚乙烯醇酸酯，在光照时成为不溶解的产物，在溶剂冲洗时将保留下来，即得到印刷用的凸版。

光致变色高分子是另一类有特殊用途的感光性高分子。在光照时由于分子内发生互变异构变化，从而呈现不同颜色，当光照停止时又恢复原来的颜色；用不同的波长照射时可出现不同的颜色。这类光致变色高分子在军事上是很好的伪装隐形材料，也可在动态图像中储存信息。作为激光、电焊光、强烈阳光等强光照射下的护目镜，可以使眼睛免受伤害。作为玻璃窗的涂料，则可以自动调节室内光线，并美化了建筑物。

2）压电高分子材料。压电高分子与压电陶瓷类似，在声学、电学、光学及医学中得到广泛应用。例如，作为音频换能器可制作各种麦克风、扬声器、呼机和电话发送器；作为机电换能器用于今天广泛使用的键盘、按触式电话盘、光学开关位移传感器以及体积小而轻巧的血压计等。在超声波诊断中，用这类材料做的探头以其声学阻抗小、加工容易和超声波收敛性好的优点而在医学诊断中发挥了重要作用。此外由于其具有强的热电性，可用于制作红外热像仪、火灾报警器及外接触式温度计等。

3）具有分离功能的高分子材料。物质的分离、纯化技术在化工、医药、环保等各方面有很重要的地位。人们一直在寻找比传统的萃取、蒸馏、过滤等更简单、能耗更低而效率更高的方法。高分子离子交换树脂、膜和纤维以及各种聚合物分离膜的出现将分离技术推向一个新的局面。这些高分子材料以其选择性强、效率高、工艺简单、能耗低而成为分离技术的重要发展方向。

离子交换树脂粉碎后在化工上用作各种无机和有机物质的分离、水的纯制、天然物质的提纯；在环保中用于各种废水处理；在食品工业中用作各种食品的脱色、脱臭、去杂味和纯化等，如酒的去浑脱色，奶成分的分离、改性和脱盐；在冶金工业中用作各种贵重金属的分离提纯；在医学上用于人工肝、肾的灌血医疗；在农业上用于制作长效化肥。

将离子交换树脂粉碎后与高分子黏合剂制成离子交换膜可实现溶液中的离子与膜之间的离子传递，实现离子的选择性透过，在化工、医药、食品、冶金、造纸等工业部门获得应用。

4）高分子试剂和高分子催化剂。高分子试剂是人们在高分子离子交换树脂的基础上制成的一种产品，目的是使功能化以后的高分子像普通试剂一样参加反应，而不是简单地进行离子交换。将有反应功能的一系列基团，如氧化还原基团、酸化基团、卤化基团等负载在高分子以后，可以使高分子载体在反应后与反应产物分离，简化产品的纯化精制过程，并且在反应中可以起到分散和浓缩的效果，避免不必要的副反应或加快反应。而且通过高分子骨架的空间阻碍效应或极性效应使反应的选择性增加，可以进行一些特殊的反应。高分子试剂的另外一个突出优点是可以再生，或在反应中可以重复使用。这些特性促使高分子科学家们在过去的几十年中对高分子反应试剂进行了大量深入的研究。其中最突出的例子是1983年诺贝尔化学奖的获得者亨利·陶布利用高分子试剂进行固相反应人工合成肽（由酰胺基连接的氨基酸单元序列称为多肽链，它们构成了蛋白质分子，对生物体内发生的各种复杂生物反应产生催化作用的酶也是蛋白质），仅用8天的时间就完成了过去使用溶液法需一年时间才能完成的合成。

5）生物医用高分子材料。高分子材料在生物医学材料中同样扮演了极其重要的角色，人工器官与生物医学材料是分不开的，理想的人工器官首先得益于性能优良的生物医学材料。1949年，美国首先发表了医用高分子的展望性论文，第一次介绍了利用聚甲基丙烯酸甲酯作为人的头盖骨、关节和股骨，利用聚酰胺纤维作为手术缝合线的临床应用情况。20世纪50年代，有机硅聚合物被用于医学领域，使人工器官的应用范围大大扩大，包括器官替代和整容等许多方面。20世纪60年代，医用高分子材料开始进入一个崭新的发展时期。目前较成功的高分子材料制人工器官有人工血管、人工食道、人工尿道、人工心脏瓣膜、人工关节、人工骨、整形材料等。

高分子材料以其具有的众多优点在工业、农业、交通运输、建筑、国防、高技术、医疗卫生等领域得到广泛应用，未来高分子材料发展的主要趋势是高性能化、高功能化、复合化、精细化和智能化。高分子作为最年轻的一类材料，一定会在人类未来的历史中显示出更巨大的作用。

5. 性能优异的复合材料

复合材料是指以一种材料为基体，另一种材料为增强体组合而成的材料。各种材料在性能上互相取长补短，产生协同效应，使复合材料的综合性能优于原组成材料而满足各种不同的要求。人类对于复合材料使用的历史可以追溯到上万年前的原始社会。草泥砖是人类发明的最早的复合材料，是在黏土泥浆中掺稻草制造的。在古代的复合材料中最引人注目的是4000多年前出现的中国的漆器，它是以丝、麻等天然纤维做增强材料、用火漆做黏结剂而制成的复合材料。

复合材料根据基体种类可分为树脂（聚合物）基复合材料、金属基复合材料、陶瓷基复合材料等。

复合材料根据用途主要可分为结构复合材料和功能复合材料两大类。结构复合材料是主要作为承力结构使用的材料，由能承受载荷的增强体组元（如玻璃、陶瓷、碳素、高聚物、金属、天然纤维、织物、晶须、片材和颗粒等）与能联结增强体成为整体材料同时又起传力作用的基体组元（如树脂、金属、陶瓷、玻璃、碳和水泥等）构成。功能复合材料一般由功能体和基体组成，基体不仅起到构成整体的作用，而且能产生协同或加强功能的作用。目前功能复合材料正处在发展之中。功能复合材料是指除力学性能以外还提供其他物理、化学、生物等性能的复合材料，包括压电、导电、雷达隐身、永磁、光致变色、吸声、阻燃、生物自吸收等种类繁多的复合材料，具有广阔的发展前途。未来的功能复合材料比重将超过结构复合材料，成为复合材料发展的主流。功能复合材料的制作难度较大，目前尚处于研制探索阶段，有的已经付诸应用。估计在未来，它的应用将会大大扩展。例如，当前已经在军用飞机上试用的隐身复合材料，就是把增强纤维与吸波（包括雷达波和红外光波）材料、基体复合在一起制成机身，以产生多功能效果。再如，钛酸铅是一种好的压电功能材料，如果把它粉碎后与塑料或橡胶制成功能复合材料，则它的价值要比原材料大几十倍。

随着材料科学技术的发展，各种材料的性能得到了很好的改善，复合材料具有了更多的优点，诸如强度高、材料轻、刚性大、抗疲劳、减振性好和耐温性能好等，广泛地应用于生产生活中。例如，钢筋混凝土因其坚韧耐压等优点，在各种建筑中得到普遍应用，是迄今使用量最大的复合材料。玻璃钢也是应用较广的一种硬质复合材料，它用塑性好的高分子树脂作为基体，具有强度高、变形小、耐腐蚀、不燃烧的优点，而且强度超过了一般钢材、合金钢和铝合金，而密度只有钢的1/5～1/4。因此玻璃钢已大量用于制造舰船壳体、汽车外壳和飞机部件，仅美国造船工业每年所消耗的玻璃钢就在20万吨以上。

20世纪60年代以来，由于航空、航天工业的迅猛发展，先进复合材料应运而生。先进复合材料具有“三高一低”的性能，即高强度、高模量、耐高温和低密度。制备先进复合材料一般从增强材料和基体材料的改进两方面着手。由于复合材料可以通过选择设计而具有满足各种需要的特点，因此，在新能源领域、航空航天、生物医学、化工纺织、海洋工程等方面有着广泛的应用，已成为高技术领域中重要的新材料之一。

6. 得天独厚的超导材料

1911年，荷兰科学家昂内斯发现超导现象：在液氮温度条件下汞的电阻完全消失，即电阻为零，处于环路中流通的电流持续试验一年以上不见衰减而继续流动。超导指导体在某一温度下电阻为零的状态。超导材料指在一定的低温条件下呈现出电阻等于零，以及排斥磁力线的性质的材料。

早期的超导体存在于液氦极低温度条件下，极大地限制了超导材料的应用，人们一直在探索高温超导体。这个领域的研究是一场激烈的竞赛。1986年高温超导体的研究取得了重大的突破，1986 年 1 月，美国国际商用机器公司设在瑞士苏黎世实验室的科学家柏诺兹和缪勒首先发现钡镧铜氧化物是高温超导体，将超导温度提高到 30K。紧接着，日本东京大学工学部又将超导温度提高到 37K。不久之后，中国科学院物理研究所由赵忠贤、陈立泉领导的研究组也获得了 48.6K 的锶镧铜氧系超导体，并看到这类物质有在 70K 发生转变的迹象。随后，美国科学家又发现在氧化物超导材料中有转变温度为 240K 的超导迹象。接着，高温超导体又取得巨大突破，以液态氮代替液态氦作超导制冷剂获得超导体，使超导技术走向大规模开发应用。

超导具有完全导电性和完全抗磁性的特征。完全导电性是超导电性的基本特征，是指当用次感应方法在一个闭合的超导环中产生电流，它便可以长时间持续下去。完全抗磁性被称为迈斯纳效应，是指当导体处于超导状态时，不仅外加磁场不能进入超导体的内部，而且原来处在外磁场中的正常态样品，当温度下降使它变成超导体时，也会把原来在体内的磁场完全排除出去。

超导材料具有的优异特性使它从被发现之日起，就向人类展示了诱人的应用前景，主要有以下方面：

（1）利用材料的超导电性可制作磁体。由于超导材料在超导状态下具有零电阻和完全的抗磁性，因此只需消耗极少的电能，就可以获得 10 万高斯以上的稳态强磁场。而用常规导体做磁体，要产生这么大的磁场，需要消耗 3.5MW 的电能及大量的冷却水，投资巨大。超导磁体用于制作交流超导发电机、磁流体发电机和超导输电线路等，其性能优于常规材料。

（2）磁悬浮列车是超导技术运用的典范。超导体随列车行进，超导磁体产生的磁场被地面线圈切割，在地面线圈中就会产生强大的感应电流，同时也产生很强的磁场。这个新产生的磁场和超导体的磁场形成排斥力，就产生磁悬浮，从而把行进的列车“托”起来。1922 年，德国工程师赫尔曼·肯佩尔提出了电磁悬浮原理，申请了专利。20 世纪 70 年代以后，德国、日本、美国等国家相继开展了磁悬浮运输系统的研发。2016 年 5 月，中国首条具有完全自主知识产权的中低速磁悬浮商业运营示范线——长沙磁悬浮快线开通试运营，该线路也是世界上最长的中低速磁悬浮运营线。2018 年 6 月，我国首列商用磁悬浮 2.0 版列车在中车株洲电力机车有限公司下线。

7. 功能繁多的石墨烯材料

石墨烯是一种由碳原子组成六角形呈蜂巢晶格的二维碳纳米材料。2004 年，英国曼彻斯特大学的两位科学家安德烈·盖姆和康斯坦丁·诺沃消洛夫发现他们能用一种非常简单的方法得到越来越薄的石墨薄片，他们从高定向热解石墨中剥离出石墨片，然后将薄片的两面粘在一种特殊的胶带上，撕开胶带就能把石墨片一分为二。不断地这样操作，于是薄片越来越薄，最后他们得到了仅由一层碳原子构成的薄片，这就是石墨烯。实际上石墨烯本来就存在于自然界，只是难以剥离出单层结构。石墨烯一层层叠起来就是石墨，厚 1mm 的石墨大约包含 300 万层石墨烯，铅笔在纸上轻轻划过，留下的痕迹就可能是几层甚至仅仅一层石墨烯。

科学研究发现，石墨烯是目前已知强度最高的材料之一，同时还具有很好的韧性，且可以弯曲，由石墨烯薄片组成的石墨纸拥有很多的孔，因而石墨纸显得很脆，然而经氧化得到功能化石墨烯，再由功能化石墨烯做成石墨纸则会异常坚固强韧。此外，石墨烯还具有优异的光学、电学、力学特性，在材料学、微纳加工、能源、生物医学和药物传递等方面具有重要的应用前景，被认为是一种未来革命性的材料。其主要应用于以下领域：

（1）制成传感器。石墨烯可以做成化学传感器，这个过程主要是通过石墨烯的表面吸附性能来完成的，石墨烯化学探测器的灵敏度可以与单分子检测的极限相比拟。石墨烯也是电化学生物传感器的理想材料，用它制成的传感器在医学上检测多巴胺、葡萄糖等具有良好的灵敏性。

（2）制作晶体管。石墨烯可以用来制作晶体管，由于石墨烯结构的高度稳定性，这种晶体管在接近单个原子的尺度上依然能稳定地工作。相比之下，目前以硅为材料的晶体管在10nm左右的尺度上就会失去稳定性。同时，利用石墨烯中电子对外场的反应速度超快这一特点，又使得由它制成的晶体管可以达到极高的工作频率。IBM公司在2010年2月就已宣布将石墨烯晶体管的工作频率提高到了100GHz，超过同等尺度的硅晶体管。

（3）制备柔性显示屏。目前，柔性显示屏幕备受关注，成为未来移动设备显示屏的发展趋势。2013年韩国研究人员首次制造出了由多层石墨烯和玻璃纤维聚酯片基底组成的柔性透明显示屏。韩国三星公司和大学研究人员在一个63cm宽的柔性透明玻璃纤维聚酯板上制造出了一块电视机大小的纯石墨烯。他们表示，这是迄今为止“块头”最大的石墨烯块。随后，他们用该石墨烯块制造出了一块柔性触摸屏。研究人员表示，从理论上来讲，人们可以卷起智能手机，然后像铅笔一样将其别在耳后。

（4）制备新能源电池。新能源电池也是石墨烯最早商用的一大重要领域。美国麻省理工学院已成功研制出表面附有石墨烯纳米涂层的柔性光伏电池板，可极大降低制造透明可变形太阳能电池的成本，这种电池有可能在夜视镜、相机等小型数码设备中应用。另外，石墨烯超级电池的成功研发，也解决了新能源汽车电池的容量不足以及充电时间长的问题，极大加速了新能源电池产业的发展。这一系列的研究成果为石墨烯在新能源电池行业的应用铺就了道路。

（5）海水淡化。石墨烯过滤器比其他海水淡化技术要高效得多。水环境中的氧化石墨烯薄膜与水亲密接触后，可形成约0.9nm宽的通道，小于这一尺寸的离子或分子可以快速通过。通过机械手段进一步压缩石墨烯薄膜中的毛细通道尺寸，控制孔径大小，能高效过滤海水中的盐分。

（6）航空航天领域的应用。石墨烯由于具有高导电性、高强度、超轻薄等特性，在航天军工领域的应用优势也是极为突出的。2014年美国NASA开发出应用于航天领域的石墨烯传感器，就能很好地对地球高空大气层的微量元素、航天器上的结构性缺陷等进行检测。而石墨烯在超轻型飞机材料等潜在应用上也将发挥更重要的作用。

（7）制备感光元件。以石墨烯作为感光元件材质的新型感光元件，可望透过特殊结构，让感光能力比现有的互补金属氧化物半导体（CMOS）或电荷耦合器件（CCD）做成的感光器提高上千倍，而且损耗的能源也仅需原来的10%。可应用在监视器与卫星成像领域中，可以应用于照相机、智能手机等。

（8）制备复合材料。基于石墨烯的复合材料是石墨烯应用领域中的重要研究方向，其在能量储存、液晶器件、电子器件、生物材料、传感材料和催化剂载体等领域展现出了优良性能，具有广阔的应用前景。目前石墨烯复合材料的研究主要集中在石墨烯聚合物复合材料和石墨烯基无机纳米复合材料上，而随着对石墨烯研究的深入，石墨烯增强体在块体金属基复合材料中的应用也越来越受到人们的重视。

近年来，鉴于石墨烯材料优异的性能及其潜在的应用价值，石墨烯的研究与应用开发持续升温，在化学、材料、物理、生物、环境、能源等众多学科领域都取得了重要进展。许多国家纷纷建立石墨烯相关技术研发中心，尝试使用石墨烯商业化，进而在工业、技术和电子相关领域获得潜在的应用专利。如欧盟委员会将石墨烯作为“未来新兴旗舰技术项目”，设立专项研发计划，未来10年内拨出10亿欧元经费。英国政府也投资建立国家石墨烯研究所，力图使这种材料在未来几十年里可以从实验室进入生产线和市场。中国在石墨烯研究上也具有独特的优势，作为石墨烯生产原料的石墨，在我国储能丰富，价格低廉。2018年3月31日，中国首条全自动量产石墨烯有机太阳能光电子器件生产线在山东菏泽启动，该项目主要生产可在弱光下发电的石墨烯有机太阳能电池，破解了应用局限、对角度敏感、不易造型这三大太阳能发电难题。

第三节　引领新文明的信息技术

信息是人类认识世界和改造世界的知识源泉，是人类社会的一切知识、学问以及从客观世界中提炼出来的各种消息的总和。信息与物质、能源被称为现代社会的三大支柱。

从广义上来说，信息技术是指能充分利用与扩展人类信息器官功能的各种方法、工具与技能的总和，是指对信息进行采集、传输、存储、加工、表达的各种技术之和。从狭义上说，信息技术是指利用计算机、网络、广播电视等各种硬件设备及软件工具，对文图声像各种信息进行获取、加工、存储、传输与使用的技术之和，一般包括传感技术、计算机技术、通信技术、自动化技术、微电子技术、光电子技术、光导技术、人工智能技术等。

一、微电子技术

微电子技术是建立在以集成电路，尤其是大规模集成电路为核心的各种半导体器件基础上的高新电子技术，是微型电子元器件和电路的研制、生产以及用其实现电子系统功能的技术。微电子技术的核心技术发展经历了晶体管、集成电路两个阶段。

1. 晶体管

（1）晶体管的特点

晶体管的前身——电子管的诞生标志着“电子信息时代”的到来，但是，由于电子管体积大、在移动过程中容易损坏，使其越来越难以满足电子技术进步的需要。1945年美国贝尔实验室研制出第一个点接触半导体固体电子放大器件，1951年研制出第一个结型晶体管，拉开了人类步入微电子时代的序幕。

晶体管是一种固体半导体器件，可以用于检波、整流、放大、开关、稳压、信号调制和许多其他功能。晶体管作为一种可变开关，基于输入的电压控制流出的电流，因此晶体管可作为电流的开关，和一般机械开关不同处在于晶体管是利用电信号来控制，而且开关速度可以非常快，在实验室中的切换速度可达100GHz以上。

与传统的电子管相比晶体管有许多优越性。一是构件没有消耗。无论多么优良的电子管，都将因阴极原子的变化和慢性漏气而逐渐劣化。由于技术上的原因，晶体管制作之初也存在同样的问题。随着材料制作上的进步以及多方面的改善，晶体管的寿命一般比电子管长100~1000倍，称得起永久性器件的美名。二是消耗电能少。晶体管消耗电能仅为电子管的十分之一或几十分之一。它不像电子管那样需要加热灯丝以产生自由电子。一台晶体管收音机只要几节干电池就可以半年一年地听下去，这对电子管收音机来说，是难以做到的。三是不需预热。晶体管一开机就能工作，例如，晶体管收音机一开就响，晶体管电视机一开就很快出现画面，电子管设备就做不到这一点。显然，在军事、测量、记录等方面，晶体管是非常有优势的。四是结实可靠。晶体管比电子管可靠100倍，耐冲击、耐振动，这都是电子管所无法比拟的。另外，晶体管的体积只有电子管的百分之一到十分之一，放热很少，可用于设计小型、复杂、可靠的电路。晶体管的制造工艺虽然精密，但工序简便，有利于提高元器件的安装密度。

（2）晶体管的发展历史

晶体管的发明，最早可以追溯到1929年，当时工程师利莲费尔德就已经取得一种晶体管的专利。但是，限于当时的技术水平，制造这种器件的材料达不到足够的纯度，而使这种晶体管无法制造出来。

第二次世界大战期间，雷达的出现使高频探测成为一个重要问题，电子管无法满足这一需求，而且军事上的使用也极不方便，因此晶体管探测器的研究便得到广泛关注。在此期间，不少实验室在有关硅和锗材料的制造和理论研究方面也取得了不少成绩，为晶体管的发明奠定了基础。

1945年秋，美国贝尔实验室成立了以肖克莱为首的半导体研究小组，成员有布拉顿、巴丁等人。他们经过一系列的实验和观察，逐步认识到半导体中电流放大效应产生的原因。布拉顿长期从事半导体的研究，在此领域积累了丰富的经验。他发现在锗片的底面接上电极，在另一面插上细针并通上电流，然后让另一根细针尽量靠近它并通上微弱的电流，微弱电流少量的变化，会对另外的电流产生很大的影响，这就是“放大”作用。布拉顿等人还想出有效的办法，来实现这种放大效应。他们在发射极和基极之间输入一个弱信号，在集电极和基极之间的输出端，就放大为一个强信号。巴丁和布拉顿最初制成的固体器件的放大倍数为50左右。不久之后，他们利用两个靠得很近（相距0.05mm）的触须节点来代替金箔节点，制造了“点接触型晶体管”。

1947年12月，这个世界上最早的实用半导体器件终于问世了，在为这种器件命名时，布拉顿想到它的电阻变换特性，即它是靠一种从“低电阻输入”到“高电阻输出”的转移电流来工作的，于是取名为trans-resister（转换电阻），后来缩写为transistors，中文译名就是晶体管。由于点接触型晶体管制造工艺复杂，致使许多产品出现故障，同时还存在噪声大、在功率大时难于控制、适用范围窄等缺点。为了克服这些缺点，肖克莱提出了用一种“整流结”来代替金属半导体节点的大胆设想。1956年，肖克莱、巴丁、布拉顿三人，因发明晶体管同时荣获诺贝尔物理学奖。

2. 集成电路

（1）集成电路的特点

集成电路是一种微型电子器件或部件。它采用一定的工艺把一个电路中所需的晶体管、二极管、电阻、电容和电感等元件及布线互连一起，制作在一小块或几小块半导体晶片或介质基片上，然后封装在一个管壳内，成为具有所需电路功能的微型结构。其中所有元件在结构上已组成一个整体，这样整个电路的体积大大缩小且引出线和焊接点的数目也大为减少，从而使电子元件向着微小型化、低功耗和高可靠性方面迈进了一大步。

（2）集成电路的发展历史

晶体管的发明弥补了电子管的不足，但工程师们很快又遇到了新的麻烦。为了制作和使用电子电路，工程师不得不亲自手工组装和连接各种分立元件，如晶体管、二极管、电容器等。很明显，这种做法是不切实际的。于是，1952 年 5 月，英国皇家研究所的达默就在美国工程师协会举办的座谈会上第一次提出了集成电路的设想。用几根零乱的电线将五个电子元件连接在一起，就形成了历史上第一个集成电路。它虽然看起来不美观，但其工作效能要比使用离散的部件要高得多。1957 年英国科学家在硅晶片上制成了触发器集成电路。1958 年美国仙童公司的诺依斯提出了利用半导体平面处理技术在硅芯片上集成几百个，乃至成千上万个晶体管这一闪光的设想。

1958 年 9 月 12 日，这是一个伟大时刻的开始，美国得克萨斯仪器公司的青年研究人员基尔比邀请了几位得州仪器的高层职员观看他的示范。当时众人眼前所见的是一片银色的锗金属，上面接满电线。当基尔比启动这个看似简陋的装置后，示波器的显示屏上马上出现了一条正弦曲线——一个简单振动电路，基尔比的发明成功了！基尔比成功地将晶体管、电阻和电容等 20 多个元件集成在不超过 $4mm^3$ 的微小平板上，这就是集成电路。基尔比于 1959 年 2 月 6 日向美国专利局申请专利，他将电子业一直以来所面对的问题解决了，电子业从此踏入一个新的领域。

1958 年，美国得州仪器公司展示了全球第一块集成电路板，这标志着世界从此进入集成电路的时代。集成电路具有体积小、重量轻、寿命长和可靠性高等优点，同时成本也相对低廉，便于进行大规模生产，基尔比也因为发明半导体集成电路而获得 2000 年的诺贝尔物理学奖。

在基尔比研制出第一块可使用的集成电路后，诺伊斯提出了一种“半导体设备与铅结构”模型。1960 年，仙童公司制造出第一块可以实际使用的单片集成电路，诺伊斯的方案最终成为集成电路大规模生产中的实用技术。基尔比和诺伊斯都被授予“美国国家科学奖章”，他们被公认为集成电路共同发明者。

1959 年，英特尔的创始人吉恩·赫尔尼和罗伯特·诺斯又开发出一种崭新的平面科技，这样人们能在硅平面上制作晶体管，并在连接处铺上一层氧化物作保护，这项技术上的突破取代了以往的人手焊接，而以硅取代锗使集成电路的成本大为下降，使集成电路商品化变得可行。到 20 世纪 60 年代末期，接近九成的电子仪器是以集成电路制成的。

基尔比的集成电路面世初期，没有人能想象到这一片微细的晶片能对社会造成多大的冲击。集成电路打破了电子技术中器件与线路分离的传统，开辟了电子元器件与线路甚至整个系统向一体化发展的方向，为提高电子设备的性能、降低价格、缩小体积、降低能耗找到了新的途径，为电子设备的普及奠定了基础。集成电路衍生出整个现代电脑工业，20 世纪四五十年代那些动辄用上整个房间的电脑已被现今小巧的桌面电脑、笔记本电脑所取代。集成电路亦将通信科技重新定位，为人与人、公司与公司、国与国之间的通信提供全新的即时资料传送方法。集成电路已经广泛应用于教育、运输、生产及娱乐、工业、军事、通信和遥控等各个领域。

二、计算机技术

纵观计算机的发展历程，大致经历了机械计算机、机电计算机、电子计算机和新概念计算机四个阶段。其中，电子计算机是20世纪最重大的发明之一，是信息技术的基础。目前，电子计算机及其应用已经成为我们生活的一部分，打开计算机就可以输入文字、处理各种文件、画画、听音乐、玩游戏、看电影等，利用计算机互联网就可以足不出户地畅游世界、了解各种信息、听讲座、听课、购物等。

1. 电子计算机的问世和发展

电子计算机是从微电子技术发展起来的，指能够按照事先存储的程序，自动、高速地进行大量数值计算和各种信息处理的现代化智能电子设备。它由硬件和软件组成，两者不可分割。电子计算机自问世以来，经历了以下四个发展阶段。

(1) 第一代电子管计算机

1946年，标志现代计算机诞生的ENIAC（Electronic Numerical Integrator and Computer）——电子数值积分计算机在费城公之于世。ENIAC由美国政府和宾夕法尼亚大学合作开发，占地170m^2，重30t，拥有18000个电子管、70000个电阻器、500万个焊接点，耗电150kW，运算速度为5000次/s加法或400次/s乘法，是手工计算的20万倍。ENIAC代表了计算机发展史上的里程碑，它通过不同部分之间的重新接线编程，拥有并行计算能力。

标志第一代电子管计算机诞生的是来自冯·诺伊曼的工作。美籍匈牙利数学家冯·诺伊曼在1945年6月发表了一篇长达101页的《关于离散变量自动电子计算机的草案》的论文，这是一篇在计算机史上具有里程碑性质的文献，被称为“101报告”。报告首次提出了现代计算机结构的理论模型——存储程序计算机模型，确定现代计算机设计的基本原则：包括采用二进制，计算机控制器、运算器、存储器、输入设备、输出设备五大组建构成等，按此方案制成的计算机也统称为冯·诺伊曼机。

第一代电子管计算机的主要特点是用电子管作为逻辑元件，用磁鼓或汞延迟线作为主存储器。编写程序最初是直接用机器指令，后采用汇编语言，到1954年第一个完全脱离机器硬件的高级语言FORTRAN问世。“硬件”和“软件”两个术语在这一时期出现。

(2) 第二代晶体管计算机

电子计算机升级换代的主要动因是逻辑元件的更替，第二代电子计算机的核心特征就是用晶体管代替电子管作为计算机逻辑元件。1948年美国飞歌公司研制成功第一台大型通用晶体管计算机，这可视为计算机进入第二代的标志。1953年英国研制出实验型晶体管计算机，此后又有多家研制的晶体管计算机问世。1959年IBM公司推出的IBM7000系列计算机（如IBM7090系统），是第二代电子计算机的代表。1960年出现了一些成功地用在商业领域、大学和政府部门的第二代计算机，60年代中期美国已拥有电子计算机3万台。

第二代电子计算机具有以下的特点：使用晶体管逻辑元件；快速磁心存储器和监控程序；使用FORTRAN、ALGOL、LOBOL等新的计算机程序设计语言，使计算机编程更容易，新的职业（程序员、分析员和计算机系统专家）和整个软件产业由此诞生。此外，第二代计算机还拥有现代计算机的一些部件：打印机、磁带、磁盘、内存、操作系统等。

(3) 第三代集成电路计算机

电子计算机进入快速发展时期是在集成电路出现以后。1964 年美国 IBM 公司研制成功集成电路计算机 IBM360，标志着电子计算机进入第三代。第三代电子计算机采用中小规模的集成电路为逻辑元件，主存储器仍以磁芯存储器为主，外部设备不断丰富，具有系列兼容的特点，出现了计算机网络，人们可以远距离办公。在软件方面出现了操作系统，算法语言也更加丰富和完善。

此外，这一时期小型机的发展也不容忽视。小型机的功能接近低档通用计算机，价格却比大型机低一两个数量级，且便于维护，在商业管理、教育和科学计算领域应用广泛。美国的数字设备公司 DEC 开发的 PDP 系列是小型机的代表，1966 年推出的 PDP-8 计算机价格低于 20000 美元，体积小到可放在办公桌上，深受欢迎。到 1970 年美国各种小型机的生产已超过 1 万台。

(4) 第四代大规模集成电路计算机

电子计算机进入第四代的显著标志不仅是用大规模和超大规模集成电路作为计算机的逻辑元件和存储器，而且呈现出微型化和巨型化两个发展方向。一般认为，美国伊利诺伊大学研制的 ILLIACIV 计算机是第一台全面使用大规模集成电路作为逻辑元件和存储器的计算机，标志着电子计算机的发展已到了第四代。

微处理器和微型计算机的出现与发展是计算机发展史上的革命性事件，1971 年世界第一台 4 位微处理器 4004 问世，它的功能相当于在一台 ENIAC 计算机芯片上集成了 2250 个晶体管，实现了“仅用一块芯片来承担中央处理器的全部功能”的设想，是计算机发展史上的又一次革命。

微型计算机的出现是计算机发展史上的重大事件，使得计算机更加普及和日益深入到社会生活的各个方面，同时为计算机的网络化创造了条件。20 世纪 70 年代中期，计算机制造商开始将计算机带给普通消费者，这时的小型机带有友好界面的软件包、供非专业人员使用的程序和最受欢迎的字处理和电子表格程序。1981 年，IBM 推出个人计算机用于家庭、办公室和学校。80 年代，个人计算机的竞争使得价格不断下跌，微机的拥有量不断增加，计算机继续缩小体积，与 IBM 的 PC 竞争的 Apple Macintosh 系列于 1984 年推出，Macintosh 提供了友好的图形界面，用户可以用鼠标方便地操作。

第四代计算机在实现微型化的同时还实现了巨型化，运算能力可以达到第一台计算机的百万倍、千万倍甚至上亿倍。1992 年，英特尔推出 Paragon 超级计算机，它成为历史上第一台突破万亿次浮点计算屏障的超级计算机。紧接着，IBM 的 SP2、日立公司的 SR2201 和 SGI 公司的 Origin2000 超级计算机都先后出现。值得一提的是，Origin2000 系列后来成为 SGI 公司制作电影 CG（Computer Graphics）的主力，很多大场面的电影都有它的功劳。1996 年 12 月，SGI 公司研制出一台具有 256 个处理器的超级计算机安装在美国国家实验室，这个系统的处理器还将增加为 4096 个，运算速度达到了 30000 亿次/s。一般来说，计算机的运算速度为平均每秒 1000 万次以上就称为超级计算机，2009 年我国的“天河一号”超级计算机峰值性能为每秒 1.206 千万亿次。

2. 新概念计算机

至今，电子计算机仍在不断发展，超大规模集成电路和极大规模集成电路将在未来一段时间内仍作为计算机的关键元件。在软件发展的支持下，电子计算机至少在中短期时间内仍是主导产品，但是各种类型的新一代计算机正在紧锣密鼓地研制中。

(1) 人工智能计算机

人工智能计算机是一种有知识、会学习、能推理的计算机，具有理解自然语言、声音、文字和图像的能力，并且具有说话的能力，使人机能够用自然语言直接对话。它可以利用已有的和不断学习到的知识，进行思维、联想、推理并得出结论，能解决复杂问题，具有汇集、记忆、检索有关知识的能力。智能计算机突破了传统机器的概念，舍弃了二进制结构，把许多处理机并联起来，并行处理信息，速度大大提高。它的智能化人机接口使人们不必编写程序，只需发出命令或提出要求，计算机就会完成推理和判断并给出解释。1981 年，日本向世界宣告开始研制第五代计算机，即研制具有人工智能的计算机，并提出十年计划（1982～1991 年），这可以看作拉开新一代计算机研发的序幕。尽管这一计划夭折，但是在人工智能、知识处理系统等相关领域的研究还是取得了一定成效。整体上看，目前，人工智能计算机的研制仍处在探索之中，主要途径有符号处理与知识处理、人工神经网络、层次化的智力社会模型和基于生物进化的智能系统等。

(2) 量子计算机

量子计算机是遵循量子力学规律进行高速数学和逻辑运算、存储及处理量子信息的物理装置，当某个装置处理和计算的是量子信息、运行的是量子算法时，它就是量子计算机。量子计算机理论上具有模拟任意自然系统的能力，同时也是发展人工智能的关键。由于量子计算机在并行运算上的强大能力，使它有能力快速完成经典计算机无法完成的计算，这种优势在加密和破译等领域有着巨大的应用。

2009 年 11 月，世界首台量子计算机在美国诞生。这一量子计算机由美国国家标准技术研究院研制，可处理两个量子比特的数据，较之传统计算机中的“0”和“1”比特，量子比特能存储更多的信息，因而量子计算机的性能将大大超越传统计算机。目前正在开发中的量子计算机有三种类型：核磁共振、硅基半导体和离子阱量子计算机。

2017 年 3 月，IBM 宣布将于年内推出全球首个商业“通用”量子计算服务。IBM 表示此服务配备有直接通过互联网访问的能力，在药品开发以及各项科学研究上有着变革性的推动作用，已开始征集消费用户。除了 IBM，其他公司还有英特尔、谷歌以及微软等，也在实用量子计算机领域进行探索。2017 年 5 月，中国科学院潘建伟团队研制的光量子计算机实验样机计算能力已超越早期计算。此外，中国科研团队完成了 10 个超导量子比特的操纵，成功打破了目前世界上最大位数的超导量子比特的纠缠和完整的测量记录。

(3) 光子计算机

1990 年初，美国贝尔实验室制成世界上第一台光子计算机。光子计算机是由光子代替电子或电流，利用光信号进行数字运算、逻辑操作、信息存储和处理的新型计算机。光子计算机的基本组成部件是集成光路，还包括激光器、透镜和核镜。其基础部件是空间光调制器，并采用光内连技术，在运算部分与存储部分之间进行光连接，运算部分可直接对存储部分进行并行存取。光子计算机突破了传统的用总线将运算器、存储器、输入和输出设备相连接的体系结构。光子计算机的运行速度可高达 1 万亿次/s，而且耗电极低。它的存储量是现代计算机的几万倍，还可以对语言、图形和手势进行识别与合成。

(4) 生物计算机

生物计算机又称为仿生计算机，生物计算机的运算过程就是蛋白质分子与周围物理化学介质相互作用的过程。它是以生物芯片取代在半导体硅片上集成数以万计的晶体管制成的计算机，涉及计算机科学、脑科学、神经生物学、分子生物学、生物物理、生物工程、电子工程、物理学和化学等有关学科。计算机的转换开关由酶来充当，而程序则在酶合成系统本身和蛋白质的结构中极其明显地表示出来。

生物计算机具有诸多优点。一是体积小。蛋白质分子比硅晶片上电子元件要小得多，距离很近。在 $1mm^2$ 的面积上可容纳几亿个电路，比目前的集成电路小得多。用它制成的计算机，已经不像现在计算机的形状了，可以隐藏在桌角、墙壁或地板等地方。二是功效高。生物计算机的元件是由有机分子组成的生物化学元件，它们是利用化学反应工作的，所以生物计算机只需要很少的能量就可以工作了，不会像电子计算机那样工作一段时间后机体会发热，而它的电路间也没有信号干扰。生物计算机完成一项运算，所需的时间仅为 $10^{-5}\mu s$，比人的思维速度快100万倍。其中DNA分子计算机具有惊人的存储量，$1m^3$ 的DNA溶液可存储1万亿亿的二进制数据。DNA计算机消耗的能量也非常小，只有电子计算机的十亿分之一。三是具有自我修复能力。当我们在运动中不小心碰伤了身体，过几天伤口就愈合了。这是因为人体具有自我修复功能，生物计算机也有这种功能。当它的内部芯片出现故障时，不需要人工修理能自我修复，所以生物计算机具有永久性和很高的可靠性。

三、通信技术

1. 通信技术的发展

通信技术又称为电信技术，是利用电信设备对信息进行传输、发送和接收的技术。1837年，美国人塞缪乐·摩尔斯成功地研制出世界上第一台电磁式电报机，发明了电报，拉开了电信时代的序幕。100多年来，随着科学技术，尤其是电信和电子技术的飞速发展，现代通信、广播、电视等各种信息传播技术都被用来传送信息，这就大大加快了信息的传送速度，提高了信息的传送质量，扩大了信息的传送范围。

人类有着悠久的传递信息、进行通信的历史。早在远古时期，人们通过简单的语言、壁画等方式交换信息。古代非洲人用圆木特制的大鼓可传声至三四公里远，再通过鼓声接力和专门的击鼓语言，可在很短的时间内把消息准确地传到50km以外的另一个部落，“烽可遥见，鼓可遥闻”。古代中国还通过官方设立的邮驿来进行信息的传递，这是现代邮政的雏形。

19世纪中叶以后，随着电报、电话的发明，人类通信领域产生了根本性的巨大变革，实现了利用金属导线来传递信息，甚至通过电磁波来进行无线通信。从此，人类的信息传递可以脱离常规的视听觉方式，用电信号作为新的载体，也带来了一系列技术革新，开始了人类通信的新时代。

进入到20世纪，1948年美国数学家申农建立了信息论，在理论上为数字通信的发展打下了基础，时分多路复用通信系统问世。1949年晶体管问世，拉开了集成电路的序幕，使得数字通信得到进一步发展。1961年第一颗同步通信卫星发射成功，开辟了空间通信的新时代。

20 世纪 70 年代，因特网的前身 ARPANET 出现，同时大规模集成电路、程控数字交换机、光纤通信系统、微处理机等迅速发展。

2. 现代通信技术

现代通信之所以发展如此迅速，根本原因在于现代通信技术的迅速更新和发展。现代通信技术与传统通信技术有了很大的区别，不再以信件、电报、电话业务为支柱，而是以微电子技术、计算机技术、激光技术、光纤通信技术和卫星通信技术等为支撑，主要包括以下几种技术。

（1）光纤通信

20 世纪 60 年代初，激光技术问世。因为激光可包含大量信息，科技人员就设想用激光传递信息，激光成为光通信的光源。1966 年，英国华裔科学家高锟提出利用带有包层材料的石英玻璃光学纤维作为通信媒质，从此开创了光纤通信领域的研究工作，他也被称作现代“光纤通信之父”。1970 年，可以传递光信号的光导纤维被研制出来，美国康宁玻璃公司研制出第一根损耗为 20dB/km 的光导纤维，于是一种新的通信方式——光纤通信诞生了。1979 年，日本电信电话公司研制出衰减率接近理论最低值的优质石英光纤，标志着光纤通信达到了一个崭新阶段。

光导纤维是利用光的全反射原理来传输光信号的玻璃纤维细丝，它由芯子、包层、涂敷层和外层四部分构成。芯子材料主要是二氧化硅，其中掺有极微量的其他材料如二氧化锗等，目的在于提高它的光折射率，芯子的直径在 3 ~ 60μm。芯子外面的包层一般用纯二氧化硅制成，有时也掺入极微量的三氧化硼或氟以降低它的光折射率，使它的折射率与芯子有细微的差别。涂敷层常用硅酮或丙烯酸盐，它的作用在于保护光纤并增加它的机械强度。外套一般为塑料管，也是为了保护光纤并以不同的颜色区别不同的光纤。许多根光纤绕在一起就组成了光缆。

光导纤维与电线相比，具有传输容量大、耗损低、保密性能好、抗干扰能力强、可以传输图像等特点。更重要的是制作光导纤维所需材料资源丰富、成本低，这就为电话和有线电视的迅速普及铺平了道路，也为互联网的产生奠定了基础。

我国在 1999 年建成了八纵八横覆盖全国的光缆工程。在科学技术部、原计委、原经委的安排下，1999 年中国生产的 8 × 2. 5Mbit/s 的 WDM 系统首次在青岛至大连开通。WDM 是指将两种或多种不同波长的光载波信号在发送端经汇合在一起，并耦合到光线路的同一根光纤中进行传输的技术。随之沈阳至大连的 32 × 2. 5Mbit/s 的 WDM 光纤通信系统开通。2005 年 3. 2Tbit/s 超大容量的光纤通信系统在上海至杭州开通，是当时世界容量最大的实用线路。2016 年中国的光纤用户数量已经占据了全球的 60%，中国也消耗了世界上超过一半的光纤。

（2）微波接力通信

微波接力通信系统是利用微波视距传播以接力站方式实现远距离微波通信时，由两端的终端站及中间的若干接力站组成的系统。微波通常是指波长 1mm ~ 1m（频率为 300 ~ 300000MHz）的电磁波。依靠中继站接力传输、实现微波信号的远距离无线电通信，“二战”后发展起来，适于山区、沼泽、岛屿、人口稀少地区等光缆难于铺设地区。微波通信由于其频带宽、容量大，可以用于各种电信业务传送，如电话、电报、数据、传真以及彩色电视等。微波通信具有良好的抗灾性能，水灾、风灾以及地震等自然灾害对微波通信一般都没有影响。但微波经空中传送，易受干扰，在同一微波电路上不能使用相同频率于同一方向，因此微波电路必须在无线电管理部门的严格管理之下进行建设。此外，由于微波直线传播的特性，在电波波束方向上不能有高楼阻挡，因此城市规划部门要考虑城市空间微波通道的规划，使之不受高楼的阻隔而影响通信。

微波通信可分为有线和无线传输两大类，采用同轴电缆进行的有线电视信号传输就是有线传输的一种；而微波视距通信、移动通信、卫星通信、散射通信等采用的是无线传输。

微波通信现在的主要方式是数字微波通信，是指用数字信号通过微波信道进行通信的传输方式，它具有数字通信所固有的抗干扰能力强、可靠性高、保密性好、易于集成等优点。

(3) 卫星通信

卫星通信是一种无线电通信方式，是在地面微波通信和空间技术的基础上发展起来的，是地面微波中继站通信的集成和发展，是微波中继站通信的一种特殊形式。卫星通信是利用人造地球卫星作为中继站转发无线电波，在两个或多个地面站之间进行的通信。

20 世纪 50 年代，人造卫星发射成功，标志着人类对太空资源的开发和利用进入了一个新的时代。卫星通信是用电磁波把信息发送到卫星上，卫星再把信号传送到其他卫星或地面接收站，再由光缆或其他方式把信号传递到接收者那里。由于电磁波的传播速度为 30 万公里/秒，所以卫星通信尽管传输距离长，通信速度却很快。卫星通信具有诸多的优点。一是覆盖面广、通信距离长。原则上，在 35800km 高的赤道上安放三颗同步轨道卫星，通信范围就可以覆盖整个地球，因此从美国往中国打越洋电话和在国内、市内打电话一样方便。而通过卫星转播，我们可以坐在家里欣赏雅典奥运会和南非世界杯的精彩比赛。在卫星波束覆盖区内一般的通信距离最远为 18000km，覆盖区内的用户都可通过通信卫星实现多址联接，进行即时通信。二是传输频带宽、通信容量大。卫星通信一般使用 1 ~ 10GHz 的微波波段，有很宽的频率范围，可在两点间提供几百、几千甚至上万条话路，提供每秒几十兆比特甚至每秒一百多兆比特的中高速数据通道，还可传输好几路电视。三是通信稳定性好、质量高。卫星链路大部分是在大气层以上的宇宙空间，属恒参信道，传输损耗小，电波传播稳定，不受通信两点间的各种自然环境和人为因素的影响，即便是在发生磁爆或核爆的情况下，也能维持正常通信。

卫星传输的主要缺点是传输时延大。在打卫星电话时不能立刻听到对方回话，需要间隔一段时间才能听到。也就是说，在发话人说完 0.6s 以后才能听到对方的回音，这种现象称为“延迟效应”。由于“延迟效应”现象的存在，使得打卫星电话往往不像打地面长途电话那样自如方便。

(4) 移动通信

通信方式的另一大进展是移动通信的广泛应用。移动体之间或移动体与固定体之间的通信称移动通信，移动体可以是人、汽车、船只、飞机和卫星。

移动通信的种类繁多，按使用要求和工作场合不同可以分为以下几种。

1) 集群移动通信。集群移动通信，也称大区制移动通信。它的特点是只有一个基站，天线高度为几十至百余米，覆盖半径为30km，发射机功率可高达200W。用户数约为几十至几百，可以是车载台，也可以是手持台。它们可以与基站通信，也可通过基站与其他移动台及市话用户通信，基站与市站有线网连接。

2）蜂窝移动通信。蜂窝移动通信，也称小区制移动通信，是采用蜂窝无线组网方式，在终端和网络设备之间通过无线通道联接起来，进而实现用户在活动中相互通信。其主要特征是终端的移动性，并具有越区切换和跨本地网自动漫游功能。蜂窝移动通信业务是指经过由基站子系统和移动交换子系统等设备组成蜂窝移动通信网提供的语音、数据、视频图像等业务。它把整个大范围的服务区划分成许多小区，每个小区设置一个基站，负责本小区各个移动台的联络与控制，各个基站通过移动交换中心相互联系，并与市话局连接。利用超短波电波传播距离有限的特点，离开一定距离的小区可以重复使用频率，使频率资源可以充分利用。每个小区的用户在1000以上，全部覆盖区最终的容量可达100万用户。

3）卫星移动通信。利用卫星转发信号也可实现移动通信，对于车载移动通信可采用赤道固定卫星，对于手持终端采用中低轨道的多颗星座卫星较为有利。

四、自动化技术

1. 自动化技术的含义

自动化是机器设备或生产过程在不需要人直接干预下，按预期的目标、目的，经过逻辑推理、判断，普遍地实行自动测量、操纵等信息处理和过程控制的统称。自动化技术就是探索和研究实现这种自动化过程的理论、方法和技术手段的一门综合性技术科学。它和控制论、信息论、系统工程、计算机技术、电子学、液压气压技术、自动控制等都有着非常密切的关系，而其中又以控制理论和计算机技术对自动化技术的影响最大。

自古以来，人类就有创造自动装置以减轻或代替人劳动的想法。自动化技术的产生和发展经历了漫长的历史过程。古代中国的铜壶滴漏（简称漏壶）、指南车，以及17世纪欧洲出现的钟表和风磨控制装置，虽然都是毫无联系的发明，但对自动化技术的形成却起到了先导作用。

在第一次技术革命中，英国人瓦特改进了蒸汽机，人类开始进入了使用机器的时代。蒸汽机借助于离心调速装置而使其本身的转速保持稳定，这种离心调速装置就是世界上最早的自动化机器。

20世纪40年代，美国数学家维纳等人在自动调节、计算机、通信技术、仿生学以及其他学科互相渗透的基础上，提出了控制论，这一理论对自动化技术有着深远影响。维纳提出的反馈控制原理，至今仍然是控制理论中的一条重要规律。60年代，随着复杂的工业生产过程、航空及航天技术、社会经济系统等领域的进步使自动控制理论得以迅速发展，自动化技术水平大大提高了，两个显著进展是数字计算机得到广泛应用以及现代控制理论的诞生。

2. 自动化技术的发展

自动化应用领域非常广泛，可分为办公自动化、机械自动化、信息自动化、工业自动化、污水处理自动化等。其总体发展趋势是更广泛地与各地现代化技术相结合，特别是与计算机技术及控制论结合，从物理活动的自动化向着信息活动的自动化发展，如利用计算机来自动设计，而不只是辅助设计。

工业机器人是面向工业领域的多关节机械手或多自由度机器装置，它能自动执行工作，是靠自身动力和控制能力来实现各种功能的一种机器。它可以接受人类指挥，也可以按照预先编排的程序运行，现代的工业机器人还可以根据人工智能技术制定的原则纲领行动。如今，工业机器人是制造业创新自动化应用的一个典型例子，也吸引了很多应用行业热切的关注，在业界熠熠闪光，从制造业大鳄富士康高调向“机器劳动力”伸出“橄榄枝”，到众多机器人厂商携新产品新应用频频出镜，工业机器人已经走上了技术升级、应用拓展的快行道。

随着家庭大量使用自动化设备，如自动洗衣机、空调、冰箱、电饭煲等，人们家庭生活中的操劳大大减少，节省了家务时间，提高了物质、文化生活水平。家庭自动化是人类社会进步的重要标志之一。随着通信和信息技术的发展，出现了对住宅中各种通信、家电、安保设备进行监视、控制与管理的商务系统，这就是现在智能家居的雏形。因此，智能家居是以住宅为平台安装智能家居系统的居住环境，它利用计算机技术、网络通信技术、安全防范技术、自动控制技术、音视频数码技术等家居生活有关的设备集成形成智能家居系统。

自动化技术在现代飞速发展的物联网中也有广泛应用，主要有：传感器等数据采集与储存；对数据自动分析处理，给出执行流程；对售后产品进行监测和提供个性化服务方案。

从社会角度来看，自动化也可能会造成人类的失业问题，因为传统自动化机械随着计算机发展逐渐智能化，会渗透进更下端的产业和更小型的公司，取代更多的职位，这种取代扩张非常迅速。“日经新闻”曾研究2030年后日本可能被机器人抢走735万个工作机会，而被抢工作的人会涌向其他工作机会，让其他工作的劳工受到薪资和福利的不利影响，所以自动化技术有可能加剧贫富差距而成为未可知的巨大社会问题。

五、互联网技术

1. 互联网的出现

信息社会是一个网络社会，计算机互联网的普及和应用不断冲击、改变着人们的生活，网络使地球随之变小，黄皮肤、白皮肤、黑皮肤……来自地球上不同角落操持不同语言的人都被互联网广泛地联系在一起，呈现出全球化、一体化的趋势。政府机构、科研院所、图书馆、企业以及家家户户都被多媒体电脑联结起来，真正实现“秀才不出门，便知天下事”。人们方便、快捷地传递、处理各种信息，尽享人类丰富多彩的信息资源，人与人之间的沟通和交流变得异常容易。

互联网亦即计算机网络技术，是通信技术与计算机技术相结合的产物。计算机网络是按照网络协议，将地球上分散的、独立的计算机相互连接的集合。连接介质可以是电缆、双绞线、光纤、微波、载波或通信卫星。计算机网络具有共享硬件、软件和数据资源的功能，具有对共享数据资源集中处理及管理和维护的能力。

计算机网络可按网络拓扑结构、网络涉辖范围和互联距离、网络数据传输和网络系统的拥有者，以及不同的服务对象等不同标准进行种类划分。一般按网络范围划分为局域网（LAN）、城域网（MAN）和广域网（WAN）。局域网的地理范围一般在10km以内，属于一个部门或一组群体组建的小范围网，如一个学校、一个单位或一个系统等。广域网涉辖范围大，一般从几十至几万千米，如一个城市、一个国家或洲际网络，此时用于通信的传输装置和介质一般由电信部门提供，能实现较大范围的资源共享。计算机网络技术实现了资源共享，人们可以在办公室、家里或其他任何地方，访问查询网上的任何资源，极大地提高了工作效率，促进了办公自动化、工厂自动化、家庭自动化的发展。

2. 互联网的发展

（1）云计算

云计算的核心思想是将大量用网络连接的计算资源统一管理和调度，构成一个计算资源池向用户按需服务。2006 年，谷歌首席执行官埃里克·施密特在搜索引擎大会上首次提出“云计算”（Cloud Computing）的概念，此后，云计算成为大型企业、互联网建设着力研究的重要方向。云计算有广义与狭义之分。从狭义上讲，云计算就是一种提供资源的网络，使用者可以随时获取“云”上的资源，按需求量使用，并且可以看成是无限扩展的，只要按使用量付费就可以。从广义来说，这种服务可以是 IT 和软件、互联网相关的，也可以是任意其他的服务。

（2）物联网

物联网是指通过各种信息传感器、射频识别技术、全球定位系统、红外感应器、激光扫描器等装置与技术，实时采集任何需要监控、连接、互动的物体或过程。采集其声、光、热、电、力学、化学、生物、位置等各种需要的信息，通过各类可能的网络接入，实现物与物、物与人的泛在连接，实现对物品和过程的智能化感知、识别和管理。

物联网的概念是在 1999 年提出的，它的定义很简单：把所有物品通过射频识别等信息传感设备与互联网连接起来，实现智能化识别和管理。也就是说，物联网是指各类传感器和现有的互联网相互衔接的一个新技术。2005 年国际电信联盟（ITU）发布《ITU 互联网报告：2005 物联网》指出，无所不在的“物联网”通信时代即将来临，世界上所有的物体，从轮胎到牙刷、从房屋到纸巾，都可以通过互联网主动进行交换，射频识别技术、传感器技术、纳米技术、智能嵌入技术将得到更加广泛的应用。2008 年 3 月在苏黎世举行了全球首个国际物联网会议“物联网 2008”探讨了“物联网”的新理念和新技术与如何将“物联网”推进发展的下个阶段。

物联网在中国迅速崛起得益于我国在物联网方面的几大优势。第一，我国早在 1999 年就启动了物联网核心传感网技术研究，研发水平处于世界前列；第二，在世界传感网领域，我国是准主导国之一，专利拥有量高；第三，我国是能够实现物联网完整产业链的国家之一；第四，我国无线通信网络和宽带覆盖率高，为物联网的发展提供了坚实的基础设施支持；第五，我国已经成为世界第二大经济体，有较为雄厚的经济实力支持物联网发展。

自 2016 年以来，中国物联网数据规模呈逐年增长的趋势，2018 年中国物联网数据规模突破 10ZB，达到 27. 5ZB。2019 年中国物联网数据规模为 27. 5ZB，2020 年中国物联网数据规模远超 30ZB，达到 38. 99ZB。

物联网的应用范围相当广泛，可从穿戴式设备、智能汽车、智能家居、智能交通、智慧城市到工业物联网等。

(3) 电子政务

电子政务是指国家机关在政务活动中，全面应用现代信息技术、网络技术以及办公自动化技术等进行办公、管理和为社会提供公共服务的一种全新的管理模式。

网络技术可以整合和管理分散在各部门的信息化资源，实现各个政府部门之间数据的无缝交换，消除“信息孤岛”，打破电子政务资源共享的瓶颈；同时，网络技术的分布式工作模式可以有效地实现在网络虚拟环境下的协同办公，提高政府的工作效率、增强为公众服务的能力。随着“互联网 + 大数据”及软件平台的不断发展，近年来，我国电子政务应用进一步深化，统一完整的国家电子政务网络基本形成，基础信息资源共享体系初步建立。我国电子政务市场规模呈逐年增长态势，2019 年市场规模近 3366 亿元。

《2020 联合国电子政务调查报告》显示，我国电子政务发展迅速，进入全球领先行列。我国电子政务发展指数从 2018 年的 0.6811 提高到 2020 年的 0.7948，排名比 2018 年提升了 20 位，升至全球第 45 位，取得历史新高。

我国电子政务细分市场主要以硬件和服务为主，占电子政务市场规模比重均在 30% 左右。我国电子政务平台市场主要竞争企业为浪潮、太极、中国软件、神州信息等，Top5 企业累计市场份额达 53.10%。

(4) 电子商务

电子商务通常是指是在全球各地广泛的商业贸易活动中，在互联网开放的网络环境下，基于浏览器/服务器应用方式，买卖双方不谋面地进行各种商贸活动，实现消费者的网上购物、商户之间的网上交易和在线电子支付以及各种商务活动、交易活动、金融活动和相关的综合服务活动的一种新型的商业运营模式。电子商务以电子技术为手段，以商务为核心，把原来传统的销售、购物渠道移到互联网上来，打破国家与地区有形无形的壁垒，使生产企业实现全球化、网络化、无形化、个性化、一体化，其对社会的影响，不亚于蒸汽机的发明给整个社会带来的影响，现在正在飞速发展。中国网络购物用户年增长 48.6%，是用户增长最快的应用，淘宝网 2019 年 6 月年用户就高达 7.55 亿人，阿里巴巴 2019 年销售额达 5.727 万亿元。2019 年京东全年净收入 5769 亿元，同比增长 24.9%。

(5) 网络娱乐

随着互联网的发展，网络视频点播与在线游戏已经成为个人娱乐重要的一环。使用网络可以为游戏开发商和服务供应商提供可扩展的、高弹性的基础设施以运行大型多人游戏。美国游戏基础设施提供商 Butterfly. net 公司目前使用的就是 IBM 的网络计算服务器。该服务器利用了网络技术自恢复特性，能够无缝隙地将所玩的游戏转到最近的可用服务器上，实现了用户资源的统一调动、统一保存，极大提高了游戏运行和服务的可扩充性。据 Butterfly. net 与 IBM 的评估，在相同的预定收益中，利用网络技术布置的网络服务器产生的利润是传统集中式服务器的 8 倍。而对于个人用户来说，网络服务器则意味着更安全、更快捷的游戏体验。

网络技术有望使虚拟现实技术走向平民化。虚拟现实技术是一种利用计算机图形技术人工合成可变化的模拟仿真环境，由于造价高昂，目前虚拟现实技术只用于飞行员、宇航员等训练工作，普通个人根本无法享受这一技术带来的娱乐体验。但是利用网络可以使造价大大低廉，可以将虚拟现实技术运用于网络游戏中，让参与游戏的人可以真切地感受虚拟环境所带来的游戏快感。毫无疑问，如果这一技术移植成功，将引起目前的网络游戏的革命性变化。

六、人工智能技术

1. 人工智能的定义

1956年夏，以美国的麦卡赛、明斯基、罗切斯特和申农等为首的一批有远见卓识的年轻科学家在一起聚会，共同研究和探讨用机器模拟智能的一系列有关问题，并首次提出了“人工智能”（Artificial Intelligence）这一术语。60多年来，人工智能取得长足的发展，成为一门广泛的交叉和前沿科学。美国斯坦福研究所人工智能中心主任尼尔逊教授对人工智能下了这样一个定义：“人工智能是关于知识的学科——怎样表示知识以及怎样获得知识并使用知识的科学。”美国麻省理工学院的温斯顿教授认为：“人工智能就是研究如何使计算机去做过去只有人才能做的智能工作。”这些说法反映了人工智能学科的基本思想和基本内容，即人工智能是研究人类智能活动的规律，构造具有一定智能的人工系统，研究如何让计算机去完成以往需要人的智力才能胜任的工作，也就是研究如何应用计算机的软硬件来模拟人类某些智能行为的基本理论、方法和技术。一般认为，人工智能是研究、开发用于模拟、延伸和扩展人的智能的理论、方法、技术及应用系统的一门新的技术科学。

人工智能从诞生以来，理论和技术日益成熟，应用领域也不断扩大，其实际应用主要有机器视觉、指纹识别、人脸识别、视网膜识别、虹膜识别、掌纹识别、专家系统、自动规划、智能搜索、定理证明、博弈、自动程序设计、智能控制、机器人学、语言和图像理解、遗传编程等。

2. 人工智能的发展

从可应用性看，人工智能大体可分为专用人工智能和通用人工智能。用于特定任务（如下围棋）的专用人工智能系统由于任务单一、需求明确、应用边界清晰、领域知识丰富、建模相对简单，形成了人工智能领域的单点突破，在局部智能水平的单项测试中可以超越人类智能。人工智能的近期进展主要集中在专用人工智能领域。例如，阿尔法狗（AlphaGo）在围棋比赛中战胜人类冠军，人工智能程序在大规模图像识别和人脸识别中达到了超越人类的水平，人工智能系统诊断皮肤癌达到专业医生水平。

通用人工智能尚处于起步阶段。人的大脑是一个通用的智能系统，能举一反三、融会贯通，可处理视觉、听觉、判断、推理、学习、思考、规划、设计等各类问题，可谓“一脑万用”。真正意义上完备的人工智能系统应该是一个通用的智能系统。目前，虽然专用人工智能领域已取得突破性进展，但是通用人工智能领域的研究与应用仍然任重而道远，人工智能总体发展水平仍处于起步阶段。当前的人工智能系统在信息感知、机器学习等“浅层智能”方面进步显著，但是在概念抽象和推理决策等“深层智能”方面的能力还很薄弱。总体上看，目前的人工智能系统可谓有智能没智慧、有智商没情商、会计算不会“算计”、有专才而无通才。因此，人工智能依旧存在明显的局限性，依然还有很多“不能”，与人类智慧还相差甚远。

人工智能的社会影响日益凸显。一方面，人工智能作为新一轮科技革命和产业变革的核心力量，正在推动传统产业升级换代，驱动“无人经济”快速发展，在智能交通、智能家居、智能医疗等民生领域产生积极正面的影响。另一方面，个人信息和隐私保护、人工智能创作内容的知识产权、人工智能系统可能存在的歧视和偏见、无人驾驶系统的交通法规、脑机接口和人机共生的科技伦理等问题已经显现出来，需要抓紧提供解决方案。目前全球范围内出台了几十个人工智能方面的伦理治理准则，我国也越来越重视人工智能带来的各种社会问题，2019 年 3 月 4 日，十三届全国人大二次会议举行新闻发布会，会议宣布已将与人工智能密切相关的立法项目列入立法规划。

第四节　魅力无穷的生物技术

生物技术（生物工程）是指应用现代生物科学及某些工程原理，利用生命有机体（从微生物到高级动物）及其组成（含器官组织、细胞、细胞器及基因）来发展新产品或新工艺的一种技术体系，包括基因工程、细胞工程、酶工程、发酵工程、蛋白质工程，其中基因工程为核心技术。由于生物技术将会为解决人类面临的重大问题如粮食、健康、环境、能源等开辟广阔的前景，它与计算机微电子技术、新材料、新能源、海洋技术、航天技术等被列为高科技，被认为是 21 世纪科学技术的核心。

生物技术的发展可以划分为三个不同的阶段：传统生物技术、近代生物技术、现代生物技术。传统生物技术的技术核心是酿造技术，近代生物技术的技术核心是微生物发酵技术，现代生物技术的技术核心是基因工程，“基因”也成为现代人耳熟能详的基本词汇，反映了现代生物技术的巨大影响。

一、基因工程

1. 基因

现在通用的“基因”一词，是由“GENE”音译而来的。基因原称遗传因子。1865 年，奥地利天主教神父、遗传学家孟德尔根据豌豆七对不同性状的杂交实验，总结出遗传因子的概念以及在生殖细胞成熟中同对因子分离、异对因子自由组合两条遗传规律，也就是人们称为的孟德尔因子和孟德尔定律。

“基因”是丹麦的植物学家和遗传学家约翰逊于 1909 年首先提出来用以表达孟德尔的“遗传因子”这一概念的。从 1910 年到 20 世纪 30 年代，美国人摩尔根通过数百种果蝇性状的杂交实验阐明了基因变异和遗传的染色体机理，总结为基因学说。

但是，当时人们还没有弄清楚基因到底是什么。20 世纪 40 年代遗传学研究逐步提高到分子水平，40 ~60 年代，经过许多科学家的实验研究，肯定了基因的化学成分主要为 DNA，阐明了 DNA 的双螺旋结构以及双股 DNA 之间碱基互补配对原则，人们才在以后的研究中，越来越清楚地认识了“基因”及其在遗传中的作用。

基因是具有遗传效应的 DNA 分子片段，它存在于染色体上，并在染色体上呈线性排列。基因不仅可以通过复制把遗传信息传递给下一代，还可以使遗传信息得到表达，也就是使遗传信息以一定方式反映到蛋白质的分子结构上，从而使后代表现出与亲代相似的性状。

在染色体中高度盘曲着的 DNA 分子是一条很长的双链，最短的 DNA 分子中大约也含有 4000 个核苷酸对，最长的大约含有 40 亿个。一个 DNA 分子可以看作是很多区段的集合，这些区段一般不互相重叠，各有500～6000个核苷酸对，这样的一个区段就是一个基因。

2. 基因工程

（1）基因工程的含义

基因工程是现代生物技术的核心，主要研究基因的分离、合成、切割、重组、转移、表达等，是在分子水平上对基因进行操作的复杂技术。它是用人为的方法将所需要的某一供体生物的遗传物质——DNA大分子提取出来，在离体条件下用适当的工具酶进行切割后，把它与作为载体的DNA分子连接起来，然后与载体一起导入某一更易生长、繁殖的受体细胞中，以让外源物质在其中“安家落户”，进行正常的复制和表达，从而获得新物种的一种崭新技术。

（2）基因工程操作步骤

1）提取目的基因。获取目的基因是实施基因工程的第一步。如植物的抗病基因、人的胰岛素基因等，都是目的基因。要获得特定的目的基因，主要有两条途径：一条是从供体细胞的DNA中直接分离基因，另一条是人工合成基因。

2）目的基因与载体重组。重组载体的构建是实施基因工程的第二步，也是基因工程的核心。如果以质粒作为运载体，首先要用一定的限制酶切割质粒，使质粒出现一个缺口，漏出黏性末端。然后用同一种限制酶切断目的基因，使其产生相同的黏性末端。将切下的目的基因的片段插入质粒的切口处，再加入适量DNA连接酶，质粒的黏性末端与目的基因DNA片段的黏性末端就会因碱基互补配对而结合，形成一个重组的DNA分子。

3）将重组载体导入受体细胞。将重组载体导入受体细胞是实施基因工程的第三步。基因工程中常见的受体细胞有大肠杆菌、根癌农杆菌、啤酒酵母和某些动植物细胞等。用人工方法使体外重组的DNA分子转移到受体细胞，主要是借鉴细菌或病毒侵染细胞的途径。例如，如果载体是质粒，受体细胞是大肠杆菌，UI版是将细菌用氯化钙处理，以增大细菌细胞膜的通透性，使含有目的基因的重组质粒进入受体细胞。目的基因导入受体细胞后，就可以随着受体细胞的繁殖而复制，由于细菌的繁殖速度非常快，在很短的时间内就能够获得大量的目的基因。

4）目的基因的检测和表达。目的基因导入受体细胞后，是否可以稳定维持和表达其遗传特性，只有通过检测与鉴定才能知道。这是基因工程的第四步。引入受体细胞的外援DNA分子，往往只有极少部分能实现复制表达功能。因此，必须通过一定的手段对受体细胞中是否导入了目的基因进行检测。检查的方法有很多种，例如，大肠杆菌的某种质粒具有氨苄西林抗性基因，当这种质粒与外源DNA组合在一起形成重组质粒，并被转入受体细胞后，就可以根据受体细胞是否具有西林抗性来判断受体细胞是否获得了目的基因。重组DNA分子进入受体细胞后，受体细胞必须变现出特定的性状，才能说明目的基因完成了表达过程。

（3）基因编辑技术

基因编辑，又称基因组编辑或基因组工程，是一种新兴的、能比较精确对生物体基因组特定目标基因进行修饰的基因工程技术。基因编辑技术能够让人类对目标基因进行定点

“编辑”，实现对特定 DNA 片段的修饰，在基因研究、基因治疗和遗传改良等方面展示出了巨大的潜力。

基因编辑已经开始应用于基础理论研究和生产应用中，从研究植物和动物的基因功能到人类的基因治疗，广泛应用于生命科学的许多领域。例如在动物基因的靶向修饰方面，基因编辑和牛体外胚胎培养等繁殖技术结合，允许使用合成的高度特异性的内切核酸酶直接在受精卵母细胞中进行基因组编辑，从而实现对哺乳动物受精卵的改变来改变动物的特性。植物基因的靶向修饰是基因编辑应用最广泛的领域，如将两种除草剂抗性基因（烟草乙酰乳酸合成酶 SuRA 和 SuRB）引入作物。基因编辑技术还被应用于改良农产品质量，比如改良豆油品质和增加马铃薯的储存潜力。

2019 年 8 月 27 日，美国科学家借助基因编辑技术制造出了第一种经过基因编辑的爬行动物——一些小型白化蜥蜴，这是该技术首次用于爬行动物。由于白化病患者经常有视力问题，因此，最新突破有助于研究基因缺失如何影响视网膜发育。

3. 基因工程的应用和意义

(1) 基因工程在农业上的应用

科学家们在利用基因工程技术改良农作物方面已取得重大进展，一场新的绿色革命近在眼前，其显著特点就是生物技术、农业、食品和医药行业将融合到一起。

20 世纪五六十年代，由于杂交品种推广、化肥使用量增加以及灌溉面积的扩大，农作物产量成倍提高，这就是大家所说的“绿色革命”。但一些研究人员认为，这些方法目前已很难再使农作物产量有进一步的大幅度提高。

基因技术的突破使科学家们得以用传统育种专家难以想象的方式改良农作物。例如，基因技术可以使农作物自己释放出杀虫剂，可以使农作物种植在旱地或盐碱地上，或者生产出营养更丰富的食品。科学家们还在用基因技术开发一些新的农作物，它们可以生产出能够防病的疫苗和食品。

利用基因工程育种，20 世纪 90 年代前在农作物上的应用比较广泛，主要是用于提高农作物产量，近期则侧重于提高品质，如美国科学家据此提高马铃薯淀粉含量达 20% ~ 40%，最高达 40% ~60%。目前改良作物产品质量的基因及应用主要有：控制果实成熟的基因；谷物种子贮藏蛋白基因；控制脂肪合成基因；提高作物产量基因等。世界上有 43 种农作物品种得到改良，如水稻、番茄、马铃薯、瓜类、烟草等。

基因技术也使开发农作物新品种的时间大为缩短。利用传统的育种方法需要七八年时间才能培育出一个新的植物品种。基因工程技术使研究人员可以将任何一种基因注入一种植物中，从而培育出一种全新的农作物品种，时间则缩短一半。

利用基因工程改良农作物已势在必行，这是由于全球人口的压力不断增加。专家们估计，今后 40 年内，全球的人口将比目前增加一半，为此，粮食产量需增加 75%。另外，人口的老龄化对医疗系统的压力不断增加，开发可以增强人体健康的食品十分必要。

(2) 基因工程在医药业的应用

随着人类对基因研究的不断深入，发现许多疾病是由于基因结构与功能发生改变所引起的。科学家将不仅能发现有缺陷的基因，而且还能掌握如何对基因进行诊断、修复、治疗和预防，这是生物技术发展的前沿。这项成果将给人类的健康和生活带来不可估量的利益。

基因治疗是指用基因工程的技术方法，将正常的基因转入病患者的细胞中以取代病变基因，从而表达所缺乏的产物，或者通过关闭或降低异常表达的基因等途径，达到治疗某些遗传病的目的。目前，已发现的遗传病有6500多种，其中由单基因缺陷引起的就有约3000多种。因此，遗传病是基因治疗的主要对象。

第一例基因治疗是美国在1990年进行的。当时，两个4岁和9岁的小女孩由于体内腺苷脱氨酶缺乏而患了严重的联合免疫缺陷症，科学家对她们进行了基因治疗并取得了成功。这一开创性的工作标志着基因治疗已经从实验研究过渡到临床实验。1991年，我国首例B型血友病的基因治疗临床实验也获得了成功。

治疗的最新进展是将基因枪技术用于基因治疗，其方法是将特定的DNA用改进的基因枪技术导入小鼠的肌肉、肝脏、脾、肠道和皮肤获得成功的表达。这一成功预示着人们未来可能利用基因枪传送药物到人体内的特定部位，以取代传统的接种疫苗，并用基因枪技术来治疗遗传病。2017年10月19日，美国政府批准第二种基于改造患者自身免疫细胞的疗法（yescarta基因疗法）治疗特定淋巴癌患者。

目前，科学家们也正在积极研究胎儿基因疗法，如果现在的实验疗效得到进一步确认的话，就有可能将胎儿基因疗法扩大到其他遗传病，以防止出生患遗传病症的新生儿，从而在根本上提高后代的健康水平。

基因工程药物是重组DNA的表达产物。广义来说，凡是在药物生产过程中涉及基因工程的，都可以称为基因工程药物。基因工程药物研究的开发重点是从蛋白质类药物，如胰岛素、人生长激素、促红细胞生成素等分子蛋白质，转移到较小分子蛋白质药物。这是因为蛋白质的分子一般都比较大，不容易穿过细胞膜，因而影响其药理作用的发挥，而小分子药物在这方面就具有明显的优越性。同时对疾病的治疗思路也开阔了，从单纯的用药发展到用基因工程技术或基因本身作为治疗手段。

(3) 基因工程在环境保护领域的应用

利用基因工程制成的DNA探针能够十分灵敏地检测环境中的病毒、细菌等污染。利用基因工程培育的指示生物能十分灵敏地反映环境污染的情况，却不易因环境污染而大量死亡，甚至还可以吸收和转化污染物。基因工程与环境污染治理基因工程做成的“超级细菌”能吞食和分解多种污染环境的物质。通常一种细菌只能分解石油中的一种烃类，用基因工程培育成功的“超级细菌”能分解石油中的多种烃类化合物，有的还能吞食转化汞、镉等重金属，分解DDT等毒害物质。

二、细胞工程

细胞工程是应用细胞生物学和分子生物学的理论和方法，按照人们的设计蓝图，在细胞水平上进行的遗传操作及大规模的细胞和组织培养。通过细胞工程可以生产有用的生物产品或培养有价值的植株，并可以产生新的物种或品系。

1. 细胞培养技术

细胞培养技术包括单个细胞培养、组织培养和器官培养。

植物细胞具有全能性，即每个植物细胞都能像胚胎细胞一样可以在体外培养成完整的植株。1958年美国的斯蒂伍德用胡萝卜切片在培养液中培养成整株。细胞先分裂愈伤组织，后经适当激素诱导，分化出根、茎、叶。将花粉或花药细胞离体培养经过诱导可以分化成完整的单倍体植株。

组织培养最早用于名贵花卉繁殖。植物细胞和原生质体培养技术可以用于育种，在培养无毒苗、长期贮存种子和生产次生代谢产物等方面发挥作用。该技术也可用于各类植物的快速繁殖，如人参含有贵重药物粗皂角苷，天然人参根块只含 4.1%，但组织培养出来的人参其含量高达 20%，而且采集方便。

动物细胞培养技术可用于制取许多有应用价值的细胞产品，如疫苗和生长因子等。利用细胞培养系统可进行毒品和药物检测，一些培养细胞可用于治疗。

2. 细胞融合技术

细胞融合也称细胞杂交，是用自然或人工的方法使两个或几个不同细胞融合为一个细胞（含有原来两个细胞的染色体）的过程。亲缘较远的生物体之间是无法正常杂交的，通过细胞融合技术它们之间的体细胞可以彼此融合，产生出杂种细胞。目前成果有以下方面。

植物细胞融合技术可以克服植物远缘杂交障碍，扩大遗传重组范围，增加变异，创造新品种。如番茄和马铃薯融合，植株的地下部分结马铃薯，地上部分长番茄。这一技术为作物品种的改良开辟了一条新的途径。

在动物细胞融合技术的应用方面，最值得一提的是单克隆抗体的制备及其应用。20 世纪 70 年代，英国科学家在细胞融合技术基础上发明了单克隆抗体技术，带来了免疫学上的一项重大技术革命，为许多疾病的诊断和治疗开辟了广阔的生产前景。参与体内免疫反应的是来自骨髓的两类细胞：一类是 B 淋巴细胞，有合成一种抗体的遗传基因；另一类是 T 淋巴细胞，它帮助淋巴细胞产生身体。动物脾脏有上百万种不同的 B 淋巴细胞，含遗传基因不同的 B 淋巴细胞合成不同的抗体。当机体受抗原刺激时，抗原分子上的许多决定簇分别激活具有不同基因的 B 细胞。被激活的 B 细胞分裂增殖形成该细胞的子孙，即由许多个被激活 B 细胞的分裂增殖形成多克隆，并合成多种抗体。要想制备单一抗体相当困难。但如果有了它，就可用它来检测甚至医治各种疾病。如果能选出一个制造专一抗体的细胞进行培养，就可得到由单细胞经分裂增殖而形成细胞群，即单克隆。单克隆细胞将合成一种决定簇的抗体，称为单克隆抗体。要制备单克隆抗体需先获得能合成专一性抗体的单克隆 B 淋巴细胞，但这种 B 淋巴细胞不能在体外生长。而实验发现骨髓瘤细胞可在体外生长繁殖，应用细胞杂交技术使骨髓瘤细胞与免疫的淋巴细胞合二为一，得到杂种的骨髓瘤细胞。这种杂种细胞继承两种亲代细胞的特性，它既具有 B 淋巴细胞合成专一抗体的特性，也有骨髓瘤细胞能在体外培养增殖永存的特性，用这种来源于单个融合细胞培养增殖的细胞群，可制备单一抗原决定簇的特异单克隆抗体。

3. 细胞亚结构移植

细胞亚结构移植是指将细胞的亚结构（如细胞核、染色体等）移植到另一个细胞中，从而改变细胞的遗传性状。细胞亚结构移植技术主要有细胞拆合、染色体工程和染色体组工程。

（1）细胞拆合

细胞拆合即细胞换核技术，是通过物理或化学方法将细胞质与细胞核分开，再进行不同细胞间核质的重新组合，重建成新细胞，可用于研究细胞核与细胞质的关系的基础研究和育种工作。例如，19世纪60年代中国著名生物学家童第周取出鲤鱼卵细胞核移进鲫鱼去核卵细胞中，育出鲫鲤鱼，生长快且个大味美，后又育出鲫金鱼。

（2）染色体工程

染色体工程是按人们需要添加或削减一种生物的染色体，或用别的生物染色体来替换，可分为动物染色体工程和植物染色体工程两种。动物染色体工程主要采用对细胞进行微操作的方法（如微细胞转移方法等）来达到转移基因的目的，植物细胞工程目前主要是利用传统的杂交回交等方法来达到添加、消除或置换染色体的目的。

（3）染色体组工程

染色体组工程是整个改变染色体组数的技术。自从1937年秋水仙素用于生物学后，多倍体的工作得到了迅速发展，培育出四倍体小麦、八倍体小黑麦等作物。

4. 克隆技术

克隆是英文“clone”一词的音译，是利用生物技术由无性生殖产生与原个体有完全相同基因组的后代的过程。科学家把人工遗传操作动物繁殖的过程叫克隆，这门生物技术叫克隆技术，其本身的含义是无性繁殖，即由同一个祖先细胞分裂繁殖而形成的纯细胞系，该细胞系中每个细胞的基因彼此相同。

克隆通常是一种人工诱导的无性生殖方式或者自然的无性生殖方式（如植物）。一个克隆就是一个多细胞生物在遗传特性上与另外一种生物完全一样。克隆可以是自然克隆，例如由无性生殖或是由于偶然的原因产生两个遗传上完全一样的个体（就像同卵双生一样），但是通常所说的克隆是指通过有意识的设计来产生的完全一样的复制。1997年2月，苏格兰科学家用从一只6岁母羊的乳房上取下的组织克隆了绵羊“多利”，这是人类历史上首次成功地克隆哺乳动物。消息一经传出，立即引起了全世界的强烈反响，世界舆论为之哗然。“多利”的特别之处在于它的生命诞生是没有精子参与的。

2000年6月16日，由西北农林科技大学动物胚胎工程专家张涌教授培育的世界首例成年体细胞克隆山羊“元元”在该校种羊场顺利诞生。“元元”由于肺部发育缺陷，只存活了36小时。同年6月22日，第二只体细胞山羊“阳阳”又在西北农林科技大学出生。2001年8月8日，“阳阳”在西北农林科技大学产下一对“龙凤胎”，表明第一代克隆羊有正常的繁育能力。

自1996年第一只克隆羊“多利”诞生以来，20多年间，各国科学家利用体细胞先后克隆了牛、鼠、猫、狗等动物，但一直没有解决与人类最相近的非人灵长类动物克隆的难题。此前科学家曾普遍认为，现有技术无法克隆灵长类动物。中科院神经科学研究所孙强团队经过5年努力，成功突破了世界生物学前沿的这个难题。世界上首只体细胞克隆猴“中中”于2017年11月27日诞生，10天后，第二只克隆猴“华华”诞生。

据新华社1997年4月4日报道，上海市第九人民医院整形外科专家曹谊林在世界上首次采用体外细胞繁殖的方法，成功地在白鼠上复制出人耳，为人体缺失器官的修复和重建带来希望。克隆技术还可用来大量繁殖许多有价值的基因，如治疗糖尿病的胰岛素、有希望使侏儒症患者重新长高的生长激素和能抗多种疾病感染的干扰素等。

2013年日本理化研究所的科学家借助用克隆动物培育克隆动物的“再克隆”技术，

成功地用一只实验鼠培育出了26代共598只实验鼠，而且克隆的实验鼠很健康，繁殖能力和寿命与一般实验鼠也没有区别。研究人员认为，这说明再克隆可以无限持续下去。该研究作为封面故事发表在了3月7日的《细胞－干细胞》（Cell Stem Cell）杂志网络版上。克隆技术面临的一大课题是克隆动物生育率低下，繁殖代数越多，生育率越低。迄今为止，实验鼠繁殖六代、牛繁殖两代就达到了极限，一旦提供可供克隆的细胞的动物死亡，遗传信息就会断绝。

三、酶工程

酶是活细胞产生的具有催化能力的蛋白质，具有高效性、专一性、多样性的特点。现在已知的酶有3000多种，包括还原酶、转移酶、水解酶、裂解酶、异构酶、合成酶。

酶工程是研究酶的生产和应用的一门技术性学科，是将酶或者微生物细胞、动植物细胞、细胞器等在一定的生物反应装置中，利用酶所具有的生物催化功能，借助工程手段将相应的原料转化成有用物质并应用于社会生活的一门科学技术。它包括酶制剂的制备、酶的固定化、酶的修饰与改造，以及酶反应器等方面内容。

1. 酶工程的研究内容

（1）酶制剂的开发和生产技术

酶制剂开发和生产的主要过程是：1）选择含有所需要的某种酶的细胞，并提取其中的酶；2）识别这种酶的氨基酸顺序，依照中心法则和遗传密码设计相应的DNA分子链；3）利用基因重组技术，获取这种酶的DNA分子链；4）将其引入受体，培养成活并大量繁殖；5）分离和提取这种酶。

（2）固定化酶技术

固定化酶技术是指按人们的需要模拟生物体内酶的作用方式，将特定的酶从生物细胞内提出，使之吸附或结合在一定载体上，仍然保持酶的生化活性，并可多次重复使用。

（3）固定化细胞技术

固定化细胞技术是指微生物菌体细胞吸附或结合于一定载体上，微生物失活而其中特定的酶活性仍存在。其操作方法比较简单，可省略破碎细胞和分离提取酶等步骤，而直接在细胞水平上把所需要的某种酶加以固定，减少生物酶的损失，完整地保持生物酶原有的特色。

（4）酶反应装置的研究与设计技术

在生物酶或细胞固定化的前提下，将其制成相应的膜，然后置于一定的系统仪器中进行反应和分析测定。20世纪70年代以来，酶反应装置的设计技术发展很快，可设计出很多新型酶。

2. 酶工程的应用

（1）食品工业中的应用

酶在食品工业中最大的用途是淀粉加工，其次是乳品加工、果汁加工、食品烘烤及啤酒发酵。与之有关的各种酶，如淀粉酶、葡萄糖异构酶、乳糖酶、凝乳酶、蛋白酶等占酶制剂市场的一半以上。

目前，帮助和促进食物消化的酶成为食品市场发展的主要方向，包括促进蛋白质消化的酶（菠萝蛋白酶、胃蛋白酶、胰蛋白酶等）、促进纤维素消化的酶（纤维素酶、聚糖酶等）、促进乳糖消化的酶（乳糖酶）和促进脂肪消化的酶（脂肪酶、酯酶）等。

（2）轻化工业中的应用

酶工程在轻化工业中的用途主要包括：洗涤剂制造（增强去垢能力）、毛皮工业、明胶制造、胶原纤维制造（黏结剂）、牙膏和化妆品的生产、造纸、感光材料生产、废水废物处理和饲料加工等。

（3）医药上的应用

重组 DNA 技术促进了各种有医疗价值的酶的大规模生产，用于临床的各类酶品种逐渐增加。酶除了用做常规治疗外，还可作为医学工程的某些组成部分而发挥医疗作用。如在体外循环装置中，利用酶清除血液废物，防止血栓形成和体内酶控药物释放系统等。另外，酶作为临床体外检测试剂，可以快速、灵敏、准确地测定体内某些代谢产物，这将是酶在医疗上一个重要的应用。

（4）能源开发上的应用

在全世界开发新型能源的大趋势下，利用微生物或酶工程技术从生物体中生产燃料也是人们正在探寻的一条新路。例如，利用植物、农作物、林业产物废物中的纤维素、半纤维素、木质素、淀粉等原料，制造氢、甲烷等气体燃料，以及乙醇和甲醇等液体燃料。另外，在石油资源的开发中，利用微生物作为石油勘探、二次采油、石油精炼等手段也是近年来国内外普遍关注的课题。

（5）环境工程上的应用

在科学技术高度发展的同时，环境净化尤其是工业废水和生活污水的净化，作为保护自然的一项措施，具有十分重要的意义。

在现有的废水净化方法中，生物净化常常是成本最低而最可行的。微生物的新陈代谢过程可以利用废水中的某些有机物质作为所需的营养来源。因此利用微生物体中酶的作用，可以将废水中的有机物质转变成可利用的小分子物质，同时达到净化废水的目的。另外，生物传感器的出现为环境监测的连续化和自动化提供了可能，降低了环境监测的成本，加强了环境监督的力度。

四、发酵工程

给微生物提供最适宜的生长条件，利用微生物的某种特定功能，通过现代化工程技术手段生产出人类需要的产品称作发酵工程，也叫微生物工程。

发酵是一门古老的技术，古巴比伦人在公元前 3 世纪就会用大麦芽酿造啤酒。1884 年，法国科学家巴斯德开始研究发酵，证明发酵是微生物活动的结果，不同种类的微生物可引起不同的发酵过程。

20 世纪 70 年代，基因重组、细胞融合等生物工程技术飞速发展，为人类定向培育微生物开辟了新途径，微生物工程应运而生，发酵技术这门古老的技术获得了新的生命。通过 DNA 的组装或细胞工程手段，人们按照人类设计的蓝图创造出新的“工程菌”和“超级菌”，然后通过微生物发酵，生产出对人有益的物质产品。

在生物界中，微生物的比表面积（表面积与体积之比）、转化能力、繁殖速度、变异与适应性、分布范围这五项指标超过其他生物，因而微生物具有极强的自我调节、环境适应和自我增殖能力。在适宜的条件下，细菌20min即可繁殖一代，24h后一个细胞可繁殖成4万亿亿个细胞。细菌的繁殖率比植物快500倍，比动物快2000倍。

传统的发酵技术与现代生物工程中的基因工程、细胞工程、蛋白质工程和酶工程等相结合，使发酵工业进入微生物工程的阶段。发酵工程包括菌种选育、菌体生产、代谢产物发酵及微生物机能利用等。

现代微生物工程不仅使用微生物细胞，也可用动植物细胞发酵生产有用的产品。例如，利用培养罐大量培养杂交瘤细胞，生产用于疾病诊断和治疗的单克隆抗体等。

1. 发酵工程的操作步骤

（1）根据需要进行特殊微生物设计。

（2）利用基因工程或细胞工程选育所需的微生物菌种，同时选择适宜的培养基。

（3）对培养基、发酵罐及其他设备做无菌处理，在此基础上对菌种进行发酵培养，使其生长繁殖。

（4）分离和制取培养成熟的菌体、酶代谢产物等，并应用其某些功能。

2. 发酵工程的特点

与传统化学工业相比，发酵工程有以下优点。

（1）以生物为对象，不完全依赖地球上的有限资源，而着眼于再生资源的利用，不受原料的限制。

（2）生物反应比化学合成反应所需的温度要低得多，同时可以简化生产步骤，实行生产过程的连续性，大大节约能源，缩短生产周期，降低成本，减少对环境的污染。

（3）可开辟一条安全有效地生产价格低廉、纯净的生物制品的新途径。

（4）能解决传统技术或常规方法所不能解决的许多重大难题（如遗传疾病的诊治），并为肿瘤、能源、环境保护提供新的解决办法。

（5）可定向创造新品种、新物种，适应多方面的需要，造福于人类。

（6）投资小，收益大，见效快。

3. 发酵工程的应用

生物工程和技术被认为是21世纪的主导技术，作为新技术革命的标志之一，已受到世界各国的普遍重视。生物工程将为解决人类所面临的环境、资源、人口、能源、粮食等危机和压力提供最有希望的解决途径，但生物工程真正能应用于工业化生产的，主要还是发酵工程。基因工程、细胞工程、酶工程、单克隆抗体和生物能量转化等高科技成果，也往往通过微生物才能转化为生产力。

在生物医药领域，通过发酵工程技术可以生产多种抗生素、维生素等常用药物，以及疫苗和一些基因工程药物（如胰岛素、乙肝疫苗、干扰素、白细胞介素系列等）。

在农牧业，通过发酵工程技术可以生产生物农药、生物化肥、植物生产调节剂、饲料蛋白、饲料工业用酶等。

在环境保护领域，可利用基因工程菌进行污水处理、有毒物质的降解、固体垃圾处理、土壤污染的修复等。

在能源开发领域，通过微生物发酵可将绿色植物的秸秆、木屑以及工农业生产中的纤维素、半纤维素和木质素等废弃物转化为液体或气体燃料（酒精或沼气），还可利用微生物采油、产氢以及支撑微生物电池。

在冶金领域，微生物可用于黄金开采和铜、铀等金属的浸提。

微生物工程正逐渐形成一股引起工业调整和社会结构改革的力量，世界各国政府纷纷把微生物发酵工程列入本国科学技术优先开发的项目。

五、蛋白质工程

蛋白质工程，这一术语是 1981 年由美国基因公司的乌尔默提出的，是指新一代生物工程。目前，一般认为，蛋白质工程就是根据蛋白质的精细结构与功能之间的关系，通过对蛋白质化学、蛋白质晶体和动力学的研究，获得关于蛋白质物理、化学等方面的信息，并在此基础上对编码蛋白质的基因进行有目的的设计、改造，并通过基因工程等手段将其进行表达和分离纯化，按照人类自身的需要定向地改造天然的蛋白质，甚至创造新的、自然界本不存在的、具有优良特性的蛋白质分子。蛋白质工程是在基因重组技术、生物化学、分子生物学、分子遗传学等学科的基础之上，融合了蛋白质晶体学、蛋白质动力学、蛋白质化学和计算机辅助设计等多学科而发展起来的新兴研究领域。

随着分子生物学、晶体学及计算机技术的迅猛发展，这一工程取得了长足的进步。蛋白质工程可以根据对分子预先设计的方案，通过对天然蛋白质的基因进行改造，来实现对它所编码的蛋白质进行改造。因此，它的产品已不再是天然的蛋白质，而是经过改造的、具有了人类所需要的优点的蛋白质。天然蛋白质都是通过漫长的进化过程而形成的，而蛋白质工程对天然蛋白质的改造，好比是在实验室里加快了进化的过程。利用基因工程的手段，按照人们的意愿，定向地改造天然的蛋白质，创造新的蛋白质，因此蛋白质工程自问世以来就引起广泛的关注，并取得了一系列令人瞩目的成就。例如，－70℃的低温难以保存的干扰素，经蛋白质工程点化，两个半胱氨酸被换成丝氨酸，就可以保存半年之久。一种生产上很有用的酪氨酸转移核糖核酸酶，只是在一个位点上用脯氨酸取代了苏氨酸，催化能力就提高了 25 倍。另外，蛋白质工程不仅是对那些生物工程的产品进行再加工，还要对一些天然的蛋白质进行模拟和改造。例如，绵软飘逸的蚕丝、蓬松暖和的羊毛、纤细坚韧的蛛丝，本质上都是蛋白质，对它们进行模拟和改造，再实现大量生产，将来获得性能比蚕丝、羊毛、蛛丝更优异的材料，以满足人们的需要。蛋白质工程的魅力和威力也在于此。

蛋白质工程另一个令人关注的领域是将核酸与蛋白质结合、蛋白质空间结构与生物功能结合起来进行研究，把对蛋白质与酶的研究推进到一个崭新的阶段，为蛋白质和酶在工业、农业和医药方面的应用开拓了诱人的前景。

20 世纪生物技术的飞速发展与取得的一系列重大成果，使它迅速成为 21 世纪一个最重要的高技术领域，它的影响已波及人类生活的许多方面，极大地改变了人们的生活。毋庸置疑，21 世纪将是生命科学的世纪，生物技术将会高速腾飞。

第五节 奔向宇宙的空间技术

浩瀚无垠的太空，星光闪烁，向我们展现了深邃而广阔的宇宙，引起了人们无限的遐思，激起了人们无穷的想象。早在商朝时期，人们就将宇宙形容为“了无形质，仰而瞻之，高远无极”。在古人看来，星空是那样的神秘、幽深、可望而不可即，“嫦娥奔月”的美丽神话，使人们对遥远星空更是无限神往。宇航科学的奠基人、俄国的齐奥尔科夫斯基曾坚定地宣称：“地球是人类的摇篮，但是人类不能永远生活在摇篮里，他们不断地争取着生存的世界和空间，起初小心翼翼地穿出大气层，然后就是征服整个太阳系。”20 世纪人类科学技术的发展，使人类实现了遨游太空的梦想，获得了认识自然、认识宇宙的手段，这是人类文明史上的又一次飞跃。

一、空间——人类的第四环境

我们居住的地球之外的空间区域，简称空间或外空，又称为宇宙空间或太空。1981 年召开的第 32 届国际宇航联合会大会上，陆地、海洋、大气层和外层空间分别被称为人类的第一、第二、第三和第四环境，陆、海、空、天是人类活动的四大疆域。大气层指地表以外包围地球的气体，这种气体在距地表数千千米的高层上仍有极少量存在。通常把 100 ~ 120km 以下的大气层称为稠密大气层，也称为大气环境或人类的第三环境；而 100 ~ 120km 以上称为外层空间或人类的第四环境。在稠密大气层以下飞行，被称为航空；而在其上飞行，被誉为航天。

空间事业是以和平开发太空与利用空间资源为宗旨，是造福于人类的伟大壮举。在太空这个人类新进入的第四环境中，蕴藏着极其丰富的资源。仅就地球引力和地球卫星作用范围这一最小的外空领域看，现已探明可供利用和开发的空间资源大致有：航天器相对于地球表面的高位置资源、高真空和超洁净环境资源、微重力环境资源、太阳能资源、强宇宙粒子射线辐射、月球及其他天体资源。这些资源极其丰富，且具有很高的利用价值。

1. 高位置资源

航天器相对于地球表面的高度，是空间轨道上的一种具有巨大价值的资源。航天器达到外层空间的高远位置并在轨道上不停地运行，它的最低点也高于 200km，其可观测的地域之广、时间之长，都是在空中飞行的飞机或气球所望尘莫及的。在离地球 200km 轨道上的人造卫星，可以看到 14% 的地球表面，这项资源对地球及其大气层的观测和通信特别有用，人类依靠这种位置资源发射的通信卫星、气象卫星等各类卫星，克服了由于建筑物、山体等障碍物的遮挡对声波、电波传播的影响，为人类提供无与伦比的通信、气象、导航定位、对地观测等各种服务，世界上所有的应用卫星都利用其相对于地面的高远位置和广阔的覆盖面积而获得了巨大的实用价值。

2. 高真空和超洁净环境资源

空间环境中没有空气，是“真空地带”，这种高真空和超洁净环境，体积硕大，是一种极其宝贵的环境资源。例如，它是高纯度和高质量冶炼、焊接和分离提纯的理想条件，可以制造出地球上难以得到的高级材料和特殊产品。由于没有大气对光线和各种辐射的吸收、反射、折射和散射作用，航天器也是天文观测的最佳场所。

3. 微重力环境资源

航天器进入太空的内部微重力环境，有许多不同于地球重力环境下的基本物理现象。在航天器内，可以获得地球上难以制备的纯净、难混熔的材料，可以提纯对生物工程起重要作用的高纯度微生物，可以生长出高质量的单晶、多元晶和半导体，可以制造出性能优良的玻璃和合金，可以生产治疗疑难疾病的优良药物等。

4. 太阳能资源

在太空可利用的太阳能十分充足，太空没有大气对太阳光的反射和吸收，也不受天气、尘埃和有害气体的影响，因而太阳的辐射损失很小，太阳能的利用率很高。太空不受地域的限制，也不需加清洗和排水机构，有利于构筑大型太阳能转换装置，可以建造大型的太阳能发电站。在太空中利用太阳能发电，可以在不需燃料、完全无污染、不需要架设输电线路的情况下，直接向空间站或航天飞机上供电，也可向地面供电。因此，几个航天大国正在研究试验建造太空太阳能发电厂，开发新能源。

5. 强宇宙粒子射线辐射

所谓辐射就是能量以电磁波或粒子的形式向外扩散，如医学上使用的放射疗法和X光透视等。太空中充满着各种强烈的辐射，如银河宇宙线、太阳电磁辐射、太阳宇宙线和太阳风等，充满着能量和万有引力场。科学研究已经发现，这种环境将使种子、微生物以及各种细胞等地球生物发生变异，变得更有价值。

6. 月球及其他天体资源

通过对月球的探测和载人登月考察，证实月球上拥有可供人类使用的物质资源。月岩中含有60多种矿物，其中有6种在地球上没有。月面尘埃中含有大量的氦-3，这是清洁的核聚变原料。月球土壤中含有40%的氧，可用于解决航天所需的燃料。此外，月球的引力小，属于真空、无菌的环境，是进行材料生产和生命科学研究的良好场所。月球背面不受地球无线电干扰，是进行天文观测和天文物理实验的理想基地。月面低重力、无大气，易于发射航天器，成为人类飞往其他星球的中转站等。

二、空间技术的发展

空间技术也称航天技术，是一门探索、开发和利用太空，以及地球以外天体的综合性技术。

空间技术有三个突出特点。一是高度综合性，它集中了许多科学技术最新的成就，集中应用了20世纪力学、热力学、化学、材料学、医学、电子技术、自动控制、喷气推进、计算机、真空技术、制造工艺等技术成果。二是极强的应用性，它广泛地应用于各个领域。例如由于航天器飞行速度快，运行高度高，所以可快速地大范围覆盖地球表面，这样通过人造卫星能使电视网络覆盖全国及至全球，使人们足不出户就可以看到世界各地丰富多彩的电视节目；气象卫星则可以进行全球天气预报，包括长期天气预报；侦察卫星可以及时发现世界各个地区的军事活动等。三是高投入、高效益、高风险性。尽管空间技术风险很大，但同时它对人类的贡献也是巨大的，对于开发空间资源及提升一个国家在经济、军事以及整体科学技术实力方面都具有十分重要的意义。大规模开发利用太空资源，是21世纪人类拓展生存空间，实现经济腾飞的有效手段。

1. 运载火箭

人类要开发利用丰富的空间资源，就必须依赖航天器，还要利用运载工具把航天器送入太空预定轨道以实现航天飞行。航天飞行的最大困难就是要赋予航天器巨大的能量，以达到能够克服地球引力的速度。根据计算，如果航天器速度达到7.9km/s，就可环绕地球运行，这个速度称为第一宇宙速度，又叫环绕速度。如果航天器速度达到11.2km/s，它就会脱离地球引力而绕太阳运行，这个速度称为第二宇宙速度，又叫逃逸速度。如果速度达到16.7km/s，航天器就会脱离太阳引力场而飞出太阳系，这个速度称为第三宇宙速度。

1903年，宇航理论奠基人齐奥尔科夫斯基首次证明，火箭能在真空环境中工作，它是实现宇宙航行最理想的交通工具。后来，他又提出了火箭在自由空间中运动的基本原理，推导出描述火箭在重力场运动所能达到的最大速度公式，奠定了航天技术的理论基础。齐奥尔科夫斯基还提出了“太空火箭列车”的设想，指出多级火箭可以达到很高的宇宙速度，完成航天运载任务。

1957年10月4日，苏联在航天总设计师科罗廖夫的主持下，研制成功“卫星”号运载火箭，把世界上第一颗人造卫星成功地送上太空轨道运行。1958年2月1日，美国在著名火箭专家布劳恩的组织下，在“红石”导弹的基础上研制成功了“丘比特C”运载火箭，成功地发射了人造卫星“探险者”1号。此后，法国、日本、中国、英国相继研制成功自己的运载火箭，参与日益活跃和激烈竞争的航天活动。

多级火箭是由几个子级火箭经串联或并联组合而成的飞行整体。串联式多级火箭的各子级沿轴向配置，并依次相继点火工作。并联式多级火箭又称捆绑式火箭，各子级之间横向连接，发射时各子级的发动机同时点火工作。为了提高多级火箭的运载能力，还有串联和并联同时使用的组合式运载火箭。多级火箭能有效地提高火箭的运载性能，解决航天器获得空间飞行所要求的高能量或高速度，因而已成为一种实用的航天运载工具。运载火箭一般是一次使用的多级火箭，它是航天技术的基础。运载火箭一般为二级至四级，例如，苏联的运载火箭“卫星”号是二级，美国的“丘比特C”火箭是四级，中国发射第一颗卫星的“长征”一号火箭是三级。

最初阶段的航天运载火箭都是只能将小型人造卫星送入低地球轨道的小推力运载火箭。例如，苏联的“卫星”号、“东方”号等，法国的“雷神-德尔塔”号、“大力神”号、“钻石”号等，日本的N系列，欧洲空间局的“阿丽亚娜”1型和2型，中国的“长征”1号、2号和2号丙型，印度的SLV（卫星运载火箭）等。这些运载火箭的运载能力都不高，是一些中小型火箭。

随着空间商业化和发射重型航天器的需要，各国竞相研制高性能的大型运载火箭。例如，美国的“土星”5号、“民兵”4型，俄罗斯的“质子”K号、“能源”号，欧洲空间局的“阿丽亚娜”4型和5型，日本的H系列，中国的“长征”2号E和“长征”3号乙型，印度的GSLV号（静止轨道卫星火箭）等。

目前，世界各国运载火箭技术都已有了长足的进步，能够发射不同质量、多种用途、各种轨道的航天器，正向着研制成本低、可靠性高、无污染、高性能的运载火箭的方向发展。

运载火箭发射是一项规模庞大、技术复杂、耗资巨大的系统工程。运载火箭要将航天器送入太空轨道，必须有地面设施和技术手段的配合，即需要发射起飞的场所，这就是航天发射场，它是航天系统的一个组成部分。航天发射场一般选在人烟稀少、地势开阔，地质、水源、地形和气候条件适宜的内陆沙漠、草原或滨海地区，也有选在山区或岛屿上的。总之，要考虑到优越的地理位置、良好的自然条件、有利的工作环境，以及具有方便的交通运输和供电通信条件，有利于环境保护，不危及居民安全，特别是能满足发射不同倾角航天器的射向要求等。

航天发射场由技术测试区、发射区、发射指挥控制中心、综合测量系统和勤务保障系统组成。目前，世界上已建立16座航天发射场，其中俄罗斯4个，美国3个，中国3个，法国和欧空局1个，日本2个，印度1个，以色列1个，意大利1个。这些发射场中，规模最大、发射频繁的是俄罗斯的拜科努尔航天发射场和美国的肯尼迪航天中心，这两个发射场因发射载人飞船、空间站和航天飞机而远近闻名。中国的西昌卫星发射中心，已成为世界上能够发射大型运载火箭的少数几个发射场之一。法国和欧空局的库鲁发射场，因建在赤道附近，是发射地球同步静止卫星的最佳场所。

2. 人造卫星

1954年“国际地球物理年准备会议”上通过了一项决议，要求与会国关注在国际地球物理年（1957～1958年）利用人造卫星的问题。美国和苏联都积极响应，宣布他们将在国际地球物理年发射科学卫星，从此，拉开了人造卫星发展的序幕。

各种各样的人造卫星已经成为开发利用太空资源的主力军，具有很高的实用价值。目前，世界上不少国家都能够发射人造卫星。按照人造卫星的用途划分，其主要类型有以下几种。

（1）通信卫星

通信卫星是用于中继无线电通信信息的人造卫星，相当于太空的微波中继站。其专用系统由通信转发器和通信天线组成。其任务是将接收到的无线电信号处理后进行转发，以实现卫星通信。为了保证通信专用系统正常工作，卫星上还设有各种保障系统。通信卫星按运行轨道分为静止通信卫星和低轨道通信卫星，按用途分为专用通信微信和多用途通信卫星。利用通信卫星架起的空间信息高速公路使信息畅通无阻，带来了一场信息革命，导致可视电话、电视会议、电视购物、电视教学、在家中办公等一系列新生事物的出现。

（2）遥感卫星

遥感卫星是用做外层空间遥感平台的人造卫星。发射成功后，航天与遥感技术相结合，监测森林砍伐、森林再造、土地使用变化情况，用于评估和开发水资源、自然资源勘探、污染监测和更新地图等。对城市、铁路、公路、水利、资源开发进行有效规划，对全球厄尔尼诺和拉尼娜现象、臭氧空洞及温室效应、洪水、地震、火山活动进行有成效的研究，遥感卫星都将发挥更大的作用。遥感卫星解决了人类用常规手段无法观测或观测不足的难题，不仅提高了效率，而且大大提高了观测精度、范围和准确性。

（3）天文观测卫星

可以利用人造地球卫星装载天文望远镜等仪器在大气层外长时间地对宇宙进行天文观测。这种方法可以突破地球大气层对各种天体发出的电磁波的阻挡，从而使人们获取有关宇宙的更多信息。

（4）导航卫星

导航卫星是一种安装有导航台的卫星系统。导航卫星系统的出现，从根本上解决了大范围、全球性，以及高精度、快速定位的问题。无论在大洋大海，无论多么恶劣的环境，只要是导航卫星发送的无线电波能够到达的地方，地球上的所有交通工具就能通过与它的无线电沟通进行测距，计算出自己在地球上的位置，从而沿着正确方向前进。

（5）气象卫星

气象卫星的主要任务是收集地球表面的气象资料。它能获取到连续的、全球范围的气象资料，彻底改变了传统的用人观测气象的落后状况，也填补了占全球五分之四面积的海洋、沙漠、高原等人烟稀少地域的气象观测的空白。利用气象卫星获得的观测信息，可提高天气预报的准确性，特别是对灾害性天气的监视和预报的作用更为明显，从而减少灾害造成的损失。

（6）地球资源卫星

地球资源卫星是在气象卫星的基础上发展而来的一种卫星。地球资源卫星能迅速、全面、经济地提供有关地球的情况，它所提供的地物图相和数据已广泛用于地质、地理、测绘、海洋、水文、渔业、农业、森林、城市管理规划、环境监测等领域，对资源的开发和国民经济发展起到重要的作用。

3. 载人航天器

载人航天是人类通过驾驶和乘坐载人航天器（载人飞船、空间站、航天飞机）在太空从事各种观测、试验、研究、军事和生产的往返飞行的活动。1961 年，苏联航天员加加林乘“东方”1 号飞船到达地球轨道飞行一圈后安全返回地面，开创了载人航天的新纪元。

载人航天器的开发使空间技术进入一个新的阶段。按其轨道分为两类：一类是往返于地面和太空的载人飞船和航天飞机，另一类是不返回地面、在空间轨道上较长期运行的空间站。

（1）载人飞船

载人飞船是最早将人送入空间轨道的航天器，既可独立进行航天活动，又可作为地面与空间站联系的空间渡船，还可与空间站或其他航天器对接后进行联合飞行。完成任务后，飞船返回舱载回航天员和飞行成果。载人飞船在太空的运行时间有限，仅能使用一次。

载人飞船通常由乘员返回舱、轨道舱、服务舱、对接舱和应急救生装置等部分组成，登月飞船还有登月舱。40 年来，美国和俄罗斯都已发展了三代载人飞船，进行了卓有成效的载人航天活动。

苏联是世界上第一个发射载人航天器的国家。从 1961 年第一位苏联宇航员加加林登上太空到 2020 年的 59 年间，从苏联至如今的俄罗斯，一共向太空发射了超过 140 次的载人航天器。从最初的“东方”号飞船开始，“东方”号飞船共发射 6 次，“上升”号飞船 2 次，“联盟”号飞船 37 次，“联盟”T 飞船 14 次，“联盟”TM 飞船 33 次，“联盟”TMA 飞船多达 40 多次，再到如今的“联盟”MS 载人飞船，每年最少发射一两次。

目前，俄罗斯正在研制下一代载人航天飞船“联邦”号以替代正在采用的“联盟”号。按照计划，所研发的“联邦”号可一次运载 6 名宇航员，其飞行试验将于 2022 年开始。新一代航天飞船将用于国际空间站宇航员的轮替，并可用于未来月球航天开发计划的实施。

美国向太空发射载人航天器多达160多次，也是目前世界上发射载人航天器最多的国家。美国的载人飞船有“水星”号、“双子星座”号和“阿波罗”号三代飞船系列。“阿波罗”号飞船除了一次与苏联的“联盟”号载人飞船联袂飞行和3次为天空实验室运送航天员到空间站飞行以外，最为壮观和举世瞩目的是1969年7月16日实现人类登月的壮举。此后至1972年，一共有7艘“阿波罗”号飞船载21名航天员参加登月飞行，其中6艘成功登月，12名航天员在月球上留下了人类的足迹，他们在月球上共停留302h20min，行程90.6km，开展了一系列科学实验活动，包括采集带回384.2kg土壤、岩石样品，为进一步探测、开发和利用月球奠定了基础。

从1999年11月20日“神舟一号”无人试验飞船升空开始，便正式宣布中国载人航天时期的到来。从“神舟一号”到“神舟十一号”，我国历时将近17年，共发射了11次载人航天器，其中先后有6次实现真正的载人航天，同时还构建了独立自主的“天宫一号”“天宫二号”空间站。而中国通过神舟系列飞船成功飞天的宇航员也有11人，先后完成了多项独立自主的太空实验。

2020年5月8日13时49分，我国新一代载人飞船试验船返回舱在东风着陆场预定区域成功着陆，试验取得圆满成功。这艘试验船于5月5日18时搭乘“长征五”号B运载火箭从文昌航天发射场发射升空，在轨飞行2天19小时，验证了新一代载人飞船高速再入返回防热、控制、群伞回收、部分重复使用等关键技术。

从1961年到2020年59年间，美国、俄罗斯（苏联）、中国三国一共进行了超过320次的载人航天任务，这其中包括无人试验载人飞船，但不包括货运飞船，载人飞行获得了辉煌成就。

（2）航天飞机

航天飞机是一种往返于地球和近地轨道之间运送航天员和有效载荷并可重复使用的航天器。航天飞机兼有火箭、航天和航空的技术特点。它的火箭技术特点表现在起飞到入轨的上升飞行段，航天技术特点表现在进入太空轨道的飞行段，航空技术的特点表现在再入大气层滑行飞行和水平着陆段。航天飞机可多次重复使用，除具有人造卫星、宇宙飞船和小型空间站的功能外，还可用来向近地轨道施放卫星，向高轨道发射空间探测器，在空间轨道上捕捉、维修和回收卫星，搭载太空实验室开展各项空间实验活动。

1972年1月，美国正式把研制航天飞机空间运输系统列入计划，确定了航天飞机的设计方案，即由可回收重复使用的固体火箭助推器，不回收的两个外挂燃料贮箱和可多次使用的轨道器三个部分组成。经过5年时间，1977年2月研制出一架“创业”号航天飞机轨道器，由波音747飞机驮着进行了机载试验。虽然世界上有许多国家都陆续进行过航天飞机的开发，但只有美国与苏联实际成功发射并回收过这种交通工具。苏联解体后，相关的设备由哈萨克斯坦接收，受限于没有足够经费维持运作使得整个太空计划停摆，因此全世界仅有美国的航天飞机可以实际使用并执行任务。

美国的航天飞机主要有以下几种：“开拓者”号，也称“企业”号；“进取”号，只用于测试，一直未进入轨道飞行和执行太空任务；“哥伦比亚”号，1981年4月12日首次发射，2003年失事；“挑战者”号（重量约7.88万千克，1983年4月4日首航，1986年失事）；“发现”号（重量约7.7万千克，首航时间：1984年8月30日）；“亚特兰蒂斯”号（重量约7.7万千克，首航时间：1985年10月3日）；“奋进”号（重量大约

7.74 万千克，首航时间：1992 年 5 月 7 日，接替“挑战者”号）。这几架航天飞机开展了大量广泛的空间实验活动，包括施放、回收和维修上百颗人造卫星，发射“伽利略”号、“麦哲伦”号、“尤利西斯”号等大型空间探测器和“哈勃”空间望远镜，进行卫星发电试验和太空修建作业，在太空制造高纯度、高质量的材料和药物，开展空间生物医学和生命科学实验，以及参加建造国际空间站活动等。航天飞机的成功飞行，反映了 20 世纪载人航天技术的最新成就。

（3）空间站

空间站又称轨道站、航天站，是供多名航天员在太空轨道上长期巡访、工作和居住的航天器，属于太空基地。空间站可以补给和装载更多的科学仪器、设备和生活用品，可以容纳更多的航天员在太空长期从事空间科学研究、工业生产、发射卫星、组装修理设备和开展军事活动。

苏联从 1971 年 4 月 19 日发射世界上第一座空间站“礼炮”1 号以来，迄今已发展三代 8 座空间站，共有 159 人次航天员到站上驻留和工作。苏联 1980～1990 年在空间站上进行了 500 余项材料加工实验，范围涉及金属和合金、光学材料、超导体、电子晶体、陶瓷和蛋白质晶体等。苏联曾首次在空间站合成了半导体晶体结构、超离子晶体、沸石晶体、胰岛素、干扰素等。

从 2001 年至 2011 年 2 月，国际空间站组装工作全部结束。国际空间站是人类拥有过的规模最大的空间站。这是由美国和俄罗斯牵头，联合欧空局 11 个成员国（德国、法国、意大利、英国、比利时、荷兰、西班牙、丹麦、挪威、瑞典和瑞士）和日本、加拿大和巴西（1997 年加入）等 16 个国家共同建造和运行的国际空间站，也成为迄今最大的航天合作计划。

几十年来，航天员在太空中进行了一系列生物学实验，主要是对生物体物质、能量循环及调节研究的生物圈研究，利用微重力促进生命进程研究及对微重力环境如何影响地球上生物机体的形成、功能与行为研究的重量生物学研究，对暴露在空间高能粒子环境中的生物体损伤与防护研究的辐射生物学研究。

4. 空间探测器

空间探测器又称深空探测器，按照探测目标的不同分为对月球进行探测的月球探测器，以及对月球以外的天体和空间进行探测的行星和行星际探测器。世界各国，特别是美国和俄罗斯发射了从月球到各大行星的空间探测器，不仅对太阳系的行星进行了卓有成效的探测，而且到月球、火星上着陆进行实地考察，取得了许多重大成果。空间探测器的出现，为天文观测插上了翅膀，使人类对月球和太阳系各大行星以至整个宇宙空间的探测取得了重大进展。

空间探测的主要方式有四种：一是从目标星附近飞过，进行近距离观测；二是成为目标星的卫星，绕目标星飞行，进行长期的反复观测；三是在目标星表面硬着陆，利用坠毁前的短暂时间进行探测；四是在目标星上软着陆，进行实地考察，也可将取得的样品送回地球研究。

月球是最靠近地球的天体，是空间探测的首要目标。1959 年苏联以拍摄月球背面图像为目标，发射了 3 个月球探测器，首次揭露了月球背部的真面目。探测月球是为了解决人类面临的日益恶化的生存环境、矿产资源的日趋枯竭和能源的短缺等问题而开辟一个新的发展基地。经过对月球的多次探测和实地考察，已经发现月球上有丰富的矿物资源，月球上的氦－3在土壤里大概有100万～500万吨。这将是人类社会长期稳定、安全、清洁、廉价的可控核聚变的能源原料，可供人类上万年的能源需求。月球还有个特殊的环境：超高真空、无磁场、地质构造稳定，弱重力、高清洁环境，可以对地球进行监视。同时，月球可以做各种各样的特殊材料和特殊生物制品。这一切正如中国科学院院士、中国月球探测计划首席科学家欧阳自远在第36届世界空间科学大会上所指出："对于地球的人类来说，能源的问题完全不值得悲观。"月球资源和能源的开发利用，将为人类社会可持续发展发挥支撑作用。中国、俄罗斯、日本和欧空局将在近10年内实施探测月球的计划。随着航天技术的日益发展，月球上将建立起新的开发基地，月球将成为人类生存延伸到地球以外星球的一个新居所。

火星最早受到关注，是因为寻觅火星生命之谜。经过长期探测，可以肯定火星上没有高等生命存在。但火星的地貌与地球极为相似，可以改造为有利于生物生长发育的环境。同时，火星上拥有丰富的氧化物和矿藏，也含有大量氦－3能源材料，因此也是人类开发地外星球最理想的地方。2010年6月3日由俄罗斯组织、多国参与的一个国际合作项目"火星－500"试验正式启动，其目的是了解未来前往火星的宇航员的心理和生理状态，为未来载人探测火星积累经验。由于从飞船发射、飞向火星、着陆到返回地球的一系列过程需要近500天时间，"火星－500"试验将持续520天。来自中国、俄罗斯、法国和意大利的6名志愿者用250天"飞往火星"，30天"驻留火星"，240天"返回"地球。2011年2月14日，在俄罗斯首都莫斯科一处研究中心，"火星－500"试验的一名俄罗斯志愿者和一名意大利志愿者走出登陆舱，成功实现在"火星"表面行走。这是人类首次成功模拟登陆火星。同时，俄罗斯联邦航天署副署长维塔利·达维多夫表示，人类有望在20年内做好飞往火星的准备。达维多夫说，目前俄罗斯正在研制用于飞往火星的航天器，20年内将做好飞往火星的准备工作。届时，航天器将从位于阿穆尔州的东方发射场发射升空。

20世纪末期，人类相继研制发射"先驱者"号、"旅行者"号、"水手"号以及"麦哲伦"号、"伽利略"号、"卡西尼"号等行星和行星际探测器，对太阳系行星进行探测，其中有的探测器至今仍在执行探测任务。此外，1990年发射的"哈勃"太空望远镜等，把太阳系外宇宙空间奥秘的探测推向一个崭新阶段，已经获得许多惊人发现和丰硕成果。21世纪对太阳系各大行星的探测，将扩展到尚未问津的冥王星，并到太阳系外去寻觅地外文明和宇宙生命之谜。

三、我国空间技术的发展

我国空间技术虽然比美国、俄罗斯起步较晚，但20世纪80年代以来已获得了长足的发展，取得了令世界瞩目的成绩。

1. "长征"系列运载火箭

"长征"系列运载火箭是我国自行研制的航天运载工具。"长征"运载火箭起步于20世纪60年代，1970年4月24日"长征一号"运载火箭首次发射"东方红一号"卫星成功。"长征"火箭已经拥有退役、现役共计4代17种型号。

"长征"火箭具备发射低、中、高不同地球轨道不同类型卫星及载人飞船的能力，并具备无人深空探测能力。低地球轨道运载能力达到 14t，太阳同步轨道运载能力达到 15t，地球同步转移轨道运载能力达到 14t。截至 2020 年 7 月 3 日，中国长征系列运载火箭已飞行 337 次。

2. “北斗”卫星导航系统

“北斗”卫星导航系统是我国着眼于国家安全和经济社会发展需要，自主建设、独立运行的全球卫星导航系统，是为全球用户提供全天候、全天时、高精度的定位、导航和授时服务的国家重要时空基础设施。我国高度重视“北斗”系统建设发展，自 20 世纪 80 年代开始探索适合国情的卫星导航系统发展道路，形成了“三步走”发展战略：2000 年底，建成“北斗”一号系统，向中国提供服务；2012 年底，建成“北斗”二号系统，向亚太地区提供服务；2020 年，全面建成“北斗”三号系统，向全球提供服务。

“北斗”卫星导航系统由空间段、地面段和用户段三部分组成，可在全球范围内全天候、全天时为各类用户提供高精度、高可靠定位、导航、授时服务，并具备短报文通信能力，已经初步具备区域导航、定位和授时能力，定位精度 10m，测速精度 0.2m/s，授时精度 10ns。

“北斗”系统自提供服务以来，已在交通运输、农林渔业、水文监测、气象测报、通信系统、电力调度、救灾减灾、公共安全等领域得到广泛应用，融入国家核心基础设施，产生了显著的经济效益和社会效益。

2020 年 6 月 23 日，我国在西昌卫星发射中心用“长征”三号乙运载火箭成功发射第 55 颗“北斗”导航卫星。随着第 55 颗“北斗”导航卫星顺利入轨，我国提前半年完成“北斗”三号全球卫星导航系统星座部署目标。这是我国从航天大国迈向航天强国的重要标志，也是“十三五”期间我国实现第一个百年奋斗目标过程中航天领域完成收官的首个国家重大工程。

第 55 颗“北斗”导航卫星是“北斗”三号第 3 颗地球静止轨道卫星，也是“北斗”三号的第 30 颗卫星。该类卫星在星基增强、短报文通信、精密单点定位等特色服务上发挥关键作用。作为“北斗”三号全球组网建设的收官之星，这颗卫星成功发射后也意味着“北斗”卫星导航系统的重点工作今后将从工程建设转移到维护稳定运行、提高服务水平上来。

按照计划，2035 年，我国还将建设更加泛在、更加融合、更加智能的综合定位导航授时体系。“北斗”将以更强的功能、更优的性能，服务全球、造福人类。

3. 载人航天计划

中国载人航天计划于 1992 年正式启动。初期目标是将航天员送入太空，远期则包括建立永久空间站以及月球探索。中国载人航天制定了“三步走”战略：第一步是发射无人和载人飞船，将航天员安全地送入近地轨道，进行对地观测和科学实验，并使航天员安全返回地面；第二步是继续突破载人航天的基本技术：多人多天飞行、航天员出舱在太空行走、完成飞船与空间舱的交会对接，在突破这些技术的基础上，发射短期有人照料的空间实验室，建成完整配套的空间工程系统；第三步是建立永久性空间实验室，建成中国的空间工程系统，航天员和科学家可以来往于地球与空间站，进行规模比较大的空间科学试验。

经过 28 年的努力，中国突破并掌握了天地往返、航天员出舱、交会对接三大基本技术，具备了建造空间站的能力。2019 年，中国空间站核心舱由初样研制阶段转入正样阶段，其他舱段进行初样阶段的研制和生产。

中国载人航天计划中进入太空轨道的飞行器被命名为“神舟”号飞船，最多乘员三人，飞船由“长征”二号 F 火箭运载。2003 年 10 月 15 号，“神舟五号”载人飞船载着我国第一名宇航员杨利伟顺利进入太空，绕地球飞行 14 圈后成功返回，我国成为世界上第三个能独立将宇航员送入太空的国家。2005 年金秋时节，我国又成功发射了“神舟六号”飞船，再度把两位航天员费俊龙、聂海胜送入太空。2008 年 9 月 25 号“神舟七号”载着宇航员翟志刚、刘伯明、景海鹏又一飞冲天，胜利地完成了使命。

2013 年 6 月 11 日，我国第五艘载人飞船“神舟十号”于 11 日 17 时 38 分搭载三位航天员飞向太空，将在轨飞行 15 天，并首次开展我国航天员太空授课活动。飞行乘组由男航天员聂海胜、张晓光和女航天员王亚平组成，聂海胜担任指令长。飞船升空后再和目标飞行器“天宫一号”对接，任务将是对“神舟九号”载人交会对接技术的拾遗补缺。在轨飞行 15 天，其中 12 天与“天宫一号”组成组合体在太空中飞行。与“天宫一号”进行交会对接成功，标志着中国已经基本掌握了空间飞行器交会对接技术。

2016 年 10 月 17 日 7 时 30 分，在酒泉卫星发射中心发射了我国第六艘载人飞船“神舟十一号”，航天员景海鹏第三次参加飞行任务。“神舟十一号”进行宇航员在太空中期驻留试验，驻留时间长达 30 天。19 日凌晨，“神舟十一号”飞船与“天宫二号”自动交会对接成功。航天员景海鹏成功打开“天宫二号”空间实验室舱门，两位航天员顺利进入“天宫二号”空间实验室，景海鹏成为第一个进入“天宫二号”的航天员。

“天宫”是我国的空间实验室，是空间站的前期，相当于太空基地。2011 年 9 月 29 日在酒泉卫星发射中心由“长征二号”FT1 运载火箭发射成功了“天宫一号”目标飞行器，是中国自主研制的首个目标飞行器和空间实验室，该飞行器全长 10. 4m，最大直径 3. 35m，它的主要任务是作为交会对接的目标，与“神舟八号”配合完成空间交会对接飞行试验，保障航天员在轨短期驻留期间的生活和工作，保证航天员安全；开展空间应用、空间科学实验、航天医学实验和空间站技术实验；初步建立短期载人、长期无人独立可靠运行的空间实验平台，为建造空间站积累经验。

“天宫二号”，是继“天宫一号”后我国自主研发的第二个空间实验室，也是我国第一个真正意义上的空间实验室，于 2016 年 9 月 15 日成功发射。“天宫二号”主要开展地球观测和空间地球系统科学、空间应用新技术、空间技术和航天医学等领域的应用和试验。“天宫二号”空间实验室由实验舱和资源舱组成，总长 10. 4m，舱体最大直径 3. 35m，太阳帆板展开后翼展宽度约 18. 4m，起飞重量约 8. 6t，具有与“神舟”载人飞船和“天舟”货运飞船交会对接、实施推进剂在轨补加、开展空间科学实验和技术试验等重要功能。它的主要任务包括：一是开展较大规模的空间科学实验和空间应用试验以及航天医学实验；二是考核验证航天员中期驻留、推进剂补加等空间站建造运营关键技术。

“天宫二号”在轨飞行至 2019 年 7 月，之后受控离轨。2019 年 7 月 19 日，“天宫二号”受控再入大气层，标志着中国载人航天工程空间实验室阶段全部任务圆满完成。

4. 探月工程

1994 年，中国航天科技工作者进行了探月活动必要性和可行性研究，1996 年完成了探月卫星的技术方案研究，1998 年完成了卫星关键技术研究，以后又开展了深化论证工作。经过10年的酝酿，2004年中国正式开展月球探测工程，并命名为“嫦娥工程”，“嫦娥工程”分为“无人月球探测”“载人登月”和“建立月球基地”三个大的阶段，中国整个探月工程又分为“绕”“落”“回”三个步骤。

第一步为“绕”，即发射我国第一颗月球探测卫星，突破至地外天体的飞行技术，实现月球探测卫星绕月飞行，通过遥感探测，获取月球表面三维影像，探测月球表面有用元素含量和物质类型，探测月壤特性，并在月球探测卫星奔月飞行过程中探测地月空间环境。第一颗月球探测卫星“嫦娥一号”于2007年10月24日发射。

第二步为“落”，即发射月球软着陆器，突破地外天体的着陆技术，并携带月球巡视勘察器，进行月球软着陆和自动巡视勘测，探测着陆区的地形地貌、地质构造、岩石的化学与矿物成分和月表的环境，进行月岩的现场探测和采样分析，进行日－地－月空间环境监测与月基天文观测。具体方案是用安全降落在月面上的巡视车、自动机器人探测着陆区岩石与矿物成分，测定着陆点的热流和周围环境，进行高分辨率摄影和月岩的现场探测或采样分析，为以后建立月球基地的选址提供月面的化学与物理参数。

第三步为“回”，即发射月球软着陆器，突破自地外天体返回地球的技术，进行月球样品自动取样并返回地球，在地球上对取样进行分析研究，深化对地月系统的起源和演化的认识。

2007年10月24日，“嫦娥一号”成功发射升空，在圆满完成各项使命后，于2009年按预定计划受控撞月。

2010年10月1日，“嫦娥二号”顺利发射，也已圆满并超额完成各项既定任务。

2019年1月3日，“嫦娥四号”探测器自主着陆在月球背面南极－艾特肯盆地内的冯·卡门撞击坑内，实现人类探测器首次月背软着陆。

2020年11月24日，“嫦娥五号”顺利发射，“嫦娥五号”是我国首个实施无人月面取样返回的月球探测器，它的主要科学目标是：开展着陆区的现场调查和分析；开展月球样品返回地球以后的分析与研究。

5. 火星探测工程

2016年我国自主火星探测任务启动，火星探测器被命名为“天问系列”。首次火星探测任务的工程目标，一是突破火星制动捕获、进入、下降、着陆、长期自主管理、远距离测控通信、火星表面巡视等关键技术，实现火星环绕探测和巡视探测，获取火星探测科学数据，实现我国在深空探测领域的技术跨越；二是建立独立自主的深空探测工程体系，包括设计、制造、试验、飞行任务实施、科学研究、工程管理以及人才队伍，推动我国深空探测活动可持续发展。2020年7月23日，“长征五号”遥四运载火箭搭载我国自主研发的“天问一号”火星探测器，在我国文昌航天发射场顺利升空，火箭飞行约2167s后，成功将探测器送入预定轨道，开启火星探测之旅，迈出了我国行星探测第一步。

在未来，我国将积极进行月球以及火星为主线的深空探测规划，并积极参与相关的国际合作，中国将通过自主研制发射天文卫星，在天文学观测的某些方面达到世界先进水平。在空间物理领域，将建立起符合实际的空间天气预报模式，为建立保障航天、通信和国家安全的空间天气保障体系提供科学基础。在微重力科学领域，将紧密结合国家科技战略目标和载人航天的关键问题，促进生物工程、新材料等高技术的发展以及引力理论、生命科学等的基础研究，尽早发射第一颗微重力科学和空间生命科学实验卫星。

几十年前，“东方红一号”卫星的成功发射，为增强我国的综合国力、促进社会主义现代化建设起到了巨大作用。我们相信，21 世纪我国空间事业将以更加骄人的业绩，进一步开发空间资源和扩大空间应用范围，使航天技术在提高生产力、增强国力、造福人类中作出更大的贡献。

四、发展空间技术的意义

纵观空间技术的发展史，空间技术的每一次重大突破，都会引起生产力的深刻变革和人类社会的巨大进步。近半个世纪以来，随着卫星和载人航天技术的发展，世界空间资源开发及推广应用，在短短几十年内硕果累累，取得了巨大的经济和社会效益，成为推动现代生产力发展的最活跃的因素，在一定意义上将改变世界的面貌。空间技术对人类发展产生的深刻影响体现在以下方面。

一是空间技术变革了传统的通信手段，极大地拓展了对信息的获取。传统的远距离通信手段，主要是短波无线电、同轴电缆和地面微波中转站。短波无线电易受干扰，电缆载波通信的铺设和维护成本很高，地面微波中转站需每隔 50km 左右设立一个微波中转站，把微波信号像接力那样一站一站地传下去，但耗资巨大，特别是在崇山峻岭和浩瀚的海洋上建立中继站就更加困难了。有了通信卫星，这些问题便迎刃而解。通信卫星作为一个传递信息的枢纽，实际上也是一个微波中转站。只要在赤道上空的同步轨道上均匀地分布 3 个卫星，就能覆盖全球，实行全球通信。通信卫星覆盖范围广、通信质量好、可靠性高、通信容量大。

二是空间技术促进经济建设的快速发展。利用地球资源卫星可以完成多种任务：①勘测资源，不仅可以勘测地球表面的森林、水力和海洋资源，还可以勘测埋在地下和海底的矿物资源；②监视地球，可以观察农作物长势，以便估计农作物产量，还可以发现森林火灾，预测预报地震和火山爆发，监视农作物的病虫害以及地球环境的污染情况等；③地理测量，可以据此绘制出地球的地质构造、地形和地理图。此外，利用卫星还可以监视鱼群，指挥渔轮进行捕捞等。

三是预测和预报气象卫星的出现使气象的观测发生了重大的改革。过去人们只能探测低空的气象状况，气象火箭只能得到局部地区的短期气象资料，而气象卫星观测的范围大、时间长，可以不受地理条件限制。它的各种气象探测仪器能拍摄全球的云图，并且是从上到下拍摄，因而可以测量全球大气随不同高度的分布情况，测量海面温度、风速和风向等数据。这就大大提高了气象预报的实时性、准确率和长期预报的可靠性。

四是测地和导航系统提升了人们对地球的认识。过去由于各种自然条件的限制，人类未能全部认识地球的真面貌。现在用测地卫星可以精确测定地球的形状和大小，测量出地理坐标，更正以往地图上的错误，它还能测量出地球引力随高度的变化。这些数据在计算导弹的命中精度和人造卫星的轨道时，都是经常用到的。目前，卫星已用于对全球的大地测量，1970 年利用分布在各个国家的 43 个地面站对测地卫星进行观测，为建立全球三维测量网奠定了基础。此外，测地卫星还可以测量出地壳的漂移情况，为地震预报提供依据。卫星大地测量不仅广泛用于高精度测定地面点的位置，还用于确定全球重力场，并形成一门新的大地测量分支，即卫星重力学。

我们相信，终有一天人类会在太空建设起载人居住的大型基地，进行工业化生产的太空工厂、太空太阳能电站等会相继出现，空间修建业、旅游、医疗事业也都会得到发展。这样就有可能在21世纪把空间站变成人类的太空家园。美国航天界曾预言，在不久的将来，人们将到其他星球去采矿，建立太空工厂，将在太空中采集的矿藏就地冶炼成地球上需要的各种材料，利用太空资源的新型企业将大量涌现。空间商业化的前景不仅是人类的向往，而且是人类征服空间、利用空间为其服务的必然趋势。

第六节　方兴未艾的海洋技术

21世纪是海洋世纪，是海洋经济可持续发展的时代，海洋资源是海洋经济发展的重要物质基础。由于陆地资源已不能满足人类的需求，向海洋进军就成为一个必然的选择，于是现代海洋技术应运而生。同陆地相比，海洋水下环境复杂：水中含氧量少，人在水中不能自由呼吸；水下低温环境使潜水员要消耗较多的能量，工作时间有限；水深每增加10m就相当于增加1个大气压，形成高压区；水是光的不良导体，对光线有很强的吸收作用，并且水对光线的吸收随着深度的增加，按光波的波长长短逐个吸收，引起潜水员在水下的色觉改变；海洋具有独特的剧烈动荡的气候环境。海水的这些特点使海洋开发异常艰难，也为海洋探测和资源开发赋予了丰富的高科技内涵，形成了特有的海洋高技术领域。

一、海洋——人类文明的摇篮

把我们人类赖以生存的地球说成是一个水球也许更为合适，因为在这个已知唯一存在着生命的星球上，陆地面积仅占总面积的29%，而海洋则占到71%。海洋是生命的摇篮，这不仅是说地球上最早的生物出现在海洋，而且指目前地球上80%的生物资源在海洋中。至少30亿年前，地球上最早的生命就已在海洋的世界里诞生了。最早出现的是原核生物，后来发展到真核生物，在5.7亿年前海洋中开始出现各种动植物，大约1.3亿年后各种动植物开始向陆地迁移，开始了陆上动植物的进化。今天，地球上约有100万种动物、40万种植物、10万种微生物和海洋生物20万余种。有人计算过，在不破坏生态平衡的条件下，海洋每年可提供30亿吨水产品，能够养活300亿人口。

海洋拥有相当于陆地2.4倍的面积，是个名副其实的“聚宝盆”，蕴藏着丰富的生物、矿产、化学、动力、热能和空间等资源。海水中潜藏着巨大的能量，而且再生不竭。向海洋进军已日渐成为各国的共识，一个在世界范围内开发利用海洋的高潮已经掀起，围绕海洋的开发利用新兴了一系列现代高科技海洋技术，而且发展速度不断加快，正越来越多地造福于人类。

二、海洋技术的发展

海洋技术就是研究海洋自然现象及其变化规律、开发利用海洋资源和保护海洋环境所使用的各种方法、技能和设备的总称。海洋技术是集信息技术、新材料技术、新能源技术、生物技术和空间技术于一体的复合性技术，通常包括海洋调查技术、海洋资源开发以及海洋环境监测、预报和环境保护等。

1. 海洋探测技术

(1) 科学考察船

人类用科学方法进行海洋科学考察已有100余年的历史，而大规模、系统地对世界海洋进行考察则要晚些。现代海洋探测着重于海洋资源的应用和开发，探测海洋资源的储量、分布和利用前景，监测海洋环境的变化过程及其规律。在海洋探测技术中，包括在海洋表面进行调查的科学考察船、自动浮标站，在水下进行探测的各种潜水器，以及在空中进行监测的飞机、卫星等。

科学考察船包括调查船、调查潜艇、海底钻探船等。科学调查船担负着调查海洋、研究海洋的责任，是利用和开发海洋资源的先锋。它调查的主要内容有海面与高空气象、海洋水深与地貌、地球磁场、海流与潮汐、海水物理性质与海底矿物资源（石油、天然气、矿藏等）、海水的化学成分、生物资源（水产品等）、海底地震等。其中极地考察和大洋调查等活动，为世界各国科学家所瞩目。大型科学调查船可对全球海洋进行综合调查，它的稳定性和适航性能好，能够经受住大风大浪的袭击。船上的机电设备、导航设备、通信系统等十分先进，燃料及各种生活用品的装载量大，能够长时间坚持在海上进行调查研究。同时，这类船还具有优良的操纵性能和定位性能，以适应各种海洋调查作业的需要。

世界第一艘科学考察船是1872年的英国“挑战者”号。该船长226英尺，排水量2300t，使用风力和蒸汽作为动力。从1872年起，“挑战者”号历经4年时间环绕航行，观测资料包括洋流、水温、天气、海水成分，发现了4700多种海洋生物，并首次从太平洋上捞取了锰结核。

1888~1920年，美国的“信天翁”号探测船探测东太平洋。1927年德国的“流星”号探测船首次使用电子探测仪测量海洋深度，校正了“挑战者”号绘制的不够准确的海底地形图。

据统计，20世纪70年代初全世界有科学考察船800多艘，很快就增加到1600多艘，其中美国300多艘，苏联200多艘，日本180多艘。

2010年8月，日本海洋科学技术中心研制的无人驾驶深海巡航探测器“浦岛”号在3000m深的海洋中行驶了3518m，创造了世界纪录。“浦岛”号上安装着高精度的导航装置及观测仪器，使用锂电池作动力。这艘无人驾驶的深海探测器，使用无线通信方式向海面停泊的母船“横须贺”号上传了用水中摄像机拍摄的深海彩色图像。以这次航行试验成功为基础，海洋科学技术中心还计划开发性能更高的无人驾驶深海探测器，并且使用燃料电池作动力源。

2019年10月25日，我国新型深远海综合科学考察实习船“东方红3”正式加入中国海洋大学“东方红”科考船舶序列。“东方红3”号船长103m、宽18m、排水量5800t、最大航速15节、定员110人、续航力15000海里。该型船是目前国内排水量最大、定员最多、综合科考功能最完备，经济性、振动噪声等指标要求最高的全球级海洋综合科考实习船，具备在深海大洋开展自高空大气透过海气界面，通过全海深直到海底的综合科考和资源调查，以及与无人机、科学考察船队和布放的其他观测仪器形成观测阵列的功能，是国内指标最高、综合科考功能最完备的顶尖海洋综合科考实习船。

(2) 潜水器

潜水器是具有水下观察和作业能力的活动深潜水装置，主要用来执行水下考察、海底勘探、海底开发和打捞、救生等任务，并可以作为潜水员活动的水下作业基地，又称深潜器、可潜器。载人潜水器有坚固的耐压壳，耐压壳外装有可减少航行阻力的外壳。潜水器一般用蓄电池作为能源，系缆潜水器则通过电缆由母船提供电能。艇上的蓄电池、高压气瓶等设备装在非耐压结构的外壳中，以提供一部分浮力。潜水器一般装有多个推进器，可朝不同方向运动。利用主压载舱、重量调整装置或纵倾调整装置来控制潜水器的稳定。还配置有氧气供给与二氧化碳吸收的环境控制装置。潜水器还根据需要装有罗经、深度计、障碍物探测声呐、高度深度声呐、方位探测听音机和各种水声通信设备，以及供水下作业用的机械手、水下电视和照明设备。

潜水器具有海底采样、水中观察测定以及拍摄录像、照相、打捞等功用，广泛应用于海洋基础学科的研究和海洋资源的调查、开发，对这些领域的发展起到重大作用。历史上，在人类征服海洋深处的征程中，潜艇曾立下了汗马功劳，因为即使是核潜艇，一般也只能在300～400m的海洋深处活动。面对深于3000m的海洋，人类创造了潜水器征服了深海。

潜水器有载人潜水器和无人潜水器两种类型，早期研制的大多是载人潜水器。1951年，法国人奥古斯特·皮卡德和他儿子设计建成“的里雅斯特”号自航式潜水器，1953年9月在地中海成功下潜到3150m。1960年1月23日，奥古斯特·皮卡德的儿子雅克·皮卡德和另一名潜水员美国海军上尉唐纳唐·维尔什共同乘坐他们父子俩新研制的深潜器首次潜入世界大洋最深处——马里亚纳海沟，创下了下潜深度10916m的世界纪录。如果说20世纪70年代以前人们热衷于驾驶深潜器去深海底探险，追求下潜的深度，那么，70年代以后人们转向将深潜器作科学研究和为海洋开发服务，深潜器的商业和科学应用掀起了一个高潮。

1989年，日本建造了可达水深6500m的深潜器“深海6500号”，创造了载人深潜器水下6527m作业的世界纪录。美国加利福尼亚的一家公司也研制出“深海飞翔”载人深潜器，它突破传统，采用流体动力，下潜航行时像在水下飞行，并且用新型陶瓷材料建造，人们使用此种方法建造能潜至海洋最深处的新型深潜器。

深潜器的研制对耐压材料提出了挑战。近几年来，除了钢材外人们又采用可塑聚甲基丙烯酸酯制造深潜器的耐压壳和玻璃窗。如科迈克公司和深海工程公司制造的载人深潜器，都有圆形的丙烯酸酯耐压壳，耐压水深为6000～10000m。另外，计算机技术的应用对深潜器起到控制和监测的功能，有效地减轻了驾驶员的工作负荷，简化了人工操作。

无人潜水器包括遥控型和自主型两种类型。遥控型拴在主舰船上，由操作人员持续控制；自主型可经过编程航行至一个或多个航点，在预定时间段内独立作业。

美国海军在20世纪60～70年代开发的一种无人驾驶的深潜器，它不需要人操纵，通过“脐带”——绳缆由海面进行操纵、供应电力和通信。它比载人深潜器要安全得多，便宜得多。1995年以来，人们采用电力遥控的小型推进装置，有电动的，也有液压的，或者两者结合。现在，遥控型无人潜水器已成为海洋石油开采的可靠工具。

自主型潜水器虽然甩掉了那根令人烦恼的“脐带”，根据指令或预先编好的程序进行作业，活动自如，但由于成本较高、技术要求也较高，所以发展速度不快。美国是世界上最早进行深海研究和开发的国家，“阿尔文”号深潜器曾在水下4000m处发现了海洋生物群落，“杰逊”号机器人潜入到了6000m深处。

日本“海沟”号无人潜水探测器（最大潜水深度1.1万米），1997年3月24日在太平洋关岛附近海区，从4439吨级的“横须贺”号母船上放入水中，成功地潜到10911万米深的马里亚纳海沟底部，这是无人探测器的潜水世界最高纪录。潜水器可以完成多种科学研究及救生、修理、寻找、探查、摄影等工作。如“阿尔文”号曾找到过落入地中海的氢弹和“泰坦尼克”号沉船。

2012年3月26日，加拿大导演詹姆斯·卡梅隆乘坐深海“挑战者”号潜水艇抵达太平洋下约1.1万米深处的马里亚纳海沟，成为全球驾驶单人潜水器到达地球上已知的最深处——“挑战者”深渊的第一人。

2012年中国载人深海潜水器“蛟龙号”突破了7062m海洋深处的世界纪录。2018年3月30日，我国自主研发万米级潜水器“海龙11000”首次海试完成，“海龙11000”突破了传统缆控无人潜水器模式，大量采用创新技术。其中，可加工浮力材料、多芯贯穿件等部件均为我国自主创新成果。

（3）海洋卫星

海洋卫星是专门为观测海洋、研究海洋，以及海洋环境调查和资源开发利用而设计发射的一种人造地球卫星，它是地球观测卫星中的一个重要分支，是在气象卫星和陆地资源卫星的基础上发展起来的，属于高档次的地球观测卫星，包括军用海洋监视卫星、综合性的海洋观测卫星、各种专用的海洋学研究卫星等，在海洋资源、环境、减灾和科学研究等方面发挥了不可替代的重要作用。目前世界各国的海洋卫星和以海洋观测为主的在轨卫星已有30多颗。

卫星技术在海洋开发中的应用十分广泛。海洋卫星在几百千米高空能对海洋里许多现象进行观测，这是因为它有一些特殊的本领，比如测量海水的温度，用的就是遥感技术。当太阳发出的电磁波到达海面时，能量的分布是不均匀的，利用遥感技术就可以测量海面的温度及其特征，数据经电脑分析后，就可得到海面温度的情况，最后汇集成一张海面温度分布图。由于几乎是同步观测后得到的数据，所以观测结果很真实。

2020年6月11号，我国在太原卫星发射中心成功发射“海洋一号”D卫星，这是我国第4颗海洋水色系列卫星，是国家民用空间基础设施规划的首批海洋业务卫星之一，将为全球大洋水色水温业务化监测、我国近海海域与海岛海岸带资源环境调查、海洋防灾减灾、海洋资源可持续利用、海洋生态预警与环境保护提供数据服务，并为气象、农业、水利、交通等行业应用提供支持。这标志我国跻身国际海洋水色遥感领域前列，并且对开展全球气候变化研究、应对人类共同面临的全球气候变暖和生态文明建设等具有重要意义，也将开启我国自然资源卫星陆海统筹发展新时代。

2. 海洋开发技术

海洋具有广阔的空间和丰富的资源，包括海洋矿物资源、海水化学资源、海洋生物资源、海洋动力资源等。随着海洋调查与探测技术的发展，对海洋资源的开发成为可能。

（1）海洋石油和天然气开发

据不完全统计，海底蕴藏的油气资源储量约占全球油气储量的1/3，21世纪，海底油气开发将从浅海大陆架延伸到千米水深的海区。

世界海洋石油的绝大部分存在于大陆架上。据测算，全世界大陆架面积约为3000万平方公里，占世界海洋面积的8%。关于海洋石油的储藏量，由于勘探资料和计算方法的限制，得出的结论也各不相同。法国石油研究机构的一项估计是：全球石油资源的极限储量为10000亿吨，可采储量为3000亿吨。其中海洋石油储量约占45%，即可采储量为1350亿吨。中东地区的波斯湾，美国、墨西哥之间的墨西哥湾，英国、挪威之间的北海，中国近海，包括南沙群岛海底，都是世界公认的海洋石油最丰富的区域。

对海洋石油较早进行大规模开采的区域是波斯湾大陆架，当时连同附近陆地上的海洋石油产量，供应了战后世界石油需求的一半以上。欧洲西北部的北海是仅次于波斯湾的第二大海洋石油产区，北海油田的开发是从20世纪60年代开始的，英国、挪威等北海沿岸国家纷纷投入北海石油开发，形成盛极一时的“北海石油开发热”。

在海洋进行石油和天然气的勘探开采工作要比陆地上困难得多，必须具备一些与陆地不同的特殊技术，如平台技术、钻井技术和油气输送技术等。工作平台有固定式平台和移动式钻井平台。移动式钻井平台克服了固定式平台建、拆不能重复使用的缺点，并大大增加了工作深度。移动式钻井设备拥有自己的浮力结构，可以由拖船拖着移动，有的还拥有自己的动力设备，可以自航。移动式钻井设备包括座底式平台、自升式平台、半潜式平台和钻井船。其中半潜式平台是目前适合于较深水域作业的先进平台，它既能克服钻井船的不稳定性又能在较深水域中作业。为向深水石油开发进军，科研人员又研制出稳定廉价的深水平台和深水重力平台，其工作深度可达500～600m。

经“科技发展十一五规划（2006—2010）”建设，我国海洋石油装备水平迈入世界先进行列，勘探开发能力实现了从浅海到深海的重大跨越。2011年我国自主设计了深水钻井平台981号，被誉为海洋石油工业的“航空母舰”，它作业水深3000m，钻井深度可达10000m。一个56层楼高、平台面积比一个足球场还要大的钻井核心区寥寥数人就能完成生产。“981号”的建成标志着我国海洋石油工业从浅海到深海，勘探开发能力全面突破。

2017年2月，我国半潜式钻井平台“蓝鲸1号”在山东烟台命名交付。“蓝鲸1号”平台的作业水深和钻井深度都打破了世界纪录，是目前全球最先进的半潜式钻井平台，并采用了双钻塔、液压主提升、岩屑回收、超高压井控等大量新技术，先后荣获2014年《World Oil》颁发的最佳钻井科技奖、2016 OTC最佳设计亮点奖。该平台配备DP3动力定位系统，长117m，宽92.7m，高118m，最大作业水深3658m，最大钻井深度15240m，是目前全球作业水深、钻井深度最深的半潜式钻井平台，可在全球范围内深海作业。它拥有27354台设备、40000多根管路、50000多个MCC报验点，电缆拉放长度120万米。与传统单钻塔平台相比，拥有高效液压双钻塔、全球领先西门子闭环动力系统的“蓝鲸1号”，作业效率可提升30%，并节省10%的燃料。

2020年3月，由中集来福士设计建造，全球最大、最先进的超深水半潜式钻井平台“蓝鲸2号”，在水深1225m的南海神狐海域顺利开展第二轮可燃冰试采任务，创造了“产气总量”“日均产气量”两项新的世界纪录，攻克了深海浅软地层水平井钻采核心技术，再一次站到世界舞台的C位。与传统单钻塔平台相比，“蓝鲸2号”在项目建造工艺等方面有重大创新突破，配置了高效的液压双钻塔和全球领先的DP3闭环动力管理系统，可提升30%作业效率，节省10%的燃料消耗，并在试航中完成了国内首次DP3操作模式下的电力系统的闭环试验。该试验是国内首次成功完成这一技术课题，实现了海洋工程能源及动力系统优化的重大突破。

目前，我国已经成为世界海洋石油生产大国之一，建成了完整的海洋石油工业体系，中国海洋石油公司已经基本掌握了全套深水钻井技术、测试技术和作业管理要素，深水油气勘探技术已经完成了从常规深水领域油气勘探到超深水领域的跨越。

（2）生物资源的开发

据统计，世界海域的生物种类非常丰富，仅在中国海域已有描述记录的物种就达2万多种。海产鱼类1500种以上，产量较大的有200多种。

经济学家预言，在21世纪，“海洋水产生产农牧化”“蓝色革命计划”和“海水农业”构成未来海洋农业发展的主要方向。“海洋水产生产农牧化”就是通过人为干涉，改造海洋环境，以创造经济生物生长发育所需的良好环境条件，同时也对生物本身进行必要的改造，以提高它们的质量和产量。通过建立育苗厂、养殖场、增殖站，进行人工育苗、养殖、增殖和放流，使海洋成为鱼、虾、贝、藻的农牧场。随着海洋生物技术在育种、育苗、病害防治和产品开发方面的进一步发展，海水养殖业在21世纪将向高技术产业转化。“蓝色革命计划”着眼于大洋深处海水的利用。在大洋深处，深层水温只有8~9℃，氮和磷是表层海水的200倍和15倍，极富营养。将深层水抽上来，遇到充足的阳光就会形成一个产量倍增的新的人工生态系统，温差可以用来发电或直接用于农业生产。美国和日本已经在进行这种人工上升流试验，认为将引发一场海水养殖的革命，所以称为“蓝色革命”。“海水农业”是指直接用海水灌溉农作物，开发沿岸带的盐碱地、沙漠和荒地。“蓝色革命计划”是把海水养殖业由近海向大洋扩展。“海水农业”则是要迫使陆地植物“下海”，这是与以淡水和土壤为基础的陆地农业的根本区别。人类为了获得耐海水的植物正在进行艰苦的探索，除了采用筛选、杂交育种外，还采用了细胞工程和基因工程育种。这些研究仍在继续，目前采用品种筛选和杂交等传统方法已经获得了可以用海水灌溉的小麦、大麦和西红柿等。

目前，我国渔场面积约280万平方公里，2018年海洋鱼产品年产量达5800多万吨，居世界首位。此外，我国还拥有红树林、珊瑚礁、上升流、河口海湾、海岛等各种海洋高生产力的生态系统，对各类海洋生物的繁殖和生长极为有利。

（3）海水资源开发

海水资源利用是前景可期的事业，在发达国家沿海工业用海水已达90%以上。海水直接利用的方面多，用水量大，在缓解沿海城市缺水中占有重要地位。把海水在工业中作冷却水、冲洗水、稀释水等以及居民的冲厕用水（约占居民生活用水的35%）发展起来，对缓解沿海城市缺水问题，将起重大作用。

海水直接利用的技术包括：海水直流冷却技术，已有90年应用史，是目前工业应用的主流；海水循环冷却技术，我国尚处研究阶段；海水冲洗技术等。与海水直接利用的有关重要技术，还包括耐腐蚀材料、防腐涂层、阴极保护、防生物附着、防漏渗、杀菌、冷却塔技术等。

海水冷却技术在发达国家已广泛用于沿海电力、冶金、化工、石油、煤炭、建材、纺织、船舶、食品、医药等工业领域。

海水淡化技术经半个多世纪的发展已经成熟，主要的淡化方法有蒸馏法、电渗析法和冷冻法等。蒸馏法是以化工过程中的蒸馏技术为基础发展而来的分离方法，电渗析法是一种膜分离技术，冷冻法是在冰点温度下从海水中分离出淡水来。目前，沙特阿拉伯、以色列等国家70%的淡水资源来自海水淡化，美国、日本、西班牙等国家为保护本国淡水资源也竞相发展海水淡化产业。据不完全统计，截至 2017 年底，全球已有 160 多个国家和地区在利用海水淡化技术，已建成和在建的海水淡化工厂有接近 2 万个，合计淡化产能约为 10432 万吨/日。截至 2018 年底，中国已建成海水淡化工程 142 个，工程规模 120.17 万吨/日，全国海水淡化工程分布在沿海 9 个省市水资源严重短缺的城市和海岛。

（4）海洋矿产资源的开发

海洋中有多种矿产资源，并具有一定的经济价值，许多国家已投入进行开发。

1）锰结核。锰结核是一种分布在大洋中的锰铁矿氧化物矿石，主要分布在水深 2000 ~ 6000m 的海底表层。其形态各异，大小不同，表面颜色常呈黑色或深棕红色。现已探明储量约 3 万亿吨，其中含锰 4000 亿吨，含镍 164 亿吨，含铜 88 亿吨。不仅如此，深海锰结核现在还在快速生长，仅太平洋的锰结核每年就能生成 1000 万吨。

锰结核不是深埋在海底深处，而是像露天煤矿那样铺在海底表层，所以开采起来很方便，受到世界各国的重视。美国 1979 年在夏威夷建立了一家锰结核矿的加工提炼厂，每天处理 50t 锰结核。我国已经基本上具备了开发大洋锰结核的条件，在太平洋几个海区进行了 200 万平方公里范围的调查，圈划出 30 万平方公里的远景矿区。1990 年 8 月，我国向联合国国际海底管理局筹委会正式提出申请作为先驱投资国，1991 年在筹委会第九届春季会议上得到批准。这样，我国得到了一块开采海域，成为 21 世纪深海矿产开采的一个基地。

2）海底热液矿床。海底热液矿床是 20 世纪 80 年代才受到人们重视的新矿种。热液矿床与固体矿床的状态不同。热液矿床是由大洋底裂谷处的热液作用而形成的硫化物，有块状和软泥状两种，其形成的原理基本相同。矿床中富含铜、铅、锌、锰、铁、镉、钼、钒、锡、金、银等十几种金属。

（5）海洋能源开发

海洋中蕴藏着丰富的能源，如温度差能、波浪能、潮汐与潮流能、海流能、盐度差能、岸外风能、海洋生物能和海洋地热能等。海洋能源开发技术是指开发利用这些能源的技术。海洋能绝大部分来源于太阳辐射能，较小部分来源于天体（主要是月球、太阳）与地球相对运动中的万有引力。这些能量是蕴藏于海上、海中、海底的可再生能源，属新能源范畴，永远不会枯竭，也不会造成任何污染。

各种海洋能的蕴藏量是巨大的，据估计有 750 多亿千瓦，其中波浪能 700 亿千瓦，温度差能 20 亿千瓦，海流能 10 亿千瓦，盐度差能 10 亿千瓦。据预测，海洋能的理论储量是目前全世界各国每年耗能量的几百倍甚至几千倍。人们可以把这些海洋能以各种手段转换成电能、机械能或其他形式的能，供人类使用。

海洋能具有一些特点。第一，它在海洋总水体中的蕴藏量巨大，而单位体积、单位面积、单位长度所拥有的能量较小。这就是说，要想得到大能量，就得从大量的海水中获得。第二，它具有可再生性。海洋能来源于太阳辐射能与天体间的万有引力，只要太阳、月球等天体与地球共存，这种能源就会再生，就会取之不尽、用之不竭。第三，海洋能有较稳定与不稳定能源之分。较稳定能源为温度差能、盐度差能和海流能。不稳定能源又分为变化有规律与变化无规律两种，属于不稳定但变化有规律的有潮汐能与潮流能，既不稳定又无规律的是波浪能。人们根据潮汐潮流变化规律，编制出各地逐日逐时的潮汐与潮流预报，预测未来各个时间的潮汐大小与潮流强弱，潮汐电站与潮流电站可根据预报表安排发电运行。第四，海洋能属于清洁能源，对环境污染影响较小。

从各国的情况看，潮汐发电技术比较成熟。据世界动力会议估计，到2020年全世界潮汐发电量将达到1000亿~3000亿千瓦。世界上最大的潮汐发电站是法国北部英吉利海峡上的朗斯河口电站，发电能力为24万千瓦，已经工作了30多年。中国在浙江省建造了江厦潮汐电站，总容量达到3000kW。

但是，目前利用波能、盐度差能、温度差能等海洋能进行发电还不成熟，处于研究试验阶段。这些海洋能至今没被利用的主要原因是经济效益差、成本高，而且一些技术问题还没有过关。

铀是高能量的核燃料，1kg铀可供利用的能量相当于2250t优质煤，然而陆地上铀矿的分布极不均匀，并非所有国家都拥有铀矿，全世界的陆地铀矿总储量也不过200万吨左右。但是，在巨大的海水水体中含有丰富的铀矿资源，总量超过40亿吨，约相当于陆地总储量的2000倍。海水提铀的方法很多，目前最有效的是吸附法。氢氧化钛有吸附铀的性能，利用这一类吸附剂做成吸附器就能够进行海水提铀。现在海水提铀已从基础研究转向开发应用研究。日本已建成年产10kg铀的中试工厂，一些沿海国家也计划建造百吨级或千吨级铀工业规模的海水提铀厂。如果将来海水中的铀能全部提取出来，所含的裂变能相当于1亿亿吨优质煤，比地球上目前已探明的全部煤炭储量还多1000倍。

氘是氢的同位素。氘的原子核除包含一个质子外，比氢多了一个中子。氘的化学性质与氢一样，但是一个氘原子比一个氢原子重一倍，所以叫做“重氢”。重氢和氧化合成的水叫做“重水”。重水是原子能反应堆的减速剂和传热介质，也是制造氢弹的原料。如果人类一直致力的受控热核聚变的研究得以解决，从海水中大规模提取重水一旦实现，海洋就能为人类提供取之不尽、用之不竭的能源。蕴藏在海水中的氘有50亿吨，足够人类用上千亿年。实际上就是说，人类持续发展的能源问题一劳永逸地解决了。

三、我国海洋技术的发展

我国海岸线漫长，海域辽阔，海域面积约300万平方公里，海洋资源丰富，是发展中的海洋大国，在发展海洋经济上具有一定的优势。为实现从海洋大国跨入海洋强国的目标，我国的“863”计划在海洋技术领域分别设置了海洋监测技术、海洋生物技术和海洋探查与资源开发技术3个主题，以期为我国的海洋开发、海洋利用和海洋保护提供先进的技术和手段。

近年来，我国在合成孔径成像声呐、高精度CTD剖面仪和定标检测设备的研制以及近海环境自动监测技术方面等重大技术上取得突破性进展，并已进入世界先进水平行列。通过建立海洋环境立体监测系统技术及示范系统促进了上海等城市区域性社会经济的发展，并为建立我国整个管辖海域的海洋环境立体监测和信息服务系统奠定了坚实的技术基础。我国沿海周边地区已经在全球海洋观测系统框架下，初步建立起了从航天、航空、海监船队、沿岸观测台站的海洋环境立体监测体系，形成海底全覆盖探测系统，从整体上提高了我国海洋环境观测监测和预测预报能力。

1. 深海探测技术

自20世纪80年代以来，我国也开始了深潜器的研制，第一艘载人深潜器最大下潜深度达600m。第一台无人遥控深潜器于1985年底研制成功，下潜200m。1989年我国与加拿大合作研制的遥控型深潜器投入水下作业，它由电脑控制，能在水下完成自动定位和定航向，装有5个功能机械手和水下摄影机，最大前进时速达2.5km以上，最大水深200m。1997年我国利用自制的无缆水下深潜机器人，进行深潜6000m深度的科学试验并取得成功，这标志着我国的深海开发已步入正轨。1998年由上海交通大学和水下工程研究所研制的“6000m海底拖拽观察系统”赴太平洋进行深海多金属结核勘察工作，立下了赫赫战功。

（1）“海斗一号”潜水器

“海斗一号”潜水器是科技部“十三五”国家重点研发计划“深海关键技术与装备”重点专项立项支持项目，由沈阳自动化所联合国内十余家优势单位共同研制。自2016年7月项目启动后，“海斗一号”历经两年半的关键技术攻关与测试验证，于2019年完成实验室总装联调、水池试验、千岛湖湖试和南海4500m阶段性海试。2020年，新冠肺炎疫情来袭，“海斗一号”研发团队克服重重困难，于4月23日搭乘“探索一号”科考船奔赴马里亚纳海沟，在短时间内准备进行一系列海试和试验性应用任务。

2020年6月，历经40余天，“海斗一号”于6月8日搭乘“探索一号”科考船载誉归来，“海斗一号”此次在马里亚纳海沟成功完成了首次万米海试与试验性应用任务，最大下潜深度10907m，刷新我国潜水器最大下潜深度纪录，同时填补了我国万米作业型无人潜水器的空白。本航次中，“海斗一号”在马里亚纳海沟实现了4次万米下潜，在高精度深度探测、机械手作业、声学探测与定位、高清视频传输等方面创造了我国潜水器领域多项第一。作为集探测与作业于一体的万米深潜装备，“海斗一号”在国内首次利用全海深高精度声学定位技术和机载多传感器信息融合方法，完成了对“挑者深渊”最深区域的巡航探测与高精度深度测量，获取了一系列数据资料。同时，借助具有完全自主知识产权的全海深机械手，“海斗一号”多次开展了深渊海底样品抓取、沉积物取样、标志物布放、水样采集等万米深渊作业，并利用高清摄像系统获取了不同作业点的影像资料，为深入研究探索深渊地质环境特点和生物演化机制提供了宝贵素材。

“海斗一号”的成功研制、海试与试验性应用，是我国海洋技术领域的一个里程碑，为我国深渊科学研究（深渊是指水深大于6000m的海底）提供了一种全新的技术手段，也标志着我国无人潜水器技术跨入了一个可覆盖全海深探测与作业的新时代。

（2）“蛟龙号”载人潜水器

“蛟龙号”是一艘由中国自行设计、自主集成研制的载人潜水器。2002年科技部将深海载人潜水器研制列为国家高科技计划“863计划”重大专项计划，启动了“蛟龙号”载人深潜器的自行设计、自主集成研制工作。

2009~2012年，“蛟龙号”接连取得1000m级、3000m级、5000m级和7000m级海试成功。2012年6月，在马里亚纳海沟创造了下潜7062m的中国载人深潜纪录，也是世界同类作业型潜水器最大下潜深度纪录。2014年12月首次赴印度洋下潜；2015年1月在西南印度洋龙旂热液区执行印度洋科考首航段的最后一次下潜，这也是其在这个航段的第9次下潜；3月搭乘“向阳红09”船停靠国家深海基地码头，正式安家青岛；2016年5月成功完成在雅浦海沟的最后一次科学应用下潜，最大下潜深度达6579m。

2017年3月“蛟龙号”载人潜水器分别在西北印度洋卧蚕1号热液区和大糙热液区进行了中国大洋38航次第一航段的第3次下潜和第4次下潜，这两次下潜都在调查区域发现了热液喷口并获取了硫化物样品。同年5月“蛟龙号”完成在世界最深处下潜，潜航员在水下停留近9h，海底作业时间3h 11min，最大下潜深度4811m。

(3)“奋斗者号”载人潜水器

“奋斗者号”是我国研制的万米载人潜水器，是国家“十三五”重点研发计划“深海关键技术与装备”专项支持的深海重大科技装备。该项目2016年立项，由“蛟龙号”“深海勇士号”载人潜水器的研发力量为主的科研团队承担。四年来，潜水器经过方案设计、初步设计和详细设计，于2020年2月按计划完成了总装和陆上联调，3月开展水池试验。在水池试验过程中，总共完成了包括全流程考核、多名潜航员承担水池下潜培训等25项测试任务。

2. 科学考察船

近些年，我国科学考察船也取得了骄人的成绩。2009年4月，我国的海洋考察船“实验1号”在海南三亚凤凰岛码头启程首航，是名副其实的综合科学考察船，可以把各种先进技术用在海洋科考上，可在近海、远洋进行水声、海洋物理、地质生物、海洋和大气环境等多学科和交叉学科的科学考察。根据不同专业的科考研究，“实验1号”可以在各实验室搭载各种专门的仪器设备。

我国新建科考船研发设计正在引领世界发展。截至2017年8月，正在设计或建造的海洋科考船共约10艘，数量居世界第一，包括我国自主建造的首艘极地科考破冰船“雪龙2号”、中山大学新一代大型海洋综合科考船、第三艘大洋钻探船等。

2019年10月，哈尔滨工程大学13位师生漂泊在西沙群岛西北方向的海面上，乘风破浪，头顶烈日，完成了国家重点研发计划项目“全海深无人潜水器AUV关键技术研究”的中期海试，采回了珍贵的1500m深海之下的海水，为2020年冲击马里亚纳海沟11000m深潜奠定了坚实基础。

2019年10月25日，“东方红3”船正式入列中国海洋大学“东方红”系列科考船队。这艘可连续航行1.5万海里，甲板作业面积和实验室工作面积均超过600m^2的新型深远海综合科学考察实习船，标志着我国科考船设计、建造水平获得了新跨越，也将进一步增强我国海洋科考数据成果在国际上的话语权。

3. 航空母舰的建造

自1970年代起，解放军海军已开展航母的研究，中国国内的航母意识开始增强。从1985年开始，中国即开始对退役航母进行研究学习，取得了一些关于航母设计的启示。

中国第一艘航母平台，是从购自乌克兰的“瓦良格号”改建而成。它在20世纪80年代苏联时期开始建造，满载排水量67000t，全长306m，但只建造了三分之二。2011年8月10日，“瓦良格号”首次进行航海试验，在其后一年间，陆续进行了多次海试。2012年9月，我国政府公布改造后的航空母舰被命名为“辽宁舰”，这是以改造它时所在的省份命名的。2012年9月25日，“辽宁舰”正式入列。

第二艘航空母舰由我国自行研制，2013年11月开工，2015年3月开始坞内建造，2017年4月26日在大连正式下水，2018年5月13日开始海试，5月18日完成首次海上试验任务，2018年12月27日赴相关海域进行第四次海试，2019年10月22日完成了第八次海试。2019年12月17日，命名为“山东舰”的首艘国产航母交付海军。

四、海洋的未来与保护

21 世纪将是人类挑战海洋的新世纪。2001 年，联合国正式文件中首次提出了“21 世纪是海洋的世纪”，未来几十年国际海洋形势将发生较大的变化。海洋将成为国际竞争的主要领域，包括高新技术引导下的经济竞争。发达国家的目光将从外太空转向海洋，人口趋海移动趋势将加速，海洋经济正在并将继续成为全球经济新的增长点。

海洋是人类存在与发展的资源宝库和最后空间。人类社会正在以全新的姿态向海洋进军，国际海洋竞争日趋激烈。美国指出，海洋是地球上“最后的开辟疆域”，未来 50 年要从外太空转向海洋；加拿大提出，发展海洋产业，提高贡献，扩大就业，占领国际市场；日本利用科技加速海洋开发和提高国际竞争能力；英国把发展海洋科学作为迎接跨世纪的一次革命；澳大利亚提出在今后 10 ~ 15 年要强化海洋基础知识普及，加强海洋资源可持续利用与开发。国际海洋竞争将主要变现在以下方面：发现、开发利用海洋新能源；勘探开发新的海洋矿产资源；获取更多、更广的海洋食品；加速海洋新药资源的开发利用；实现更安全、更便捷的海上航线与运输方式。

如何充分发挥所拥有的海洋资源、把握好海洋资源经济发展的战略机遇，将是各国面临的重要任务。同时也应当考虑到，保护海洋环境、防止海洋污染，是全人类义不容辞的责任。

第五章　科学技术与社会

第一节　科学技术发展的社会条件

科学技术作为一种社会历史现象，其产生与发展受到许多社会条件的制约。

一、科学技术发展的经济条件

社会历史发展表明，科学技术与经济作为两个系统，它们虽然彼此不同，但却存在着相互联系、相互影响和相互制约。从总体上看，经济是大系统，科学技术是经济系统中的一个子系统，因此，就科学技术系统而言，它的产生和发展要以经济系统作为基础，经济系统成为维持科学技术系统存在和演变的重要社会环境。科学技术作为一个系统，受经济系统这种外部环境的作用和影响，主要表现在经济需求和经济支持两个方面。也就是说，科学技术发展既需要经济发展需求的刺激和推动，同时也需要经济作为后盾的支撑。

1. 经济需求是推动科学技术发展的重要动力

经济作为社会上层建筑赖以存在的基础，是人类社会最基本的实践活动。科学技术的产生和发展主要取决于人类社会的经济需求。正如恩格斯所说："经济上的需要曾经是，而且愈来愈是对自然界认识进展的主要动力。"

经济活动包括生产、分配、交换、消费四个环节，其中生产为核心。因此，经济上的需求主要是通过物质生产来实现的。物质生产作为"人以自身的活动来引起、调整、控制人和自然之间的物质变换的过程"，是人类为求得生存和发展而运用各种劳动资料征服和改造自然，以获取所需物质生活资料的主要经济活动。科学作为一种认识现象和知识体系，从根本上说，它是物质生产和社会经济发展需要的产物。正如恩格斯所说："科学的发生和发展一开始就是由生产决定的。"[1] 物质生产和社会经济发展的需要，不仅为科学提供了日益丰富的经验、事实和资料，而且向科学提出了大量新的研究课题，开拓了各种新的研究方向和研究领域，从而激发着科学不断地向前发展。英国科学社会学家贝尔纳在《历史上的科学》这部巨著中阐述了这一观点，他指出："当我们较详细地考察各门科学的最初出现，以及各发展阶段时，就更能明白，科学必须和生产机制有密切而活跃的接触，才能演进和增长。科学的历史是非常不平静的，某些活动大爆发后，就连接某些长久休闲时期，直到重新再爆发一次，却常发生在另一个国家里。但是科学活动出现在何地以及何时，绝非偶然。我们发现它的兴盛时期同经济活动和技术进步相吻合。科学所遵循的轨道与商业和工业的轨道相同，是从埃及和美索不达米亚到希腊，从回教控制下的西班牙到文艺复兴时的意大利，而转入荷兰和法兰西，再到工业革命中的苏格兰和英格兰。在较

---

[1] 恩格斯．自然辩证法［M］．北京：人民出版社，1971.

早的时期，科学步工业的后尘，目前则是趋向于赶上工业，并领导工业。正如科学在生产上的地位被人所认清的那样。”❶

人类社会进化的历史证明，早在古代以农牧业为主的生产实践就孕育着科学的萌芽。游牧民族和农业民族为确定季节的需要，激发了古代天文学的诞生；建筑、水利、航海的需要以及杠杆、滑轮等机械装置的应用，导致了古代力学的出现；丈量地段面积、衡量器物容积、计算时间和制造器皿等的需要，产生了古代数学。因此，在古代人类为了满足最基本的生产、生活开始认识自然，从而萌生了最早的科学形态。

中世纪以后，欧洲机器工业生产的兴起和繁荣，为近代科学的迅速崛起和发展创造了有利的经济环境。矿井排水与通风的需要，引起了流体静力学和空气静力学的研究；蒸汽机的应用和提高热机效率的需要，促进了热力学的研究；染色、酿酒、医药、冶金生产的需要，推动了化学的进步；基于商业发展需要的远洋航海和地理上的大发现，不仅推进了数学和天文学的进步，而且为植物学、动物学和生理学的研究展示了丰富的实际资料。这些事例足以证明恩格斯的论断：“如果说，在中世纪的黑暗以后，科学以意想不到的力量一下子重新兴起，并且以神奇的速度发展起来，那么，我们要再次把这个奇迹归功于生产。”❷ 近代科学的发展，资本主义生产方式的确立无疑起到重要的作用，美国科学社会学家 K. 默顿在考察 17 世纪英国社会经济需要对科学发展的刺激时，曾就英国皇家学会会员对科学研究课题的选择情况进行了统计分析。在这些研究课题中，与社会经济需要相联系的研究课题主要包括海上运输与航海（如罗盘、海图、经纬度、潮汐时间、造船方法与材料以及与之相关的浮体运动、天体观测、植物生长等问题研究），采矿与冶金（如提升矿石、水泵抽水、矿井通风以及与之相关的重物提升方法、大气压、空气压缩等问题研究），此外还包括军事技术、纺织工业、一般技术与务农等方面亟须解决的问题。通过对这些研究课题的分析，默顿得出了如下的结论：“可以尝试地认为，社会经济需要相当可观地影响了 17 世纪英国科学家研究课题的选择，粗略地讲，差不多百分之三十到六十的当时研究，似乎直接或间接地受到了这种影响。”默顿的研究工作很好地佐证了社会生产对科技发展的影响。

20 世纪以来，特别是 20 世纪中叶以来，随着现代化大生产的兴起和发展，科学知识整体化、科学活动社会化的发展趋势日益增强，从而导致现代科学技术逐步发展成一种具有严密知识结构和庞大社会建制的自组织系统。科学作为一个与技术、经济、社会相互关联的有机统一整体，它的存在和发展与社会的关联度也越来越高，受外部经济环境的影响也日益紧密。虽然，随着科学技术自身的不断壮大，科学技术发挥着越来越巨大的生产力功能，但是，现代科学技术仍然受着生产实践的制约，脱离不开来自外部社会经济环境的影响和作用。事实证明，现代社会化的大生产及其经济需求，明显地激发着现代科学整体及其门类与学科的形成和演化。例如，电力工业发展的需要，促进了对气体放电现象的研究，从而导致阴极射线的发现以及在此基础上相继产生的 X 射线、放射性和电子的发现，进而揭开了现代物理学革命的序幕，迎来了相对论、量子力学、粒子物理学的诞生；航空航天工业发展的需要，推动了空气动力学、

❶ J. D. 贝尔纳．历史上的科学［M］．伍况甫，彭家礼，译．北京：科学出版社，2015.

❷ 恩格斯．自然辩证法［M］．北京：人民出版社，1971.

材料科学和能源科学的迅速发展；原子能工业发展的需要，促进了核物理学、放射化学、放射生物学的发展；雷达、通信和自动控制的需要，推动了无线电电子学合成工业的发展，激发了高分子科学的崛起；作物良种的定向培育、生物激素的应用、遗传性疾病的诊断与控制、病原菌抗药性的防治等农业和医疗发展的需要，推动了分子生物学、生物控制论、医学工程学的兴起；现代工业、农业、军事以及现代科学技术本身发展的需要，促进了系统科学、管理科学以及诸如环境科学、空间科学、海洋科学等综合性学科的发展，等等。贝尔纳在考察现代国际科学事业发展时，曾经揭示了科学与经济发展方向一致性和发展规模成比例的现象。他指出，“科学的历史表明：它的成长基本上是符合经济发展的大方向的，科学发展的程度和规模也大体上和商业及工业活动成比例。世界上的主要工业国也就是科学发达的主要国家。”

由此看来，科学技术与生产经济之间的密切联系说明历代科学技术发展都离不开当时的社会经济环境。但是，随着科学技术发展日益复杂和庞大，它与社会生产之间的关系也日趋复杂，一方面，它对生产实践的依赖性不断加大，另一方面，它与生产实践之间的分离趋势（相对独立性）正在日益增强。贝尔纳曾指出现代科学技术的“赶上工业，并领导工业”的新特点，也说明现代科学技术对经济环境的依赖将会呈现一种更加复杂的态势和模式。

2. 经济实力是支撑科学技术发展的强大后盾

科学技术的产生和发展、科学技术体系的形成和演化，不仅依赖于物质生产和社会经济发展的需要，而且也取决于物质生产与社会经济的实力和水平所能提供的从事科学技术活动所需要的科研设备、科研经费等物质条件。

首先，生产发展为科研设备创新提供支撑。科学仪器和设备作为科学认识系统的重要构成因素，是科技人员用来研究自然现象和自然规律的基本物质手段。也就是说，科学仪器和设备是认识主体与认识客体之间进行信息联系并促使它们产生相互作用，从而达到把握认识对象性质和特征的一切以实物形态存在的科学认识工具和装备。德国哲学家黑格尔认为，“人为了自己的需要，通过实践和外部自然界发生关系，他借助自然界来满足自己的需要，征服自然界，同时起着中间人的作用。问题在于：自然界的对象是强有力的，它们进行种种的反抗。为了征服它们，人在它们中间加进另外一些自然界的对象，这样，人就使自然界反对自然界本身，并为了这个目的而发明工具”。科学仪器和设备正是人们为了达到认识和改造世界的目的而创造发明的工具，它们作为人的整个肢体、感觉器官和思维器官的延伸，与以观念形态存在的科学方法相辅相成，大大地扩展了认识主体与认识对象之间联系的范围和方式，有力地推动了科学发展及其整体化的进程。

任何以物质形态存在的科学仪器和设备的出现，都与其所处时代的物质生产、社会经济发展状况和水平密切相关。在古代生产能力和经济水平十分低下的情况下，用于科学认识的手段极其简陋，一般只是借助于直接的物质生产工具。在中世纪以农业和手工业为主体的自然经济条件下，人们开始制作一些用于科学研究的简单仪器设备，从而推动了天文学、地理学、建筑学等学科的缓慢发展。随着近代机器工业生产的兴起和资本主义商品经济的发展，人们陆续制造了诸如天平、钟表、温度计、压力计、望远镜、显微镜等比较先进的、用于科学观察和科学实验的仪器设备，从而为近代科学，特别是近代的天文学、力学、物理学、化学、生物学、医学等学科的迅速崛起，及其后取得突破性发展，提供了重要的物质技术手段。正如恩格斯所指出："从十字军远征以来，工业有了巨大的发展，并产生了很多力学上的（纺织、钟表制造、磨坊）、化学上的（染色、冶金、酿酒），以及物理学上的（眼镜）新事实，这些事实不但提供了大量可供观察的材料，而且自身也提供了和以往完全不同的实验手段，并使新的工具的创造成为可能。可以说，真正有系统的实验科学的出现，这时候才第一次成为可能。"

现代化的工业大生产和社会经济的蓬勃发展，为现代科学及其整体化和系统化提供了日益先进的物质技术基础。众所周知，现代科学的前沿领域，如基本粒子物理学、宇宙天文学、量子化学、分子生物学、智能科学等新兴学科的开拓和发展，都是借助于高能加速器、射电望远镜、电子显微镜、X射线衍射仪、巨型电子计算机，以及卫星、飞船、航天飞机等崭新的科学观察和实验工具而进行的。作为现代科学发展水平及其整体化进程重要标志的这些庞大、精密而复杂的仪器设备系统，只有依靠强大的工业生产体系和雄厚的社会经济基础作为后盾，才能够设计和制造出来，并获得广泛、有效的应用，从而有力地支撑着现代科学技术整体的迅猛发展。

其次，经济发展为科研经费增长提供保障。科研经费即科学研究活动所需的资金，它是保证科学发展和科学系统存在的重要物质条件之一。任何时代科学发展的水平，任何国家科学进步的速度，一般都与那个时代或那个国家所能提供的科研经费多寡有关。因此，科研经费的数量反映着一个时代或一个国家科学发展的规模、水平和速度。

就时代而言，从古代、中世纪到近代和现代，随着生产发展和经济进步，所能提供的科学经费数量不断增长，因而科学活动的组织形式逐渐由个人、集体发展到国家和国际规模，科学技术发展的水平越来越高，科学技术发展的速度越来越快，科学技术发展的整体化趋势也日益增强。就国家而言，生产发达和经济繁荣的国家，由于能够投入大量的科研经费，因而科学发展在总体上通常表现出规模大、水平高、速度快等特点。以美国和苏联为例，据有关资料统计，20世纪60年代以来，美国科研经费占国民生产总值的比例为2.2%~2.9%，尽管低于苏联的2%~3.5%的水平，但是由于美国的生产能力和水平，以及国民生产总值高于苏联，因此，美国为科学所能提供的研究与发展的经费总额一直高于苏联而居于世界首位。一个国家为科学发展所能提供的经费数量，最终要受这个国家的物质生产能力和经济发展水平所制约。

以结构复杂的知识体系和规模庞大的社会建制为特征的现代科学，已经远远超出"小"科学的范畴而进入"大"科学的时代。美国科学计量学家普赖斯认为："大科学时代，最无规律的东西，莫过于科学的经费问题。科学经费的支出最无规律，然而，从社会和政治意义上看，它又是处于相当高的支配地位。"现代科学发展需要巨额经费，其来源除主要依靠国家投资拨款外，还要依靠全社会的大力支持。其中，包括国家与私人、社团与行业、部门与地区等科学基金会在内的各种科学基金组织，它们不仅是国家资助科学发展经费的重要补充手段，而且是影响、引导和调节国家科学发展方向、研究课题选择、科研力量布局等科学活动的有力杠杆。正如默顿所指出："在这种理性化的社会及经济结构之下，经济发展所提出的工业技术要求对于科学活动的方向具有虽不是唯一的、也是强有力的影响。这种影响可能是通过特别为此目的而建立的社会机构而直接施加的。由工业、政府和私人基金资助的现代化工业实验室和科学研究基金，现已成为在相当程度上决定着科学兴趣焦点的最重要因素。"

二、科学技术发展的政治条件

科学技术作为社会发展过程中出现的一个子系统，也同样受到社会政治因素的影响。恩格斯指出，“经济运动会替自己开辟道路，但是它也必定受它自己所造成的并且有相对独立性的政治运动的反作用。”[1] 科学技术的发展虽然是由社会生产决定的，但在阶级社会里，统治阶级总是要求科学技术服从自己的阶级利益，为自己的阶级统治服务。社会对于科学技术的需要能否实现，科学技术的发展是否有一个良好的发展环境，往往在很大程度上取决于统治阶级对科学技术的认识和所采取的政策，这就是科学技术发展的政治条件问题。

1. 政治制度对科学技术发展的影响

政治制度对科学技术发展具有深远的影响，不同的政治制度对科学技术发展有着不同的动机和目标。在不同的社会制度下，科学技术发展与应用方向、规模和速度，也都呈现出很大的差异。一般来说，落后的、专制的、封闭的政治制度会阻碍科学技术的进步，而先进的、民主的、开放的政治制度会促进科学技术的发展。在人类社会历史发展的某些时期，科学技术进步的脚步相对缓慢、甚至停滞不前，与整个社会的政治氛围是有直接关系的。例如，中世纪欧洲，整个社会处于黑暗的宗教势力统治之下，科学作为神学的婢女而存在，受到了深深的摧残，那时一批杰出的科学斗士都遭到了残酷的破坏，布鲁诺、塞尔维特被活活烧死，伽利略被判终身监禁，曾经在古希腊时期创造的辉煌科学一落千丈。中国在古代的某些时期也曾经创造了辉煌的科学技术，但是到了封建社会后期，科学开始落后于西方，其主要原因与政治制度腐败密不可分。清代更是我国历史上君主集权制发展到顶峰的朝代。虽然在清朝康熙年间科技曾一度繁荣，但是君主集权制通过对经济领域的渗透和控制，从物质基础上限制科学技术的发展，如限制和禁止开矿、限制海外贸易、打击工商业、提倡农本主义，在文化教育上尊崇儒家思想、提倡八股取士，在这样的政治环境下，近代科学技术是无论如何也不能得以发展的。

政治对科学的干预往往会危及科学的自主性，尤其是在政治制度过于专政的集权环境下，科学往往成为政治的牺牲品，科学的活力被彻底扼杀了，20 世纪的科学发展不乏这方面的深刻教训。18 世纪末、19 世纪初，科学开始在德国形成以高等教育为主的科学研究体系，科学研究逐渐变成一种职业，一大批科学家开始涌现，世界科学中心从法国转移到德国。但是，纳粹政府的上台对德国的科学产生了极大的破坏作用，使德国科学的繁荣进入了一段低潮时期。在这一时期的德国，对本国科学最直接的有害影响来自纳粹政府的政治极权主义。借助于这种反动的社会政治势力，纳粹党徒打着反对伪科学的旗号，破坏、歪曲科学的基本原则，践踏科学的基本精神，把相对论物理学和现代原子物理学贬斥为“犹太科学”，使这些代表物理学最新进展的学科很快人去楼空、濒临崩溃的边缘；把德国的大学很快就置于纳粹党徒的政治控制之下，使曾经让德国引以为豪、让世界称慕的德国大学声名扫地。他们对理论科学家似乎有一种特别的不信任感，大学中不仅有许多“非雅利安”的教授被开除，而且其余的人也是根据他们对纳粹党的忠诚程度而不是根据他们的科学成就和学术能力来任用选择。结果使得学术骗子们竟能与有才能的科学家竞争

[1] 中央编译局. 马克思恩格斯选集［M］. 4 卷. 北京：人民出版社，1995.

并占有研究资金和设备，政治权威可以随意践踏通过科学研究获得的并且经由科学同行确认的知识成果。

另一个著名的例子是苏联臭名昭著的“李森科事件”。在当时，苏联科学界用阶级来划分科学，学术争论变成了阶级斗争，有20多名教授被捕入狱，近百名研究者被开除公职，苏联的遗传学研究停滞不前达20年之久。李森科出于政治与其他方面的考虑，坚持生物进化中的获得性遗传观念，否定基因的存在性，用拉马克和米丘林的遗传学抵制主流的孟德尔－摩尔根遗传学，并把西方遗传学家称为苏维埃人民的敌人。李森科从20世纪20年代后期绕开学术，借助政治手段把批评者打倒。1935年2月14日，李森科利用斯大林参加全苏第二次集体农庄突击队员代表大会的机会，在会上做了“春化处理是增产措施”的发言。李森科在他的演说中谈到，生物学的争论就像对“集体化”的争论，是在和企图阻挠苏联发展的阶级敌人作斗争。他声称反对春化法的科学家：“不管他是在学术界，还是不在学术界，一个阶级敌人总是一个阶级敌人。”李森科用自我否定的检讨来改头换面地对学术界知识分子进行攻击，这一手段得到了斯大林的首肯，李森科把学术问题上升为政治问题。尽管在乌克兰50多个地点1931～1936年进行了连续5年的实验研究表明，经春化处理的小麦并没有提高产量，但这并没有动摇李森科已经取得的胜利。李森科的反对者开始面临噩运，穆勒逃脱了秘密警察的追捕，而瓦维洛夫则于1940年被捕，先是被判极刑，后又改判为20年监禁，1943年因营养不良而死在监狱。在苏联的这段政治的专政时期，科学受到了残酷的破坏。

科学家不是生活在抽象的空间中，而是生活在一定的社会和政治环境中。科学自由的精神气质可以使科学家成为反对独裁政治以及教条主义思想的重要力量，但是由于现时代科学对政治的依赖性，在政治权力面前，科学家就有可能失去原有的力量而成为强权的屈从者。由于对强权的屈从会使科学成为政治的附属品，使得科学的求实精神受到摧残。在这种政治环境下，科学家变成国家的仆人，或者更准确地说，变成国家的奴隶，科学本身则变成国家宣传的内容之一。

2. 科技政策对科学技术发展的影响

政治制度对科学技术的影响还集中表现在一个国家的科技方针政策上，它是通过制定科技政策来体现的。发展科学技术，国家不仅要提供必要的物质条件，更重要的是通过科技政策的制定确立科技发展的国家战略目标、规划科技的全面发展，甚至通过科技法律、法规等措施，为科技活动创造一个“自主、创新、多样性”的良好环境，从而保证科学技术持续健康的发展，同时也使科技工作者能够在一种规划与自由之间张弛有度的环境中从事研究。具体体现在以下方面。

第一，通过科技政策的制定，能更好地明确科技发展的国家宏观整体战略目标。在科技政策发展的历史上，“二战”之后，美国科技政策的制定对美国之后的科技发展影响深远，它引人注目地改变了美国科学、技术和政府之间的关系，科学和技术在美国的科技政策中得到了新的定义，科学的社会化功能得到了进一步加强。“二战”期间，国家干预下的美国科技得到了极大的发展。战争时期科技政策和研究体制所带来的胜利和原子弹所显示的巨大威力，使美国政界和广大民众深深体验到科学技术在实现国家利益时的重大作用，现代科学技术已走出“小科学”的天地，进入了由国家干预的、协调互补的“大科学”时代。“二战”后，美国总统科技顾问范尼瓦·布什受政府委托，用了一年多时间撰写的调查报告《科学：无止境的前沿》，全面地论述了科技发展的政策。报告强调了政府在科技发展中的作用，要求加强基础研究，发展教育事业，解决对人才的需求，以克服过去没有统一的国家科技政策的缺陷。布什在该报告中还指出，基础研究将导致新知识，它是技术发展的资本，是确保国家安全、改善卫生和健康条件、推动经济发展、提高人民生活水平的最坚实基础。布什主张联邦政府要持续而广泛地支持那些应用前景未知、出于科学家兴趣和好奇的基础科学研究，他还建议科学和技术知识的创造要与人才培养结合起来，并将知识和人才向企业大量扩散，让市场决定其社会和经济价值。这份报告深刻影响了战后美国的科技政策，明确了战后美国科技发展的整体走向。美国政府认识到，科学不仅是无尽探索的前沿，而且它作为推进技术的燃料，也是一种实现社会和国家利益的无尽资源，科学和技术是密切关联的，它们既相互促进也相互受益，科学和技术是国家利益中的一种关键投资。“二战”后美国科技政策的制定正是按照这个新的定义不断加以调整和充实的。

第二，通过科技政策的制定宏观规划科学技术的整体布局，协调科技力量的分配。美国科技体制经历了从自由竞争资本主义时期，政府很少涉及对科技活动的管理，到“二战”之后美国政府加强对科技宏观管理的发展过程，形成了现今的政府宏观调控下，以企业为主体、市场为导向，和其他科研组织合作的科技创新体制。美国大约3/4的研发工作是企业部门完成的，3/4的科研人员分布在企业科研单位，同时，这里还吸纳了全国60%以上的研发总经费。这说明美国科技体制下，企业不仅是科研活动的主要投入者，还是科研活动的主要承担者和受益者。合理的科技体制是美国科技强国地位不可动摇的主要原因。该体制反映出美国充分认识到经济快速发展的时代，企业是社会的经济细胞，地位不容忽视，意识到放任追求利益最大化和市场份额的企业主导科研发展不合理，政府的宏观调控和其他科研主体，如大学、科研院所在科技活动中必不可少。美国的科技体制很好地协调了企业、政府和其他科研主体的关系。

第三，科技政策的制定决定科技部门的设立以及对支持科技发展的经济投入。第二次世界大战后，美国在意识到科学技术对社会、经济发展的深刻影响之后，进一步开启了从国家战略层面上全面扶持科学发展的模式，一系列政府下设的科学机构诞生，从而使美国的科学发展切实纳入国家整体规划。1946年成立了原子能委员会，1950年成立了国家科学基金会，作为对科学提供国家经费的主要来源。1958年成立国家航空和宇宙航行局、国家航空和宇宙航行委员会。1962年成立科学技术管理局，以后又为了改善科研工作计划和加强协调，专门设立了联邦科学技术委员会。除此之外，美国政府中有半数以上的部和主管部门从事科学组织和发展问题的研究，他们积极组织和资助科学工作，建立科学中心，培训科研人员，收集和传播科学情报。在英国，1959年设立科学技术部，并设立专门的科学大臣，在国防部设立国防科学研究政策委员会，在贸易部设立国家科学研究和发明推广公司。1964年，针对英国科学脱离经济的倾向，又建立了技术部以解决科学技术进步的任务。其他如法国、德国和日本等，都分别设立国家机构，加强对科学工作的领导。由于政治对科学需要的提升，使得国家在科研经费拨款中所占的比重也大大提高了。1958年，美国政府在科研费用中所占的比重为19%，约2亿美元；到了70年代初期，政府投资的科研费已达63%～64%，超过170亿美元；现在，美国从事研究和研制的80%的科学与工程技术人员由国家预算供养。法国全国科研总量的63%是由国家拨款的，英国的57%由国家拨款，德国拨款也占40%。中国自中华人民共和国成立以来注重科技发展和科技投入，在现代化的建设中把科学摆在战略的首位，从国家战略层面支持科技的发展，以此来振兴经济、实现中华民族的伟大复兴的重任。

第四，通过科技立法调整科学家技术劳动中人与人、人与物之间的权利义务关系。在国家决策中，通过科技立法可以保证科学技术所占有的地位，保证对科学技术的投入。在市场运行中，通过科技立法可以保障科技人员的应有权利，规范科技贸易的行为，防止滥用科技成果造成的危害。纵观世界各国在科技领域中的立法情况，侧重点各有不同，但都体现了运用法律手段来规范科技发展、保护科技人员利益的目的。在法国，1982年制定的《科技方针与规划法》中明确规定：到1985年，列入研究与技术发展的科技预算拨款总额要平均以每年17.8%的比例增长；全国用于研究与技术发展的经费占国民生产总值的比例要达到2.5%。《科研与技术发展法》规定：1985~1995年的十年的后期，全国在科技发展方面的总支出要提高到相当于国内总产值的3%，企业对科技发展所提供的经费到1998年时达到国内总产值的1.2%，企业研发投资的免税率应达50%。可以看出，在法国的科技立法中，具体、明确的数字出现频率较高，体现了法国法律条文的可操作性，尽量规避模棱两可的现象，避免了责任人员利用条文的不明确逃避责任问题。在日本，《科学技术基本法》中“科技基本规划”单独列为一章，且明确了科技评估的地位。日本科学技术会议还通过了《国家研究开发评价实施办法大纲指针》，极大地推进了日本研究评价体制的建设。日本在科研成果的评估、评价方面所建立的完整、系统的法律、法规有效地保证了科技成果的产出与转化。

三、科学技术发展的教育条件

教育是社会系统的一个特殊部门，其基本任务是教书育人、传授知识、创造知识，因此，教育和科学技术是密不可分的，是推动科学技术发展的必要条件之一，正所谓“教育是科技之母”。人类历史发展已经证明，教育理念、教育规模、教育水平都深刻地影响着科学技术的发展。具体来说，教育对科学技术的影响体现在以下几个方面。

1. 教育通过传播科学知识实现科学技术的再生产

科学技术发展是伴随人类社会发展的一个不断积累、传递、创新的历史过程，其中教育就是传递或传承科学知识的最基本、最重要的手段。英国学者弗朗西斯·培根曾明确指出，“知识的力量不仅取决于其自身的价值，更取决于它是否被传播以及被传播的深度与广度”。科学技术知识通过教育得以广泛传播和扩散开来，才可以使原来仅由少数人所掌握的知识变为被大多数人所掌握，形成知识的共享，使知识的功效最大化。

教育是传递、传播科学知识最简捷、最有效的途径。教育是把人类长期积累的科学知识、生产技术，经过有目的地选择、提炼、加工、概括而进行传播。教育中传授的科学知识是对已有的科学成果的提炼和浓缩，这意味着，科学教育是高效率的科学知识再生产。因此，相对于生产实践中的自我积累，教育在科学技术再生产过程中的效率是比较高的。正如马克思所说的那样：“对脑力劳动的产物——科学的估价，总是比它的价值低得多，因为再生产科学所必要的劳动时间，同最初生产科学所需要的劳动时间是无法相比的，例如学生在一小时内就能学会二项式定理。”数学中二项式定理的产生花费了数学家漫长的岁月，但一旦产生以后，学生一小时就能学会它。在这个过程中，这种传播没有直接创造出新的科学知识，而是科学知识的扩大再生产。正是教育所具有的这种传播知识的社会功能，使科学技术的再生产速度极大地得以提高。

2. 教育通过传播科学精神提高公民科学素质

教育不仅传播科学知识，也在传递着一种思想、一种精神，旨在提高国民的整体素质。在当下的教育体系中，除中、小学教学大纲内的各种基础学科教育给青少年以基础科学训练外，科幻故事、科普电影、科技博物馆、科技展览馆等多种形式的科普教育可以激发青少年对科学研究的兴趣，启迪他们的智慧，培养他们的科学探究精神。无论是作为教育主体的基础教育，还是作为补充部分的科普教育，教育的重点都应该落在培养人的心智、培育人的精神，从而做到真正提高国民的科学素质，为科研人才队伍准备潜在的后备力量，这是教育对科学发展起到促进作用的又一种形式。

这些渗透在科学知识教育中的科学精神的培育，对于培养全面发展的高素质人才意义更为重要。在学校教育中，通过学习严谨的知识体系、接受严格实验方法的训练，能培养学生的理性科学精神和求实的科学态度。甚至，学生在学习科学知识时，通过了解科学家，进一步了解了科学知识的创造过程和科学家的精神气质。例如，学生在学习物理学中有关放射性物质研究时认识了居里夫人，必然就会了解到居里夫人对待科学的态度。她曾说，“我们的发现不过偶然有商业上的用途，我们不能从中取利，因为那是违反科学精神的”“镭是属于全人类的”。他们恪守科学无私利性、共有性的科学精神将会对学习者产生潜移默化的积极影响，这对于未来准科技人才的人格塑造、科学精神和社会责任意识的形成都具有重要意义。同理，在科普教育中，将系统的科学理论、科学知识通俗化，使一般公众能够了解基本的科学常识，培养起按照科学方法、科学道理来思考问题、解决问题的习惯，形成与科学相符的健康的生活方式，从而营造一个有益于科学发展的社会文化环境，这些对于提高国民的整体科学素质同样是重要的。

3. 教育通过基础科学研究和创新推动科技进步

自19世纪德国的高等教育改革以来，高等教育就既担负着传递和传播人类已有的科学知识的社会功能，也担负着创造新的科学知识、发展先进生产力的任务。

科技创新主要来源于三大领域，即高等院校、政府下设的研究机构和企业的研发机构，其中高等院校的科技创新工作占有重要地位，尤其是在基础科学研究领域。事实上，大量科学技术的发现、发明和创造，都是由著名大学完成的。高等院校对科技创新的巨大推动作用与高等教育自身属性是内在一致的。高等教育之所以能够持久而有效地发挥科研作用，与其机构特点和人员素质密切相关，具体表现为学科综合齐全、学术氛围宽松、人才流转通畅、教学科研结合和信息交流灵便等。因此，有利于在需要多学科参与、需要复杂理论指导的理论创新和重大尖端技术突破中做出成果。此外，处于科学发展前沿的现代高等教育，在向受教育者传授有关科学文化知识的过程中，必然经常会涉及对旧有的科学理论、科学方法的否定和批判，以及对新的科学理论和科学方法的探索，因而要将教育活动与科学研究两个方面截然分开是不可能的。高等院校既是教学中心，也是科研中心，教学与科研密不可分，甚至是在同一时空、同一过程中进行的。目前在世界上恐怕很难找到一所只单纯从事教育而毫不涉及科研活动的高等院校，尤其是重点高等院校。

正因为如此，世界各国都十分重视利用高等院校的这些优势和条件，把大约半数的科研力量、设备和经费都集中在教育系统，尤其是高校里。一些新型的科技园区与知识密集型企业也都是以高校为依托建立起来的，如美国的硅谷、日本的筑波，以及我国的中关村等科技园区都是建立在大学与科研院所的集中地。在我国，除了依托于清华大学、北京大学等周边的高校而建立起来的中关村科技园区外，其他省份的一些地区也都依托当地高校纷纷建立起来高校科技园区和高新技术产业开发区。这些机构依托于高校而创建，反过来也为高校科研的发展提供了更持久的科技创新动力、更广阔的科技应用前景和更充足的资金来源，对于推动高校科技创新具有积极的意义。据统计，到2001年底，我国高校累计获得国家自然科学奖250项，占授奖总数的1/2；获得国家技术发明奖1022项，占授奖总数1/3；获得国家科技进步奖2178项，占授奖总数1/4。高校已经成为我国科技创新，特别是基础研究领域的生力军。这些事实无可争辩地说明，现代学校，尤其是高等院校已经成为推动科学技术发展的一支最重要的力量。

4. *教育通过培养科技人才提高科学技术的发展能力*

科技人才是科技发展的主体因素，也是科技发展最活跃的因素。仅有先进的设施、设备，而没有足够数量的高水平科技人才，一个国家的科学技术就很难保持高水平的、持续的发展。因此，决定一个国家科学技术的力量主要在于是否拥有一支庞大的科技人才队伍，尤其是是否拥有一定数量的高级科技人才队伍，而这又与一个国家的教育水平有着密切的关系。

由于现代科学研究是一种创造性的复杂劳动，它要求研究人员不仅要具有敏锐的科学直觉和创新精神，而且要具备坚实的基础知识和系统的逻辑思维训练，这些素质一般只有通过教育才能获得。人类发展历史上，科学家的数量是与教育的改革和发展相一致的。牛顿时代全世界科学家总共不到80人，到1750年增至250人左右，从1800年到1850年人数达到721人。到20世纪初，科学家人数更是呈指数上升趋势。美国在1954年科学家人数达到23.7万人，以后平均每年增加9%。苏联1960年科学家人数达到35.4万人，之后逐年增加23%。这些成就的取得，不能不说是教育的功劳。离开了教育，科学家队伍的扩大是难以想象的。所以教育发展的水平和状况决定了科技队伍的质量、数量和结构。1975年，邓小平指出："我们有个危机，可能发生在教育部门，把整个现代化水平拖住了。比如我们提高工厂自动化水平，要增加科技人员，这就要靠教育。"邓小平早在我国实行改革开放之前就深刻地意识到，国家现代化的发展主要依靠科技人才队伍的建设，而其根本在于教育的改革和发展。

优秀科技人才，尤其是高端的科技人才与高等教育发展休戚相关。高等教育的理念、教学内容、教育的手段都会影响到所培养人才的质量。在德国，为了更快、更多地培养高级科研人员，首先创立了导师制以培养研究生，并快速在许多国家推广。在美国，许多著名大学的研究生占学生总数的比例相当高，如加州理工大学和麻省理工学院的学生中有一半是研究生，洛克菲勒大学只招收研究生，不招收本科生。不同教育质量的大学所培养出来的科研人员，其水平也不尽相同，甚至差别悬殊。美国作为诺贝尔自然科学奖获得者人数最多的国家，其获奖者主要来自哈佛、耶鲁、芝加哥等十几所名牌大学。正是充满活力的高等教育培养了大批科学家和工程技术专家，造就宏大的各个领域的科技人才和专家队伍。因此，科技人才的培养要依靠教育的普及和提高，要依赖教育的不断发展和革新。

到了知识经济时代，科技人才更是成为社会发展的支撑点，知识经济的发展需要大批优秀科技人才。在知识经济社会，教育成为社会生活的中心，知识社会是学习的社会，知识经济时代也将是教育的时代。教育作为开发人力资源的手段，培养了知识经济赖以产生和发展的高科技人才。以高科技为代表的科技知识应用和以人的智力为代表的人力资源的开发，即教育的发展将成为知识经济的两大支柱。

四、科学技术发展的文化条件

文化是一个内涵非常丰富的概念，有所谓的狭义和广义之分。狭义的文化仅指人类所创造的精神财富，而广义的文化还包括人类所创造的物质财富。由此看来，科学技术也是文化的重要组成部分，同时又存在于整个文化环境中。文化构成了科学技术生长和发展的土壤，因此，决定了文化必将全方面、多层次地影响科学技术的发展。文化对科学技术的影响一般体现在价值观念、认识方式、制度建设三个层面。

1. 文化以价值取向引导科学技术的发展

文化是一个成套的行为系统，其基本要素是传统思想观念和价值，其中尤以价值观最为重要。也就是说，任何文化的核心都由一系列价值观念组成，这些价值观念产生出相应的价值标准。诚如默顿所说："占主导地位的价值和思想感情，属于那些永远影响着科学发展的文化变量。"❶

任何时代科学家的研究方向与研究领域的选择和判断、研究成果的发现和应用，都蕴含着一定的价值观念的影响。古代哲人受直观、思辨的整体文化价值观影响，导致古代科学与哲学融为一体；近代科学脱离哲学独立发展，与近代学者追求实证的文化价值观密切相关；现代科学的迅速发展和传播，与现代人热衷民主和开放、勇于进取和创新的文化价值观紧密相连。

由于价值观念在主体进行选择取舍过程中起着内心导向和评价标准的作用，一个社会中科学家的研究旨趣，在很大程度上取决于这一时期占主导地位的社会价值观的引导。当某一社会普遍的价值观念与科学的精神气质相容时，该社会就为科学活动的兴趣和发展提供了适宜的环境。反之，就会阻碍科学的发展。默顿指出，在十七世纪的英国，清教主义是英国占主导地位的文化价值观，"清教是一种复合体……世俗的兴趣、有条不紊并且不懈的行动、彻底的经验主义、自由的研究权利乃至责任以及反传统主义，所有这些都是与科学中的同样的价值观念相一致的。"因此，"十七世纪的文化土壤对于科学的成长与传播是特别肥沃的。"正是清教文化所蕴含的核心价值观的引导，近代科学产生于英国，而不是其他国家和地区。

今天中国正致力于科技创新事业的发展，而科技创新需要先进文化的导向，需要理论创新和观念创新为先导，也需要适宜的人文环境。如美国系统学家拉兹洛所说："思想、价值观念和信念并非无用的万物，而是在世界上起着重要作用的催化剂，不仅产生技术革新，更重要的是为社会和文化的发展铺平道路。"❷ 因此，从更广阔的文化背景看，构建一种既符合中国文化传统又适宜科学发展的文化价值取向是更深层问题。

---

❶ 罗伯特·默顿．十七世纪英国的科学、技术与社会［M］．范岱年，吴忠，蒋效东，译．成都：四川人民出版社，1986.

❷ E. 拉兹洛．决定命运的选择［M］．北京：三联书店，1997.

2. 文化通过认识方式影响科学技术的发展

认识方式是指人们在认识活动中以认识、把握和评价客观对象的基本原则和模式。认识方式是一个历史范畴，不同时代因认识主体以及认识主体与客体发生关系的状况不同，认识方式也不同。并且不同的认识范式会从根本上决定着该时代认识活动进展的深度、广度和速度。因此，一个时代的认识方式往往在该时代的全部文化中占据重要的地位。

近代科学之所以产生于近代的西方，与蕴含在欧洲文化中的认识世界、认识自然的方式密切相关的。自古希腊时期，先哲们就把自然看作一个独立于人的对象加以整体地看待，把自然界看作有规律且可以认识的对象，并创造了一套哲学的或数学的语言力图把握自然界的规律。到了近代，经伽利略的开创性工作，将自古希腊继承下来的数学方式与实验方法相结合，奠定了近代科学产生的方法论基础。这是一种基于分析、逻辑、理性的认识世界的方式。

相对地，中国的古代文化则不同于西方认识世界的方式，体现为一种思辨的、整体论的认识方式。所谓思辨的认识方式表现为认识事物常常沦为臆想而非实测，如中国学者严复曾指出中国旧学中相当多的一般性理论和学说是通过臆想得来的。“中国九流之学，如堪舆、如医药、如星卜，若从其绪而观之，莫不顺序；第若穷其最初之所据，若五行支干之所分配，若九星吉凶之各有主，则虽极思，有不能言其所以然者矣。无他，其例之立根于臆造，而非实测之所会同故也。”❶ 认为中国九流之学皆为心成之说未免失之偏颇，但是，中国古代文化、旧学中这种倾向还是比较普遍的。所谓整体论的认识方式表现为着眼于整体看事物，以整体驾驭部分，从而导致只知其然，不知其所以然。不善于分析、不善于深入事物的部分了解整体，这是中国古代认识方式的一个特点，也与是西方的分析方式背道而驰的一种思维方式。这种根植于中国古代文化中的认识方式也成为导致李约瑟难题，即近代科学为什么没有在中国产生的一个文化层面的解释。

3. 文化通过制度层面规范科学技术的构建

任何时代的科学都离不开它所在的文化环境，离不开它所处的文化氛围。未来学家阿尔温·托夫勒就曾指出，“科学不是一个独立变量，它受到其外部环境的有力影响，而且一般说来，它的发展是因为文化接收了它的统治思想”。社会制度作为一种文化的最直接的外在表现形式影响了科学技术的发展和社会构建。

社会制度对科学发展的载体作用，不仅表现为它制约着科学发展的方向和应用的程度，而且表现为它影响着科学发展的规模和速度。先进的、民主的社会制度推动科学发展，落后的、专制的社会制度阻碍科学进步，最终成为科学发展的桎梏，这一点早已为人类社会发展史所证明。在漫长的欧洲中世纪黑暗时期，科学发展缓慢，几乎停滞；而随着西方近代社会的发端，民主制度的建立，近代科学获得迅猛发展。

科学对于中国来说是一个舶来品，科学自明末清初引入中国以来经历了一个十分曲折的过程，在这个从拒斥到接受的过程中都是中国文化制度对西方科学的选择。早在16世纪末，西方传教士来华传播科学，但在“宁可使中夏无好历法，不可使中夏有西洋人”的保守思想下将之拒之门外。鸦片战争后，以“师夷长技以制夷”为指导思想，近代科

---

❶ 马来平. 科技与社会引论［M］. 北京：人民出版社，2001.

学知识和技术逐步开始引入国门，但国人对科学的认识仅限于器物层面，科学本身仍隐身于传统经学的“格物致知”名下，而与科学有关的制度，如近代大学和专业学会、国立研究机构等，几乎还没有进入中国人的视野。直至新文化运动之后，中国废除了科举制度，建立了现代教育制度，将科学纳入国民教育体系，一批留学生在欧美科学发达国家跟随著名科学家深造后归国，将现代大学制度和现代科研体制移植到中国，为中国现代科学事业初步奠定了基础。中华人民共和国成立以后，科学技术受到前所未有的重视，崇尚科学、尊重人才成为这一时期的重要思想，随之建立起规模庞大的科学技术事业。

第二节 科学技术与创新型国家建设

当今世界的竞争归根结底是以经济和科技实力为基础的综合国力的竞争，其中科技创新占有重要地位，已经越来越成为综合国力竞争的决定性因素。半个多世纪以来，世界各国都立足于本国实际，努力探寻国家实现工业化和现代化的道路。其中一些国家着力把提升科技创新作为国家发展的基本战略，大幅度提高科技创新能力，走上了科技强国的发展道路，形成日益强大的竞争优势，即今天所谓的创新型国家。

一、科技创新是创新型国家建设的基础

所谓的创新型国家是指那些将科技创新作为基本战略，大幅度提高科技创新能力，形成日益强大竞争优势的国家。具体来说，创新型国家应至少具备以下四个基本特征：一是创新投入高，国家的研发投入占 GDP 的比例一般在 2% 以上；二是科技进步贡献率高，要达到 70% 以上；三是自主创新能力强，国家的对外技术依存度指标通常控制在 30% 以下；四是科技创新产出高，目前世界上公认的 20 个左右的创新型国家所拥有的发明专利数量总和占全世界总数的 99% 左右。

创新型国家最主要的特点就是，在诸种生产要素中，科学技术对创新型国家建设起着决定性作用。西方强国主要通过科学技术垄断市场，用原始的创新与发明控制着全球市场。以科技创新驱动经济发展的时代，试图通过向西方科技发达国家购买、引进先进技术而进行创新型国家建设的发展道路是行不通的。因此，进行创新型国家建设对本国自身科技发展的能力和水平提出了更高的要求，对科学技术不仅需求量大，而且质量要求也高，重视研发投入是各国促进科技创新的通行做法。根据 OECD 提供的数据，目前，研发投入占 GDP 比重的世界平均水平约为 1.6%，其中发达国家约为 2.5% ~3%，发展中国家约为 1% ~2%。近年来，发达国家愈发高度重视研发与科技创新投入，2007 年美国研发经费占 GDP 比重为 2.68%，德国为 2.54%。在亚洲国家中，日本达到 3.44%，韩国则达到 3.47%，远远高于中国。在日本，为激励企业进行科技创新专门设立技术开发补助金制度，对中小企业的技术开发给予一定的资金支持，资助的下限为 500 万日元，上限为 2000 万日元。

人才是进行科技创新的基石，科技竞争归根结底是人才的竞争。创新型国家的建设须以科学技术为本，因此，只有建设强有力的科技人才队伍、实施科技人才战略、培养创新型国家建设所需要的各行各业的创新型人才，创新型国家的建设道路才能走得更加顺畅。要保障创新型国家建设顺利进行，人才的培养、引进和充分利用是重中之重。在我国，长

期以来，高新技术人才一直处于供不应求的状态，这已成为阻碍我国进行创新型国家建设的原因之一。随着经济全球化、信息化、扁平化进程加快，人才流动日趋频繁，人才争夺更加激烈。国家想要提高科技创新能力，必须高度重视创新教育与创新人才的培养。政府要确定创新教育的工作思路，建立创新人才的培养机制，鼓励大学、科研机构和企业科研人员相互流动。同时不可忽视的是，国家既要重视培养本国创新型科技人才培养，也应注重引进国外高新技术人才，才能使在知识、人才全球化流动的今天保证人才为我所用。

创新型国家建设依赖科学技术的另一个特点是企业成为技术创新的主体。企业是国家经济实力的基础和支柱，也是技术创新的主体，还是全社会科技投入的主体。企业要成为集成创新、引进、吸收、消化、再创新的主体。在经济发展和企业经营上必须保持高度的创新能力。企业的创新不仅要在原有技术道路上简单积累，而且要建立在现代科学技术最新成就的基础上，因此，企业应积极与高等院校、科研院所合作，加快知识的流动与转移，促进科技向生产力的转化。从这个意义上讲，建设创新型国家比一般的其他类型国家的建设，如传统的农业、工业国家建设，具有更高的智能输入、更强的科技依赖的特点。

二、世界主要创新型国家的建设与科技发展

当前，世界范围内科学技术发展日新月异，科技对经济社会发展的引领作用日益凸显，国家的竞争优势已从传统以资源和成本优势为主转向以技术优势为主，创新特别是科技创新成为一个国家保持持久竞争力的不二法则。发达国家经过长期的探索，逐步积累了许多符合本国国情、各具特色的驱动科技创新的做法与经验，以下着重介绍分别来自美洲、欧洲、亚洲的具有代表性的三个国家，即美国、芬兰和韩国。

美国自第二次世界大战以来一直高度重视科学技术对本国发展的作用，并将其作为维持经济领先的重要手段。为引导国家科技创新发展方向，美国政府高度重视顶层设计，合理筹划并出台一系列具有前瞻性、旨在促进技术创新的宏观战略规划。美国早在克林顿政府时期就提出科技创新发展的战略目标，专门成立了负责协调联邦政府各部门和各机构的科技政策与计划预算。2006 年 1 月 31 日，时任美国总统布什宣布通过科技与创新以促进美国经济发展及提升国家竞争力的“美国竞争力计划”（简称 ACI），并于 2006 年 2 月 2 日正式签署。ACI 是美国为保持在世界经济中的领导力和竞争力的一种前瞻性计划，具有深刻的时代意义。在 ACI 中，美国政府对未来十年美国的科技发展作了明确规划，计划在 10 年期间（2006 财年至 2016 财年）累计投入总额超过 1360 亿美元的经费，重点是教育和创新，根本目的在于通过保障美国在创新方面的世界领先地位，从而使美国在科技领域保持领先，以保障美国的强大与安全。该计划提出了一系列量化的目标，其中主要包括：为 1 万名科学家、学生、博士后和技术人员提供为创新型企业做贡献的机会；2015 年前培养 10 万名高质量的数学和科学教师；等等。奥巴马当选美国总统后，又制定《美国创新战略：推动可持续增长和高质量就业》，力图进一步提高美国的持续创新能力。从美国近几届政府出台的政策可以看出，美国政府对科技对经济的驱动具有极强的前瞻性、洞察力、规划性和执行力，通过在科技领域中一系列的政策，以推动最新科技成果在经济中的应用，从而推动经济发展。

20 世纪 90 年代之前，芬兰仍是一个资源型国家。1990 年，芬兰在其政策报告中率先引入了国家创新系统的概念，此后，国家创新系统成为其制定创新政策的基本框架。在国

家创新系统理论框架中，知识的生产、扩散和应用之间的联结以及各个社会子系统之间的互动被赋予了重要意义。在这一基本思想指导下，芬兰从90年代以来，除了继续保持对研发投入的持续增长外，还采取了一些重大举措，以促使整个国家创新体系协调、高效发展。比如：发展高等技术教育；加强国家知识基础、技术平台和创新支持体系的建设，为创新奠定优越的环境；以地区为基础，推进产业集群和区域创新系统的形成；以技术计划、科学园等为媒介促进产学研结合；通过技术开发中心等机构出资吸引和鼓励研究机构、高校企业参与实施国家技术计划项目，促进国家科技创新能力的提高。因此，一般认为“芬兰的经济增长长久以来根基于技能和它广泛的应用。高水平的基础教育、强大的知识基础以及一个有效的创新环境保证了新产业的快速增长以及传统产业国际竞争力的持续提高。”

韩国作为我国的近邻，20世纪50年代经济处于崩溃的边缘。然而，从60年代到现在近60年间，韩国创造了世人瞩目的“汉江奇迹”，使韩国从落后的农业国一跃而成为先进的工业国。亚洲金融危机后，韩国经济建设出现重要转变，即由政府推动型转变为市场主导的类型。亚洲金融危机使韩国政府认识到政府推动型创新存在的缺陷，开始对这一缺陷进行弥补，因此，把原来一部分政府的职能交还给市场，充分发挥市场机制的作用，同时加大科学创新力度，开始走向依靠科技创新带动经济发展的道路。韩国经济的腾飞得益于一直以来坚持的创新型国家建设，具体体现在：第一，韩国更加注重对企业创新的投入。2004年，韩国企业的研发投入占国家研发总投入的比重达到75%，大量的产业技术和高新技术均由企业完成，企业已经成为技术创新的绝对主力军；国家科研院所主要承担国家战略储备的开发，大学从事基础研究，逐步形成了“官、产、学、研”协调发展的国家创新体系。第二，韩国通过优惠政策对企业研究所重点扶持。截至1999年12月，韩国的企业研究所发展到4810个，研究人员达9.1万人，金融危机后，企业研究所的人数又有了很大的提高，超过英、法等国水平，成为国家技术创新体制中的骨干力量，大大促进了创新型国家的建设。第三，对风险投资发展的促进。金融危机后，韩国对风险投资进行重点改造，更加重视发挥其稳定性、引导性和带动性作用，现已形成了一定的规模，走上了稳健发展的道路。因此，韩国创新型国家建设的经验在于建立一套完整的科技创新体制以促进科技与经济的结合，科技向生产力的转化。

三、中国科技发展与创新型国家建设

1. 我国提出建设创新型国家的背景

从世界范围看，全球进入知识经济时代，经济竞争出现了不同于以往经济时期的新的特点。工业经济时代的初期，西方强国依靠其经济、军事实力，用殖民主义的手段，霸占殖民地，掠夺殖民地，获取高额利润。在知识经济时代，西方经济强国依靠科学技术垄断市场，科技创新能力成为决定性优势。他们通过原始性的创新与发明控制全球市场，用二流、三流的技术输出结合资本输出，换取发展中国家的国内市场以吸引发展中国家科技人才，发展未来的市场。西方强国以技术标准封锁、保护市场，以禁运技术、封锁高技术出口为手段使自身列于世界科技前沿、经济强国，由此可见，科技创新成为一种占领市场的现代化手段。

从国内发展看，我国正处于全面建设小康社会的关键时期，经济社会发展正在出现重大转变。近十多年中国一直保持着经济的高速增长，但是这种过度依赖资源、人力投入的经济增长模式由于资源的枯竭、环境的污染、人口红利的降低等因素已无以为继，因此，中国经济要想依然保持活力必须完成经济增长方式由粗放式向内涵式转变、从资源依赖型向创新驱动型转变。为此，我国必须由全球产业链低端产品向中高端产品转变，制造业从“中国制造”向“中国创造”转变，对外贸易由增长向重国际规则、重知识产权保护转变，中国企业由面向国内市场向进入国际市场的品牌企业转变，产业结构由工业经济中期向工业经济过渡到知识经济的产业结构转变，这样我国才能真正实现从经济大国向经济强国的转变。完成这一系列的转变需要科学技术强有力的支撑，立足于自主创新能力，着力进行创新型国家建设是我国走向经济强国的根本出路。

2. 我国的创新型国家建设

党的十六大以来，以胡锦涛为总书记的党中央做出建设创新型国家的重大战略决策，把推动自主创新摆在全部科技工作的突出位置，把提高自主创新能力作为调整经济结构、转变经济发展方式的中心环节。2005 年 10 月，党的十六届五中全会通过关于“十一五”规划的建议，提出要深入实施“科教兴国”战略和“人才强国”战略，把增强自主创新能力作为科学技术发展的战略基点和调整产业、转变经济发展方式的中心环节，大力提高原始创新能力、集成创新能力和引进消化吸收再创新能力。2006 年，胡锦涛在全国科学技术大会上以《坚持走中国特色自主创新道路，为建设创新型国家而努力奋斗》为题作了重要讲话，对建设创新型国家进行了全面阐述。建设创新型国家，核心是增强自主创新能力，走出一条中国特色的自主创新道路，推动科学技术的跨越式发展，紧紧扭住国际竞争的有力抓手，保障中国参与国际竞争的合法利益。这是一次关于建设创新型国家的总动员、总部署。

党的十七大报告进一步论述了建设创新型国家的重大意义。党的十七大报告中指出，提高自主创新能力，建设创新型国家，这是国家发展战略的核心，是提高综合国力的关键。要坚持走中国特色自主创新道路，把增强自主创新能力贯彻到现代化建设的各个方面。提高自主创新能力，建设创新型国家，具有重大的战略意义。这些都表明，建设创新型国家被提升到国家战略的高度，并形成了完整的思想体系。

2015 年 10 月，习近平总书记在党的十八届五中全会第二次全体会议上指出：“创新发展注重的是解决发展动力问题。我国创新能力不强，科技发展水平总体不高，科技对经济社会发展的支撑能力不足，科技对经济增长的贡献率远低于发达国家水平，这是我国这个经济大个头的‘阿喀琉斯之踵’。新一轮科技革命带来的是更加激烈的科技竞争，如果科技创新搞不上去，发展动力就不可能实现转换，我们在全球经济竞争中就会处于下风。为此，我们必须把创新作为引领发展的第一动力，把人才作为支撑发展的第一资源，把创新摆在国家发展全局的核心位置，不断推进理论创新、制度创新、科技创新、文化创新等各方面创新，让创新贯穿党和国家一切工作，让创新在全社会蔚然成风。”

我国自党的十六大以来所确立的科技驱动创新的国家发展道路，对于我国的发展具有重大战略意义，体现在以下方面。

第一，建设创新型国家是全面开创社会主义现代化建设新局面、实现中国梦的重大战略举措。这将有利于提升我国自主创新能力和增强国家核心竞争力，改变关键技术依赖于人、受制于人的局面，有利于转变发展观念、创新发展模式、提高发展质量，加快推进新型工业化的步伐，有利于弘扬以爱国主义为核心的民族精神和以改革创新为核心的时代精神，大大增强民族自信心和凝聚力，促进全面建设小康社会宏伟目标的实现和中华民族的伟大复兴。

第二，建设创新型国家是实现全面建设小康社会目标的需要。我国计划在2020年实现全面建设小康社会的奋斗目标时，实现人均国内生产总值比2000年翻两番。现在正是建设的关键时期，这一阶段资本和土地等传统生产要素对经济增长不会有太大的提升，而体制创新、发展模式创新和科技创新将成为推动经济社会发展的重要动力。研究分析表明，我国目前科技进步的贡献率为39%左右，在继续保持占国内生产总值40%左右的投资率和持续15年保持7%以上的高速经济增长的情况下，要达到翻两番的目标，科技进步的贡献率必须要达到60%左右，只有这样，才能够实现建设小康社会所要求的经济增长的目标。因此，能否实现全面建设小康社会的目标关键在于提高国家创新能力。所以，我们必须依靠自主创新走科学发展之路，大力提高科技对经济发展的贡献，把全面建设小康社会的历史进程建立在科技创新的基础之上。

第三，建设创新型国家是解决我国当前发展面临的突出矛盾和问题的紧迫要求。改革开放以来，我国经济增长突飞猛进，一跃而成为世界第二大经济体，但总体上仍然存在过多依赖资金高投入、资源高消耗的状况。与欧美发达国家相比，我国每创造1美元国内生产总值的能源消耗量是它们的4～10倍，33种主要产品的单位资源消耗量比国际平均水平高出46%，牺牲子孙后代的利益换取一时的经济增长，这样的发展难以为继；牺牲稀缺而宝贵的资源环境参与国际分工和竞争，这样的代价过于高昂。因此，只有通过增强自主创新能力，进一步调整产业结构、转变增长方式，推动经济增长从资源依赖型转向创新驱动型，才能又快又好的发展。

为了更好地建设创新型国家，着力点具体体现在以下方面。

第一，把增强自主创新能力作为发展科学技术的战略基点，走出中国特色自主创新道路。只有通过大力推进科技进步和创新，增强自主创新能力，才能实现推动我国经济增长从资源依赖型向创新驱动型的转变。要把增强自主创新能力作为国家战略，贯穿到现代化建设各个方面，激发全民族创新精神，形成有利于自主创新的体制机制。

第二，科技创新应以人才为本。建设创新型国家的伟大事业，离不开源源不断的高素质创新人才。坚持把教育摆在优先发展的地位，全面实施人才强国战略，完善适合我国科技发展需要的人才结构，不断发展壮大我国科技人才队伍，努力培养一大批德才兼备、国际一流的科技尖子人才、国际级科学大师和科技领军人物，特别是要抓紧培养造就一大批中青年高级专家。要加大引进人才、引进智力工作的力度，尤其是要积极引进海外高层次人才，吸引广大出国留学人员回国创业。

第三，加快建设创新体系，促进科技成果向现实生产力转换。为加快知识的流动和向生产力的转化应积极推动以下方面的实现。

一是建设以企业为主体、市场为导向、产学研相结合的技术创新体系，使企业真正成为研究开发投入的主体、技术创新活动的主体和创新成果应用的主体，全面提升企业的自主创新能力。二是建设科学研究与高等教育有机结合的知识创新体系，以建立开放、流动、竞争、协作的运行机制为中心，高效利用科研机构和高等院校的科技资源，稳定支持从事基础研究、前沿高技术研究和社会公益研究的科研机构，集中力量形成若干优势学科领域、研究基地和人才队伍。三是建设军民结合、寓军于民的国防科技创新体系，加强军民科技资源的集成，实现从基础研究、应用研究开发、产品设计制造到技术和产品采购的有机结合，形成军民高技术的共享和相互转移的良好格局。四是建设各具特色和优势的区域创新体系，促进中央与地方的科技力量有机结合，发挥高等院校、科研机构和国家高新技术产业开发区的重要作用，增强科技创新对区域经济社会发展的支撑力度。五是建设社会化、网络化的科技中介服务体系，大力培育和发展各类科技中介服务机构，引导科技中介服务机构向专业化、规模化和规范化方向发展。

第三节　科学技术与全球化

全球化（globalization）是一个概念，也是人类社会发展过程中的一种现象。全球化通常意义上是指全球联系不断增强，国家与国家之间、地区与地区之间在经济交流、贸易往来上互相依存增强，人类生活视域扩展到全球规模，且全球意识崛起。其中，美国学者A. 麦格鲁的提法具有一定的代表性。他指出，全球化是指民族国家之间超越现代世界体系的联系与结合，它具有世界经济的一体化、国际政治的多元化和各国民族文化的世界化等典型的时代特征和基本内涵。

一、科学技术发展与全球化的历史形成

全球化在一定意义上是指人类不断跨越空间、制度、文化等社会障碍，在全球范围内实现充分沟通（物质的与信息的）和达成更多共识与共同行为的过程。可见，全球化是一个客观历史进程和发展趋势，科学技术在全球化的推进过程中扮演着重要角色。

1. 航海技术开辟了通向全球化的道路

在资本主义生产方式确立之前，人类生活在自然经济条件下。自然经济的特点就是自给自足，这在西方的庄园经济和东方以农户为基础、男耕女织的生活方式中得以充分体现。人类交往范围的扩大，始于航海技术的发明和运用。在1430～1540年的百余年时间里，身兼商人、航海者和征服者三职的欧洲人探查了非洲的所有海岸，并最终实现了环绕整个非洲大陆的航行。他们控制了印度洋上阿拉伯和印度之间的贸易，一直推进到中国和日本，同时，他们还发现并征服了美洲大陆的中部、南部和北部。由于航海技术的发明和运用，实现了人类史上的地理大发现，开辟了通向全球的道路。环球航路的开拓，沟通了世界各个遥远地区之间和各个民族之间的经济联系，形成了世界性的贸易和交往。

航海技术的应用开启了全球化的进程，也在这个过程中给当时处于萌芽状态的资本主义经济注入了新的活力，强烈地刺激了早期西方资本主义国家的商品和资本的输出，极大地促进了世界贸易和世界市场的拓展。19世纪末，世界贸易逐渐从西欧、环地中海地区发展到亚洲、非洲、拉丁美洲和大洋洲这样一个极其广大的区域，它标志着世界市场在全球范围内最终得以形成。随着资本主义大工业的发展，世界交通业的面貌迅速改观。轮船的出现大大地提高了世界上各大航线的航速，1819年美国建造的真气动力船首次从东海岸横渡大西洋到达英国港口，开启了机械动力的洲际快速航运时代。与此同时，陆路交通也快速发展起来，随着1869年美国联合太平洋铁路接轨，1888年欧洲至君士坦丁堡的大铁路通车，1903年俄国的西伯利亚大铁路建成，以及1910年阿根廷至智利横贯南美洲的

大铁路投入运营，标志着全球交通网络的形成。至此，全球范围的各个地域、民族和国家之间的经济、政治和文化联系更加密切，全球性的社会交往也日益频繁。

2. 通信技术的发展进一步推动全球化的进程

到了第二次技术革命时，科技的发展，尤其是通信技术的发展进一步促进了全球化进程。1844 年 5 月 24 日，摩尔斯在美国国会大厅里亲自按动电报机按键，电文通过电线很快传到了数十公里外的巴尔的摩，他的助手准确无误地翻译出了电文。电报的成功轰动了美国和欧洲各国，并且迅速风靡全球。19 世纪后半叶，摩尔斯电报已经获得了广泛的应用。1866 年第一条连接北美洲和欧洲的大西洋海底电报电缆铺设成功后，越海越洋电报电缆由欧洲向亚洲、非洲迅速延伸。1876 年电话的发明，迎来了人们远距离瞬时双向通信的时代。1915 年 1 月，第一条跨区电话线在纽约和旧金山之间开通，电话也在几十年间迅速普及。

电报和电话的出现，以数字信号的形式带来了物质运输和信息传送的分离。这些都极大地缩短了物资、人员、资金、信息全球性流动的时空距离，推进了西方资本主义国家海外经济扩展活动。19 世纪 30 年代英国首创第一家面向全球经营的跨国金融机构，50 年代德国西门子公司等企业率先在国外建立了分公司和经营机构，80 年代英美两国相继建立了较大规模的跨国制造企业。跨国企业应运而生直接推动了经济的全球化。总部设立在一国的企业可以通过新的通信手段联系其他国家的办事机构，控制办事机构各项管理职能。企业和资金伴随着信息的通畅也进一步摆脱了地理上的限制，活跃在全球各个地区，由此揭开了以跨国公司为主体的经济活动全球化的历史序幕。

3. 互联网技术使全球化进入全新的模式

当世界迎来第三次技术革命时，全球化进入全新模式。1946 年，世界第一台计算机在宾夕法尼亚大学诞生，信息时代就此拉开序幕。随后，随着信息技术的快速发展和国际互联网的诞生，全球化的进程又迈向了一个新的纪元。

这个阶段，科技发展突飞猛进，区域经济一体化和经济全球化得到全面发展。微电子技术、新材料技术、新能源技术、光纤通信和卫星通信技术、宇航技术、激光技术、生物技术等发展迅速，以微电子技术为核心构成了一个完整的技术体系。同时，计算机的产生引导人类进入了信息时代。一方面，全球分工体系不断发展。比如说，20 世纪 50 年代，美国集中力量发展半导体、通信和计算机等新兴的技术密集产业，促使钢铁、纺织等传统产业向日本、联邦德国转移；到 20 世纪 70、80 年代以后，新兴工业化国家和地区集中发展技术密集型产业，美国、日本和西欧发达国家则发展知识密集型产业，而劳动密集型和一般技术密集型产业从新兴工业化国家和地区向东南亚和中国转移。另一方面，20 世纪 70 年代以来，微处理机进入办公室和家庭、超级计算机问世、卫星通信与光纤通信迅速发展、网络化快速扩张，把整个世界空前地联系在一起，推动了全球化的快速发展。

二、科学技术发展与经济的全球化

随着全球化进程的深入，对全球化的理解也更为多元，全球化又可以分为经济全球化、政治全球化、科技全球化等不同方面。在全球化的历史进程中，经济全球化是整个全球化进程的核心内容。所谓的经济全球化是指商品、劳务、技术、资金在全球范围内里流动和配置，使各国经济日益相互依赖、相互联系的趋势。“经济全球化”一词最早是由

T. 莱维于1985年提出的，指各国经济在全世界范围内的一种相互联系、相互制约的现象。国际货币基金组织（IMF）在1997年发表的《世界经济展望》中，曾对经济全球化下过这样的定义："全球化是指跨国商品与服务交易及国际资本流动规模和形式的增加，以及技术的广泛迅速传播使世界各国经济的相互依赖性增强。"由此可以看出，科学技术的发展、传播与应用对经济全球化的推进存在的紧密的互动。

人类历史上的三次技术革命都不同程度上推动了经济全球化的发展，尤其是第三次技术革命更是将经济全球化带入到了一个更高的阶段，体现在以下方面。

首先，科技革命推动了国际分工的发展。第一次科技革命的直接结果之一，就是推动了国际分工的出现和世界市场的形成。随着科技革命的深入发展，国际分工的规模不断扩大，其程度也不断加深。新科技革命的发展使现代工业产品的结构和现代科技成果本身也更加复杂，使得任何国家都不可能独自完成所有重大科研的全部工作，不仅推动了发达国家与发展中国家之间的垂直分工，国际分工的规模不断扩大，而且也推动了发达国家之间在工业产品和零部件生产上的水平分工。国际分工的深入发展，推动了生产的国际化，加速了世界经济的一体化进程。

其次，科技革命的发展推动了国际贸易的大发展和世界贸易额的高速增长。科技革命直接推动了生产力的发展，而生产力的发展又推动了国际分工的形成和发展，国际分工的形成和发展又直接推动了世界市场的建立和国际贸易的大发展。国际贸易的增加大大超过了生产的增加，其中高技术产品在世界贸易中所占的比例越来越大，而且国际贸易也由单纯的商品贸易发展到基金贸易、劳务贸易和技术贸易等领域。同时，跨国公司兴起，对外投资迅速增加，加上国际协调加强，各国国际多边经济组织，如世界银行、国际货币基金组织以及世界贸易组织等国际经济组织的建立使各国之间的经济活动更为协调，有力地推动了国际贸易的发展和世界市场的扩大，有力地促进国际经济一体化，推动了世界经济的发展。

再次，科技革命的发展推动了国际金融的发展。国际金融和国际投资是生产的国际化和国际贸易发展到一定阶段的产物。科技革命的发展加速了国际资本在世界范围内的大规模流动和国际投资的多样化，国际金融市场也因此形成并不断发展。科技革命在推动生产力发展的同时，加速了生产的集中和资本积聚的过程，使得某些国家出现了过剩资本，由商品输出走向资本输出。为了谋求最大的经济利益，他们总是将其资本投向最有利可图的地区，这就促使了国际资本的流动。当前，国际资本的流向包括发达国家的相互投资，发达国家向发展中国家的投资，以及一些发展中国家向发达国家的投资等。除此之外，科技革命的发展也为加速国际资本的流动和全球性国际金融市场的形成和发展提供了技术条件。通信卫星和计算机全球网络等通信手段和信息处理技术的现代化，使得从纽约、伦敦、巴黎到香港和东京每天24小时营业的全球性国际金融市场得以实现。这一市场的形成大大促进了国际资本流动的规模和速度，同时也使得世界各国在国际金融领域里的经济联系得到了加强。

最后，科技革命推动了世界性的产业结构调整。产业因技术水平的高低而不同，从高科技的知识和信息密集型产业，到资本密集型产业，再到劳动密集型产业，依次从发达国家向新兴工业化国家和地区以及发展中国家转移，形成新的国际分工格局。世界范围内的产业结构调整进一步加强了世界经济的联系，促进经济全球化的发展。

三、全球化趋势下科学技术全球化发展

全球化是一个互动的过程，各个领域在全球化的进程中不断交融、彼此互动推动着全球化的发展。在科学技术推动下，实现了经济的全球化，同时，经济的全球化又进一步促使科学技术本身走向全球化。

所谓的科技全球化是指，在全球化的趋势下，各国（地区）科技共同体协调与融合的发展过程，表现为科技问题的全球化、科技活动的全球化、科技体制的全球化，以及科技影响的全球化。

科技问题的全球化是指世界各国对全球性科技问题的认同在不断提高，某些与人类发展和自然奥秘有关的科学与技术问题日益突出，世界各国的科学家和工程师作为一个整体所要探索和解决的主要问题也逐渐趋同。

科技活动的全球化可以从个人、组织和政府等层次全球性科技活动的规模和水平来体现。其中，在科技活动的全球化过程中，跨国公司是其中最重要的力量，而其他各个层面上的主体也积极参与其中，科技工作者之间的国际交流是科技全球化的重要构成。

科技体制的全球化从本质上说是一种全球竞争与合作的规则，随着全球性科技问题日益增多、科技活动全球化程度逐渐提高，全球性制度安排的发展是协调全球性科技活动的必然要求。这种全球性的科技体制既包括科技活动的学术规范和行为准则，也包括市场规律在科技范畴应用的基本准则。

科技影响的全球化是与全球信息网络技术和经济全球化的飞速发展分不开的。一个国家的科技活动成果往往以极快的速度在全球得到极其广泛的传播，在技术扩散的过程中，跨国公司的全球战略扮演了重要角色。全球化是现代科技活动的主要组织特征之一，对于一个国家的科技体制、发展战略、科技政策乃至科技管理等都发挥着举足轻重的影响。

科技全球化具体表现在以下方面。

一是研究开发国际化。跨国公司技术研发活动全球化。跨国公司是世界上最主要的技术拥有者和技术使用者。目前，跨国公司垄断了世界70%的技术转让与80%的新技术新工艺。为了在竞争激烈的科技领域保持并扩大世界领先的技术优势，为了最大限度地垄断市场，跨国公司凭借雄厚的技术开发能力，普遍在国外建立研发机构和子公司。例如，世界500强企业中有许多企业在我国投资，设立子公司或合资企业。此外，在高技术领域，不同国家的跨国公司之间加强技术开发合作，建立战略技术联盟。如德国西门子公司、美国IBM公司和日本东芝公司合作研究256Mbit的集成电路芯片。跨国公司建立战略技术联盟，可以发挥各自优势，集中优秀人才联合攻关，以降低成本，减少风险。

二是全球科技合作。首先是科研人员之间的全球合作。从国际合著论文的快速增长看，从1998年至2008年，科学与工程领域的国际合著论文占全部论文数量的比例从8%增加到22%。美国的国际合著论文占本国论文总量的比例从20%增加到30%，法国从38%增加到52%，荷兰从40%增加到52%，德国从36%增加到51%，英国从32%增加到49%。科技水平较高国家的科研人员在国际科学合作中发挥的作用较大。根据统计，43%的国际合著者为美国人，之后是德国人和英国人，均为19%。科学家之间的研究合作不断增强科技全球化导致了国际大科学工程和计划的广泛开展、研发活动的全球化、科技人才的国际流动，所有这些给科研人员之间的研究合作提供了更多机遇。

三是国家之间和企业之间科技合作全球化。科技全球化的特征主要表现为科学研究活动日趋全球化、跨国公司研究开发的全球化程度不断加深，企业间策略性技术联盟迅速发展、区域科技合作不断增强。现代科学发展已进入以“大科学”为特征的时代。“大科学”研究对象主要是全球性问题和大科学工程，如环境、能源、大气、人类基因组问题等。这类科技问题一般难以由一个国家单独完成。因此，各国政府加强了科技大项目的互助合作，如由美国、俄罗斯、日本、欧共体四方联合进行国际核聚变实验计划。不同国家的企业也加强了技术合作，建立了许多技术联合体。如美国波音公司与日本三菱重工结成技术联合体，共同开发波音767宽体民用喷气客机，通过强强联合攻克高技术难题。

四是科技人力资源的全球流动。科学是一项全球性事业。随着科技全球化的日益加剧，世界各国在加强科技人才培养的同时，普遍采取了相应措施吸引和留住外国学生和研究人员。许多国家加大了对研究的投入，并将高技术移民作为国家经济战略的一个重要内容。随着科技全球化进程的加快，世界各国对科技人才的争夺可能会进一步加剧。从科研人员流动的方向来看，研究人员往往有从科技实力较弱的国家（地区）向科技实力较强的国家（地区）流动的趋势。以欧盟15国为例，流入的科研人员主要来自其他欧洲国家以及亚洲、非洲、大洋洲等地区，而流出欧盟15国的科研人员主要的目的地是美国和加拿大。美国长期以来都是许多研究人员向往的地方，研究人员的流入人数很长一段时期都远远多于流出人数。不过，自2001年起，全球研究人员流入和流出之间的鸿沟开始缩小。美国则已不再有鸿沟，现在流出美国的研究人员数比流入的还要多。对于欠发达国家或地区而言，人才流失是困扰多年的严重问题。不过，近年来，随着这些地区研发投资的增加以及创新能力的提高，对人才的需求日趋旺盛，为吸引和留住人才提供了广阔的空间，因此人才流失的状况有所好转。原来移居国外的人才有一部分归国创业，外国的科技人才也有流入。从全球范围看，人才流动的模式表现为移民、归国、别国研究人员移入、移民再次移入第三国家等诸多方向的流动。科研人员在全球的流动如今已经形成了一种“人才循环”。

第四节 科学技术与人类未来

科学技术的进步极大地拓展了人类认识世界和改造世界的能力，科技物化出的各种仪器、设备、生产和生活工具使人类日益强大，生产和生活状况发生了翻天覆地的变化：各种交通工具的应用极大地拓展了人类活动的范围，各类先进的望远镜和显微镜延伸了人类对未知世界的探寻，信息技术和网络技术的应用将各地区、各领域的群体更加紧密地联系在一起，等等。在现代科学技术所武装起来的现代生产和生活中，激光、微波、电视、计算机、网络、核反应堆，等等，已不再是可有可无的东西。科学技术充满了人类生产和生活的各个方面，不管我们是否意识到了它们的存在，它们都影响和改变了我们的生活。

一、科学技术进步对人类社会的推动

自人类诞生之日起，科技就伴随着人类的脚步不断前行。可以说，人类发展的历史就是伴随着科学技术的产生、发展，一步步走过来的历史。人类社会的发展在很大程度上依靠的就是科学技术的积累和发展，如果没有科技，人类社会完全是另一种状态。不要说我

们不能轻松地通过互联网获取各种信息、不能方便地收看各种电视节目、不能乘坐各种现代化的交通工具、不能穿到各种漂亮的衣服，甚至不能使用火、不能建造住房，甚至也将不能生产各种粮食。可以毫不夸张地说，没有科学技术，就没有人类文明！人类将一直生活在不开化的史前文明阶段。人类进行各种生产活动，促进了科学技术的发展进步，而科学技术的发展反过来又作用于人类社会。到了21世纪的今天，科学技术甚至成为推动人类社会进步的第一要素。

“科学技术是第一生产力”的著名论断是邓小平在20世纪80年代提出的，他指出，现代科学技术的发展，使科学与生产的关系越来越密切了。科学技术作为生产力，越来越显示出巨大的作用。同样数量的劳动力，在同样的劳动时间里，可以生产出比过去多几十倍几百倍的产品。社会生产力有这样巨大的发展，劳动生产率有这样大幅度的提高，靠的是什么？最主要的是靠科学的力量，技术的力量。现代科学技术决定生产的效率和质量，影响着生产力的发展水平和速度。它不但使生产力在量上增加，而且使生产力在质上发生飞跃，成为现代生产发展的开路先锋。在当代，取得新产品、新材料、新工艺，首先在实验室被创造出来，然后为人类生活、生产带来福音。据统计，发达国家的国民经济增长中，在20世纪初科学技术对国民生产总值增长速度的贡献率仅占10%～15%，而到20世纪中叶则上升到40%，到了70年代，发达国家科学技术进步导致经济增长所占比重已达到50%～70%，80年代以来，科学技术对经济增长的贡献率达到60%～80%。这充分显示出科学技术进步对当代经济所起的决定性作用。

科学技术的进步促进了新的生产部门的产生。新产品、新工艺、新材料、新能源等扩大了社会分工的范围，创造了生产活动的新领域，使人类的产业结构发生了很大的变化。以农业为例，应用遗传工程技术，通过切割和重组植物遗传密码，可以创造出自然界原本不存在的植物产品，提高植物固氮能力和光合作用，这对解决能源危机，降低农业成本，缩短农作物生长周期，提高产量有着不可低估的作用，因此产生生物农业生产部门。现代社会因新技术的推动产生了许多不同于传统社会新的生产部门。现代科技进步又引起产业结构、产品结构的空前变化，出现了相对独立的生产科技产品和转让科技的产业，并成为直接创造社会物质财富的部门。

科学技术发展还影响着人们的道德观念。人对世界、对自身、对社会的认知是因人所掌握的知识和思维方式所决定的。人类自产生以来，依次创造了经验、神话、伦理、艺术、科学等不同的知识体系，这些知识体系具有不同的认知世界的特点和方法，也因此塑造了不同时代的世界观和价值观。在所有的知识中，科学最能体现出人的理性和智慧，正如科学史家萨顿所说：“科学史的目的是，考虑到精神的全部变化和文明进步所产生的全部影响，说明科学事实和科学思想的发生和发展。其中，科学的进步是注意的中心，而一般历史经常作为背景而存在。”例如，在科学史上哥白尼的日心说、达尔文进化论给宗教神学道德观念以巨大冲击，给人以思想的启蒙和解放。科学精神中所体现的求真务实、崇尚自由、怀疑批判的态度对社会成员的精神面貌和道德观念都会产生潜移默化的影响，从而推动整个社会道德水准和职业伦理规范的提升。

科学技术渗透到社会的各个领域，对人类社会的生活方式和生产方式，甚至包括思维方式、伦理道德都产生了极大的影响。今天人类所生活的世界和生活本身已经无法把科学技术从其中剥离出去，科学技术发展的过程就是人类社会进步的过程。

二、物联网技术与人类社会的变革

在人类社会进步的过程中，有些技术及其应用对人类社会的影响和改变尤其突出，诸如古代的印刷技术、钢铁技术，近代的照明技术、蒸汽机技术，以及现代的信息技术、互联网技术，到了21世纪，一种新的技术——物联网技术应运而生，再一次改变了人类社会。

所谓的物联网（Internet of Things，IOT）是一个基于互联网、传统电信网等信息承载体，让所有能够被独立寻址的普通物理对象实现互联互通的网络，实现对物品的智能识别、定位、跟踪、监控和管理。它是通过红外感应器、射频识别（RFID）、激光扫描器、全球定位系统等信息传感设备采集的声、光、热、力、电、位置等信息与互联网交互传输实现的。物联网把新一代IT技术充分运用在各行各业之中，具体地说，就是把感应器嵌入和装备到电网、铁路、桥梁、隧道、公路、建筑、供水系统、大坝、油气管道等各种物体中，然后将“物联网”与现有的互联网整合起来，实现人类社会与物理系统的整合，在这个整合的网络当中，存在能力超级强大的中心计算机群，能够对整合网络内的人员、机器、设备和基础设施实施实时的管理和控制，在此基础上，人类可以以更加精细和动态的方式管理生产和生活，达到“智慧”状态，提高资源利用率和生产力水平，改善人与自然间的关系。

比尔·盖茨1995年在《未来之路》一书中提及物物互联，这是最初的物联网的雏形。麻省理工学院1998年提出物联网构想，次年在物品编码、RFID技术的基础上Auto-ID公司推出物联网的概念。国际电信联盟在2005年的信息世界峰会上发布《ITU互联网报告2005：物联网》，其中指出“物联网”时代的到来。物联网的兴起就是从那时开始的。物联网被认为是互联网之后信息产业发展史上的又一重大里程碑。美国、英国、德国等都投入巨资深入研究探索物联网，希望借助物联网开创新型产业和新的市场，加速推动经济增长。物联网已成为继互联网后信息技术又一制高点，引起世界各国重视。2008年11月，美国政府将物联网发展上升为美国国家发展战略。该战略强调将感应器等感知技术嵌入和装备到各种物体中形成物联网，并通过超级计算机和云计算将其整合起来，实现建设智慧型基础设施的构想。2009年6月，欧盟制定并公布了包括标准化、研究项目、管理机制和国际对话等14个方面的物联网行动计划。2009年8月，日本则制定了EPC系统国家发展战略，将传感网列为国家重点战略项目之一。2002年4月，韩国计划2012年建成物联网基础设施。2010年3月5日，我国时任总理温家宝在十一届全国人大三次会议上所作的政府工作报告中指出，要大力发展新能源、新材料、节能环保、生物医药、信息网络和高端制造产业。积极推进新能源汽车、“三网”融合取得实质性进展，加快物联网的研发应用。加大对战略性新兴产业的投入和政策支持。

欧盟EPOSS组织曾预测物联网发展将呈现四个阶段：2010年之前RFID被广泛应用于物流、零售和制药领域，2010~2015年实现物体互联，2015~2020年物体进入半智能化阶段，2020年之后物体进入全智能化阶段。毫无疑问，物联网时代正在向我们走来。在物联网技术普遍应用的社会中，将实现人与物之间的交流与沟通、相融与互动，人类的生产和生活又将进化到一个新阶段。

任何新的技术，都会优先应用于军事领域，物联网技术也不例外。美国陆军已经开始建设“战场环境侦察与监视系统”，通过“数字化路标”作为传输工具，为各作战平台与单位提供“各取所需”的情报服务，使情报侦察与获取能力产生质的飞跃。未来的信息化战争要求整个作战系统“看得明、反应快、打得准”。毫无疑问，谁能在信息的获取、传输、处理上占据优势，谁就能掌握战争的主动权。物联网技术的发展为实现智能化、网络化的未来信息化战争提供了技术支撑。可以设想，从卫星、导弹、飞机、舰船、坦克、火炮等单个装备，到海、陆、空、天，各个战场空间从单个士兵到大规模作战集团，通过物联网可以把各个作战要素和作战单元甚至整个国家军事力量都链接起来，实现战场感知精确化、武器装备智能化、后勤保障灵敏化，必将引发一场划时代的军事技术革命和作战方式的变革。

物流业服务于制造业和零售业。在物联网受到追捧之前，不少从事运输和仓储的物流大企业采用了 RFID 技术。但是，RFID 初期投资较大，一般中小企业较难承受。将来，一旦物联网成为通用技术，处于产业链上下游的制造业和零售业推广了 RFID 应用，将迫使每个物流企业引入这种技术。因为是供应链上中下游共同承担费用，同时伴随着用户的扩增，电信基础设施的成本理论上将得到有效分摊，RFID 设备硬件企业的单位制造成本摊薄，物流企业使用 RFID 的成本会比现在低廉很多。结合云计算技术，未来中小型物流企业将是物联网“平民化”的最大受益者。物联网对物流企业及供应链的影响呈现出：实现管理自动化（获取数据、自动分类等），作业高效便捷，改变中国仓储型物流企业“苦力”公司的形象；降低仓储成本；提高服务质量，提高响应时间，客户满意度增加，供应链环节整合更紧密；借物联网东风，无论是出于自觉还是被动，我国物流企业的信息化将普遍上一个新台阶，同时也会促进物流信息行业大共享的局面形成。

物联网也将改变了人类的生活状态。依靠强大芯片和数据分析，将灵活处理一切。交通可根据临时状况做出即时反应，红绿灯变得“聪明”，避免拥挤阻塞甚至安全事故；建筑可识别天气、白昼等，吸收能量转化为自身照明、供暖、供冷等所需能量；人身上可以佩戴关于健康检测或监督的智能设备，时刻检测身体、提醒饮食、作息、吃药等事项，相当于个人的贴身健康顾问。物联网将会使人类的生活更便捷，使人们从琐碎的生活中解放出来，极大地提高人类的生活质量。

物联网无疑正把人类带入一个新的时代，而这也将可能导致社会某些方面深层次的转变。得益于互联网和物联网，信息将更加对称，未来的社会更加透明、诚信、文明。同时各国之间的交流和贸易更加便捷，各地资源可以更好地被全球共享和利用，此时文化产业在全球的信息更加对称，通过摩擦融合将可能出现世界范围内的文化大繁荣。另外，物联网进一步解放了人类的传统劳动，以后需要更多的智力劳动，对高端人才需求的增加间接地促使人类知识水平的提高。不过，物联网的普及也加剧了信息安全和个人隐私的担忧，虽然物联网世界的到来还有很长的一段路，但这是此刻就要注意和解决的问题。总体观之，未来物联网世界将带给人类带来进步和惊喜，也隐藏着风险，因此，对待科学应持更谨慎的态度。

三、科学技术与人的可持续化发展

人们在享受科学技术带来的巨大好处的同时，也逐渐意识到科学技术是一把双刃剑。对物质的依赖以及对物欲的追求使科学技术的应用必然涉及人、人与人之间的存在方式和生活方式。人类在科学技术领域已经不止一次打开“潘多拉魔盒”，引起全球变暖、臭氧层受损、荒漠化加剧、物种灭绝、核武器威胁等问题。就连计算机使用两位数字表达年份也造成困扰世界的“千年难题”，仅仅为了让计算机避免混淆2001年与1901年，一些专家估计全世界就已经付出几千亿美元的代价。

科学范式为我们人类的发展带来了许多财富，同时也带来了诸多的问题，例如科学化主义的片面化的世界观等问题。科学技术的发展也异化了我们的思想和存在方式。如信息科学技术的发展，以电脑网络为代表的高新科技诱使人与人交往的传统道德观念、交往方式发生改变。人们开始满足于虚拟世界，传统的社会交往活动日趋减少，这将改变人类的社会属性，甚至有人沉迷于虚拟世界而不愿步入现实世界。诸如此类的科技应用，很可能使人们原有的丰富多彩的生产方式、生活方式、行动方式以及思维方式陷入另一个歧途。

随着人们手中握有的科学技术武器越来越强大，人类对自然的控制欲也越来越强烈，甚至认为人类主宰着自然的一切。这种异化的思想直接导致了人类对自然的过度开采和破坏，环境污染、生态破坏、气候恶化等问题依次产生。随着人类活动范围的扩大，环境污染大有蔓延的趋势，不仅从陆地扩展到海洋、从平原扩展到高山，而且从赤道扩展到两极、从地球扩展到太空。其实，环境污染还远不止这些。随着信息社会的来临，电脑和手机的普及率越来越高，辐射污染已初露端倪；转基因食品的盛行，已在悄悄地孕育着基因污染；而人们夜生活的日益丰富多彩，使光污染也尽显风流；纳米技术给我们带来的污染，科学家们也在积极应对。未来的科技发展不可避免地也存在着各种潜在的危险。人类对自然的破坏、环境的污染已使很多物种濒临灭绝，使本来丰富多彩、生机勃勃的生物圈正在走向单一。人类应该清醒意识到的是，这种发展往往是不可逆的，是一个熵值逐渐增大的过程。如果人类赖以生存的生物圈逐渐单调、生态日益失衡，那么人类今后的命运也可想而知。

人本身的生存要依赖于自身的能力及掌握的技术能力来获得并占有更多的物质资源，科学技术的发展让人的生存能力极大地提升。但是，我们也应时刻保持警惕：人们的幸福感日益变成不是自身精神的满足和富足，而是以掌握和控制的物质资源为衡量尺度，人的欲望在科技的推动下无限地膨胀。科技发展日新月异，以科技知识为主体的知识经济具有很强的竞争性，要想在竞争中获胜，就要不断创新，稍有不慎就处于劣势，这种危机感无疑将加快人们的生活节奏和工作节奏，如不少人在双休日仍加班加点。长期以来，人们的精神必将处于一种紧张状态，生活得特别压抑。人们在不知不觉中坐上了急速奔驰但不知驶向何方的科技之车，想下也下不来。人类创造出科技，本想生活得更舒服，却受到了科技的奴役，这似乎是一个悖论。

第五节　科技风险与科学家的社会责任

现代社会是一个由科技支撑的社会，科学技术在给人类带来福祉的同时，也制造出了一系列的风险。正是在现代科学技术所掀起的现代化进程中，生产力的指数式增长使危险和潜在威胁的释放达到了一个我们前所未知的程度。科技革命促发了现代社会的风险并对全球构成威胁，风险社会成为科技时代的“文明火山”。

一、科技发展带来的风险问题

1. 什么是科技风险

风险，英文为risk，源于意大利语古语riscarc，最早是用来形容16~17世纪欧洲人开辟新航路面对的危险。随着人们认识的加深，“风险”一词使用范畴越来越广，扩大到了社会领域的很多方面。风险社会理论的创始人乌尔里希·贝克把风险界定为系统地处理现代化自身引致的不安全的因素，以及导致的人们生活中的危险因素。英国学者安东尼·吉登斯认为，“风险这个概念与可能性和不确定性概念是分不开的，风险指的是在与将来可能性关系中被评价的危险程度”。❶

什么是科技风险？贝克认为，“所谓的现代社会的‘科技风险’是一种‘被制造出来的风险’，它源于人们的重大决策，并且是由现代社会整个专家组织、经济集团或政治派别权衡利弊后所做出的决策”。❷ 因此，科技风险可以概括地指，由科学技术发展所带来的某种不确定性的未知因素，或某些不利因素而引发的显现的，但主要是指潜在的暗藏的灾难或危机，或者是科学技术理论自身的不完备性导致的，或其研究中存在的人们当下不可预料或难以预料的因素带来的危害，或者是人们应用科学技术过程中出于物质欲望与政治利益的诱惑带来的对社会与人类长期发展不利的负效应。

在人类进入“大科学”时代，科学本身急速的增长，以及向其他领域的快速渗入，使科技风险带有时代的特征。一是科技风险具有人为制造性。现代的灾难一般都是外部对人类的打击，因此都可以归之于自然的神秘力量。但随着科技的发展，自然便逐渐退化为人类控制与利用的对象。技术的成功带来了新的风险形式，如生物技术和信息技术的深入发展则早已超越了纯粹的科学技术本身，而是向人类自身提出了挑战和质疑。人工智能对于人类自身的潜在威胁成为世界的焦点。2010年5月20日，美国科学家宣布“完全由人造基因控制的单细胞细菌”研制成功，这意味着世界首例人造生命的诞生，由此它被命名为“人造儿”。二是科技风险具有影响广泛性。科技风险不是大自然带来的，而是与人类有密切的关系。它更多的时候是因为人们对科技本身认识不全面造成的，是由于科技的滥用造成的。安东尼·吉登斯认为当今风险的影响已经遍布全球，“其中的‘后果严重的风险’是全球性的，可以影响到全球几乎每一个人，甚至人类整体的存在。”❸ 三是科技风险具有难以预测性。当代科学实验已经挣脱传统意义上的实验室的束缚，在一定意义上，整个社会已经成了一个大的实验场，在这个实验场里，各种风险都存在，不仅给人类而且也给整个实验场中的动物、植物都会带来不可估量的影响和损失。“如果把科研活动看成是一项大实验的话，实验过程就是全球性的、跨物种的、跨时代的。运用科学技术的自然后果和社会后果的显现有较长的滞后性”。四是科技风险具有极强的破坏性。传统的风险相对来说影响都是局部的，比如一种自然灾害，即便是再巨大，其影响也是局限在某一个区域，相对来说影响也是有限的，但是科技风险却不同，影响范围更多、更深远，很多时候甚至会危害到全人类，这种危害甚至不会随着时间的流逝而消失。

---

❶ 安东尼·吉登斯. 失控的世界［M］. 周红云，译. 南昌：江西人民出版社，2001.
❷ 乌尔里希·贝克. 从工业社会到风险社会［M］. 北京：马克思主义与现实，2003，3.
❸ 同❶.

2. 科技风险带来的负面影响

首先，科技风险体现在使人与自然关系的紧张程度进一步加剧。现代科技发展带来的风险使人与自然的冲突关系加剧，科技发展的水平越高，人类利用科技干预自然的力量就越大，对自然的破坏也越严重，层出不穷的科技风险使人与自然的关系从相互包容走向疏离，自然一次次对人类的报复有力地揭示了大自然的神秘性和不可预测性以及科学技术把握自然的悖论性。例如，无机肥的产生是由于传统的有机肥料无法满足人们对农作物的需求。当施加化肥超过土壤的保持能力时，就会流入周围的水中，从而增加水体的营养量，导致藻类繁殖、损害水环境。长期使用过多化肥的土壤，不仅对土壤造成污染，而且种植在这些土壤上的瓜果蔬菜对人体有很大的伤害。恩格斯早在 19 世纪就对人类发出警告：“我们不要过分陶醉于我们人类对自然的胜利。对于每一次这样的胜利，自然界都对我们进行报复。”

其次，科技风险体现在对人的生理心理健康产生影响。随着现代技术的不断发展，各种对超越于人类生理器官感受舒适度的污染被制造出来。噪声污染是最常见的，城市里交通、工业、建筑、社会等各种复杂噪声过多地分散了人们的工作注意力，导致反应缓慢、疲劳感、心理焦虑，工作效率大大降低。同时，噪声也可能会间接掩盖安全信息信号，如交通报警安全信号和道路行驶安全信息等，甚至可能导致重大交通事故同时发生。现代科技所制造的让人眼花缭乱、欲罢不能的各种技术产品也让人产生心理依赖问题。越来越多的人成了宅男宅女，天天沉溺在网上，在这个虚拟的世界中感受“成功的自我”，以这种方式逃避现实世界，当不得不面对现实世界时，产生了种种的迷茫、焦虑和烦躁。

最后，科技风险还体现在对科技自身带来的信息安全问题。以计算机技术、网络技术等为特征的现代信息技术发展迅速，现代办公系统、通信方式、存储方式都依赖计算机网络，一旦出现问题，常常会给使用者带来损失，造成某些日常工作无法进行。互联网技术在近几年进行了全面的创新，共享单车、网络金融、大数据等形成了一场新技术革命的风暴，颠覆性地改变着我们的思维认知、生活形态和发展方式。但是，网络信息易被利用而成为某些人攻击的目标，并引发严重的信息安全事件，如不久前全球爆发的勒索病毒、山东考生徐玉玉被骗死亡事件等，都表明了信息风险日趋严重，是当前面临的重要的科技风险。

3. 科技风险的原因分析

一是科学知识本身的不确定性带来的风险。由于人类的实践范围和认识能力始终有限，而面对的是宇宙的无限。整个自然界是一个系统的整体，各个组成部分之间相互联系、相互作用。可是自然科学一方面把自然界分成了一个个部分、一个个方面去研究，使我们有时只见树木不见森林。比如肥料化学只研究如何使农作物近期多产，而没有注意到化肥的长期使用对耕地的作用；农药化学只研究什么样的农药能最有效地杀死害虫，而没有注意这样的农药把益虫也杀死了，从而对整个生态环境产生了有害的效应。同时科学对自然规律的认识有可能是不全面甚至是错误的，运用我们自以为正确的其实是错误或不全面的认识去改造自然，其潜在的危险是巨大的。因此，人类对自然规律的探求所获得的知识不可能是一种放之四海而皆准的绝对真理，即科学知识自身有不确定性和缺陷。

二是科技开发活动中存在的风险。科技开发活动以人类已有知识为依据，利用某些科技手段和一些技术手法，探索未知的世界，开发出新产品。科技发展的危险，是由于外部环境的不确定、科技发展存在着难度和复杂性，以及研发人员的能力和实力受到限制，导致科技开发活动不能达到预期的目标及其后果。科技开放过程中的风险是一种客观存在，贯穿着科技发展、工业生产和市场的多个阶段。以降压药为例，科学家们进行了大量的实验和临床实践，确认五类高血压药效果很好。一是钙离子拮抗剂，常见的副作用是头晕、脸红、下肢水肿等。二是转换酶抑制剂，副作用是刺激性干咳。三是β受体阻滞剂，可致心率减慢。四是利尿剂，可以引起低钾。五是AT1受体阻断剂，这种药偶有头晕。当高血压人群大量使用了这五种药型，结果就是对他们的身体造成或多或少的伤害，这种伤害来源于技术进展过程中的风险。从目的来看，科学家研制并开发药物是为了治病、减轻病人的痛苦，也不想对健康造成伤害，但这实际上很难达到。因为从科学知识的角度来看，药物作用范围广、功能机制复杂，而且充满了不确定性，即使是科学家也无法获得全面的知识。换言之，科学家们不可能充分预见到它的成果应用产生的负面影响。

三是科技成果在应用过程中存在风险性。科技成果的转化是一种在利益的驱动下，伴随着经济行为的高风险过程。科技成果转化的风险是在资本化过程中，由于内外部不确定因素的共同作用，导致科技成果无法达到预想的目标。居里夫人曾经说过："可以想象到，如果镭落在恶人的手中，它就会变成非常危险的东西。这里可能会产生这样一个问题：知晓了大自然的奥秘是否有益于人类，从新发现中得到的是裨益呢，还是它将有害于人类。诺贝尔的发明就是一个典型的事例，烈性炸药可以使人们创造奇迹，然而它在那些把人民推向战争的罪魁们的手中就成了可怕的破坏手段。"

四是科技意识形态化导致的风险。科学技术意识形态化将具有隐藏社会风险、转移焦点的功能，其结果是淡化人们对风险的认识，增加或扩大实际风险，并扩大其危害范围。一方面，科技意识形态化将促进科技主义膨胀。科技主义以创造大量物质财富为基础，占领了人们的感觉器官，进而改变人的思维方式，是人们在技术所创造的温床中丧失了对技术的批判能力。另一方面，科技意识形态化将促进科技与政治的合谋。一些掌握新的科技知识和技术方法的科学家、数学家、经济专业和工程师，受科技思想的影响，以真理为名义与政治合作，服务于权力。这样就会使科技意识形态为少数既得利益集团服务，混淆了视听、误导了方向。换言之，科技意识形态化有利于这些政治野心者把他们的政治目的、政治行为进行技术包装，以便用技术和其他经济上的方式进行心理上的控制，即以科技为名，将政治制度控制在软暴力中。

二、科技风险带来的伦理问题

伦理本意是指事物的条理，也指人伦道德之理。"伦"指的是人与人之间的关系，"理"指的是分类条理，"伦理"主要是指人与人相处而发生的道德关系。延伸来讲，伦理一方面反映客观事物的本来之理，同时也寄托了人们对同类事物应该具有的共同本质的理想，这种理想付诸人类社会的生产和生活实践之中，产生出调节人类行为的规范。伦理规范反映着人们之间、以及个人同个人所属的共同体之间的相互关系的要求，并通过在一定情况下确定行为的选择界限和责任来实现。它既是行为的指导，又是行为的禁令，规定着什么是"应当"做的，什么是"不应当"做的，因而同时也就规定了责任的内涵。

在现代社会中，科技力量所造就的社会扭曲已有目共睹，被科技支配的危险就在身边，由此便产生了伦理问题。科学技术的伦理问题，就是科学研究和技术运用中的道德关系问题，亦即科学技术成果的应用是有利于人类社会发展还是有碍于人类社会发展的问题。科技伦理反映了人类对科技活动的共同理想，是科技活动中人或事物之间本质类同的基本原理和理想境界，它规定了科技工作者及其共同体所应恪守的价值观念、社会责任和行为规范。不同民族、不同国家在不同的历史时期有不同的道德标准和伦理规范，但不管有怎样的不同，对科学技术成果应用的评价都不能超脱它对人类社会是有利还是有害这样一个根本准则。

英国哲学家罗素曾说：“科学提高了人类控制大自然的能力，因此据认为很可能会增加人类的快乐和富足。这种情形只能建立在理性基础上，但事实上，人类总是被激情和本能所束缚。”现代科学和技术革命在为人类的发展带来许多积极影响的同时，也由于其不理性地被使用而为人类制造了不少麻烦，尤其是一些领域的科技创新，如基因编辑、纳米技术、试管婴儿等，引发越来越多的伦理问题。

20 世纪，随着核物理学的发展，核能的研制与开发也被一些国家摆上了日程。爱因斯坦在 1939 年 7 月向罗斯福总统建议，为了人类的正义事业，美国应该赶在德国前面制造出原子弹，这就有了后来的“曼哈顿工程”。在“二战”进入尾声的时候，美国于 1945 年将两枚代号为“胖子”和“小男孩”的原子弹投到了日本的广岛和长崎，核武器被应用于战争。原子弹的巨大威力震惊了世界，顷刻之间，十几万市民的生命化为乌有，城市变成了废墟。当初，人们想让更多的生命不受战火的摧残和屠杀，必须研制出能量强大的武器尽早结束这场战争的设想，现在却使无数无辜的人遭受核武器的摧残。此后，世界被笼罩在核危险的阴影之中，“二战”之后各国进行了激烈的核军备竞赛，给人们的人身安全和生态环境带来了隐患。原本希望通过核武器的开发与使用来维持世界的和平与正义，却意想不到地将世界置于了新的危险与恐慌之中。核技术作为现代技术的代表，前所未有地引发了人们的科技伦理问题的思考。

自 DNA 双螺旋结构理论问世以来，生物学进入了蓬勃发展时期。由于生物学的研究对象是有机生命，因此引发了诸多的生命伦理问题。1996 年，克隆羊“多莉”的诞生引发了第一次生命伦理风暴，人们惊恐于克隆人的研制。2018 年 11 月，国际人类基因组峰会召开前，南方科技大学贺建奎宣布，他们利用 CRISPR-Cas9 技术敲除了 HIV 免疫基因 CCR5 的双胞胎“露露”和“娜娜”已于 11 月在中国诞生。一石激起千层浪，制造“基因编辑人”遭到了国内外科学界的批评和谴责，掀起了新一轮生命伦理风暴。人类基因编辑存在两种情形：一是体细胞基因编辑，二是生殖系基因编辑。体细胞基因编辑相对安全，目前已应用于疾病治疗。但是，生殖系基因编辑则带来了诸多的风险，如将基因改造引入后代可能对物种产生永久性的、甚至可能是有害的影响。因此，引发了伦理问题的思考，如后代人的尊严是否受到更大的伤害、后代人的自主权是否更多地被先天剥夺、社会公正是否将面临新的考验，等等。

随着信息技术的迅猛发展，人类社会正逐步从工业化社会向信息化社会迈进，计算机网络成了人类的“第二生存环境”。但是，网络的自由发展在给人类带来全新的生活方式的同时，也导致了所谓的“网络生态危机”。目前，中国网民数量快速增长，网络应用模式不断刷新，5G 网络、人工智能和智慧城市等正与现实社会交汇融合，一场生活、工作与思维的大变革正在形成。数据共享“在给人们带来云享便利的同时也暗含了以去中心化、数字鸿沟、泛娱乐化为表征，以信息泄露、网络欺诈、黑客攻击为威胁的负面影响。”❶ 黑客袭击不仅造成经济损失，而且带给人们心理阴影和价值偏差。网络上有大量无用的信息垃圾，还有充满色情、暴力及政治偏见的信息污染。有人声称，要打一场“没有硝烟的战争”，这场“战争”的战场就是网络。计算机网络要想正常、有序地运行，需要一种崭新的“网络伦理”。

三、科学家的社会责任

1. 科学家的社会责任

美国的伦理学家汉斯·尤纳斯在《责任命令》一书中就对科技给人类带来的变化进行了详细的研究和论述。在《责任命令》一书结尾处，他指出，“现代技术正在逐渐创造一种技术政体，由少数懂得如何操作技术的精英操控该政体，人类活动在其中越发处于无关紧要的位置。这样，技术不再是老实温顺的仆人，它成了一头力大如牛桀骜不驯的怪物，让作为驾驭者的人类时刻处在危险之中。”

自科学家这一社会角色出现以来直至曼哈顿工程，科学家社会责任问题才被世人所关注，并引起科学家自身的深刻反省，包括爱因斯坦在内的许多有良知的科学家都在反省自己科学发现的意义及带来的问题，科学家应该如何选择？其实在此之前，当约里奥·居里发现铀裂变的链式反应之后，曾认真地同自己的助手讨论过，出于对人类的责任继续研究是否道德。因为对原子的深入研究，除了可能有助于能源、医学等和平事业的发展，还可能导致原子武器的制造，后者很可能会在更大范围内给人类造成毁灭性灾难。

1955 年，获得诺贝尔奖的 52 位世界级科学家聚会博登湖畔，联名发表了《迈瑙宣言》。其中写道：“我们愉快地贡献我们一生为科学服务。我们相信：科学是通向人类幸福生活之路。但是，我们怀着惊恐的心情看到，也正是这个科学在向人类提供自杀的手段。”宣言呼吁所有国家“自动放弃使用武力作为政治的极端手段。”❷

1958 年，又有 70 位著名科学家在第三次帕格沃什会议上发表宣言，明确指出科学家所承担的巨大责任：“科学家的事业所具有的意义，使科学家能事先预见到由自然科学的发展所产生的危险性，并能清楚地想象出同自然科学的发展所产生的危险性，并能清楚地想象同自然科学发展相联系的远景。他们在这方面对解决我们时代目前最要紧的问题具有特殊的权利，同时肩负特殊的责任。”❸

曾两次获得诺贝尔奖的科学家里纳斯·鲍林，从 1954 年开始就已经认真地考虑科学家的社会责任问题。在回顾自己的研究生涯时鲍林说：“如果说我关心控制癌症和心脏病是为了让人们免受痛苦之折磨从而过一种健康而长寿的生活，那么，我必须同时要关心他们不在战争中被杀害或被致伤致残。”科学家的科学创造和发明应该是一项有意义的活动，但是如果这些发现和发明的目的仅仅是用来追逐权力和财富，那他必然会受到社会道义的谴责，科学家应该担负起对自己发现和发明合理使用的道德责任。

随着科学事业的进一步发展及其对社会影响的不断加深，科学研究与应用所引发的社

---

❶ 田鹏颖，戴亮．大数据时代网络伦理规制研究［J］．沈阳：东北大学学报（社会科学版），2019，3.

❷ 赫尔内克．原子时代的先驱者［M］．北京：科学技术文献出版社，1981.

❸ 同❷.

会问题更多。从 1981 年起，一批科学家定期聚会在乌普斯拉大学，专意探讨科学研究的伦理学问题，并于 1984 年联名制定了“乌普斯拉规范”。该规范呼吁科学家用正确的道德伦理准则来控制自己的科学研究成果及其应用，不断地对其研究成果的后果做出判断，并经常性地公开自己的判断，进而抵制他或她认为是与伦理道德规范相悖的科学研究活动。

“乌普斯拉规范”可以看做是科学界对科学研究的影响及其后果所做出的一种反应。它明确地提出了科学家应该遵守的四条伦理道德规范：一是科学家应该保证他们所进行的科学研究及其应用后果不致引起严重的生态破坏；二是科学家应该保证他们所进行的科学研究及其应用后果不会对我们这一代及我们的后代的生存安全带来更多的危险，不与国际协议中提到的人类基本权利（包括公民权、政治、经济、社会和文化的权利等）相冲突；三是科学家应该认真地估计自己的科学研究成果，并对其所产生的后果承担特殊责任；四是当科学家断定他们正在进行或参加的科学研究活动与这一伦理道德规范相冲突时，他们应该中断他们所进行的研究活动，并公开声明他们做出这一判断的理由。科学家在做出这种判断时，应该充分考虑不利后果出现的可能性和严重性。

2. 科学家的负责任创新

科学技术对国家的发展和社会的进步起着越来越重要的作用。人类能否合理地运用自己的智慧，将是决定科学技术是否会更有效地造福于人类的关键。

科学家在从事科学研究时如何做到高度负责任化？这是一个存在困难和极其重要的问题。科学家的各种社会责任决定创新并非单纯地在科技上的创新，应将科学家的科学责任、社会责任体现在创新研究成果及应用之中。换言之，不仅关注科技创新本身，还要关注科技创新在社会中应用，以及对未来的影响，也就是科学家应做到“负责任的创新”。欧洲学者将“负责任创新”概括为“通过对当前科学和创新的集体管理来关注未来”。

在“全球风险时代”，科学家们应从追求创新到以责任约束创新，才能更利于科学的健康发展，这是一种价值导向的转变，应贯穿于科学工作的全过程。

首先，科学家应该尊重事实，按照实际情况展开工作。科学是一门严谨的科学，应该尊重事实，不能虚假马虎，所以科学家在进行科学研究时就应该实实在在，尊重科学规律。只有这样，才是尊重真理，才体现了科学精神之所在。

其次，科学家在进行课题选择时，也应该考虑责任问题。科学家职业化之后，科学工作是依托于国家和机构所提供的，因此在决定该项目的内容和研究目标时，要考虑是否符合道理上的资源利用和分配公正标准、权衡学术和社会价值。由于科技活动需要社会资源，它可以带来某种社会利益，但也存在一定的社会危险，因此要控制和避免资源、利益与危险的分配，尽量实现利益冲突。

再次，科学家在对科技成果开发与转化时应保持谨慎态度。科技人员要具有强烈的社会责任感，既要积极探索和协作，推动科技进步，也要尽可能避免科技的滥用，防范科技对人和社会的负面影响，以利于人的全面发展为技术选择的最终标准，以一种对自己及其未来负责任的态度来对待。

最后，科学家应树立传播意识，利用自己的长处为人类做贡献。现代科技的发展是两面的，没有得到适当的引导，科技创新就不一定会给社会带来好处。科学家应该融入人民群众之中，通过科普等活动，拉近科学和人民群众的距离，帮助社会树立科学精神和科学意识，使公众通过了解科学到理解科学，并更多地从科学中获益。

科技创新带来的是福还是祸，取决于人类的态度，只有在负责任的创新下才能更好地规避科技创新带来的风险，让科技创新成果更好地为人类所享用。正如伦理学家约纳斯所倡导的，技术文明时代，人类必须怀有一种对自然、对未来的责任，在创新活动中真正发挥道德主体的作用，让技术发展指向一种“负责任”的价值愿景，才能引领人类走上可持续发展的康庄大道。

参考文献

[1] 恩格斯．自然辩证法［M］．北京：人民出版社，1971.
[2] 马克思．机器、自然力和科学的应用［M］．北京：人民出版社，1978.
[3] 列宁．唯物主义和经验批判主义［M］．北京：人民出版社，1960.
[4] 本书编写组．马克思恩格斯列宁斯大林论科学技术［M］．北京：人民出版社，1979.
[5] 本书编写组．邓小平文选［M］．3 卷．北京：人民出版社，1993.
[6] J·D·贝尔纳．科学的社会功能［M］．陈体芳，译．北京：科学出版社，1982.
[7] 贝弗里奇．科学研究的艺术［M］．陈捷，译．北京：科学出版社，1983.
[8] W·C·丹皮尔．科学及其与哲学和宗教关系的历史［M］．李珩，译．北京：中国人民大学出版社，2010.
[9] 潘永年．自然科学发展简史［M］．北京：北京大学出版社，1984.
[10] 托夫勒．第三次浪潮［M］．北京：三联书店，1983.
[11] 杜博斯．只有一个地球［M］．北京：化学工业出版社，1974.
[12] 张文彦．科学技术史纲要［M］．北京：科学技术文献出版社，1989.
[13] 关士续．科学技术史教程［M］．北京：高等教育出版社，1989.
[14] 宋健．现代科学技术基础知识［M］．北京：中共中央党校出版社，1994.
[15] 朱丽兰，等．科教兴国［M］．北京：中共中央党校出版社，1995.
[16] 李思孟，宋子良．科学技术史［M］．武汉：华中科技大学出版社，2000.
[17] 魏宏森，等．开创复杂性研究的新学科——系统科学纵览［M］．成都：四川教育出版社，1991.
[18] 刘大椿．现代科技导论［M］．北京：中国人民大学出版社，1996.
[19] 李佩珊，许良英．20 世纪科学技术简史［M］．2 版．北京：科学出版社，1999.
[20] 陈筠泉，殷登祥．科技革命与当代社会［M］．北京：人民出版社，2001.
[21] 马来平．科技与社会引论［M］．北京：人民出版社，2001.
[22] 胡显章，曾国屏．现代科学技术概论［M］．北京：高等教育出版社，2001.
[23] 刘文霞，宋琳．科学技术元论［M］．北京：知识产权出版社，2005.
[24] 詹姆斯·E·麦克莱伦，哈罗德·多恩．世界科学技术通史［M］．上海：上海科技教育出版社，2007.
[25] 艾伦·查尔默斯．科学究竟是什么［M］．邱仁宗，译．石家庄：河北科学技术出版社，2002.
[26] 普赖斯．巴比伦以来的科学［M］．任元彪，译．石家庄：河北科学技术出版社，2002.
[27] 殷登祥．科学、技术与社会概论［M］．广州：广东教育出版社，2007.
[28] M. 布里奇斯托克．科学技术与社会导论［M］．刘立，译．北京：清华大学出版社，2005.
[29] 刘金寿．现代科学技术概论［M］．北京：高等教育出版社，2008.
[30] 刘兵，鲍鸥，等．新编科学技术史教程［M］．北京：清华大学出版社，2011.
[31] 陈劲，等．科学、技术与创新政策［M］．北京：科学出版社，2013.
[32] 张必成．现代科学技术进展［M］．2 版．武汉：长江出版社，2018.

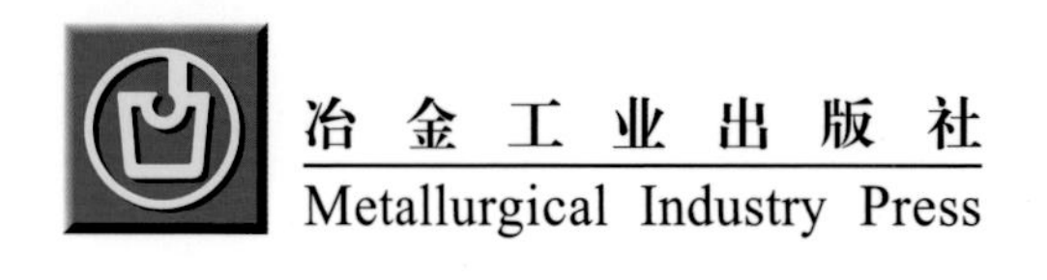

ISBN 978-7-5024-8742-3
9 787502 487423

定价49.90元
销售分类建议：科学技术